KB080065

물고기는 알고 있다

What a Fish Knows

물고기는 알고 있다

조너선 밸컴 지음 | 양병찬 옮김

에이도스

여덟 살 때 나는 토론토 북부의 여름캠프 교장인 넬슨 선생님과 함께 알루미늄 보트에 기어올랐다. 선생님은 노를 저어 400미터 떨어진 곳에 있는 얕은 만灣(스터전베이)으로 나아갔고, 우리는 거기서 두 시간 동안 머물며 낚시를 했다. 서늘한 여름 저녁이었고, 물은 유리알처럼 맑았다. 소형보트를 탄 게 처음인 데다 광활하고 약간의 파도가 일렁이는 검은 물 위에 떠 있으니 신이 절로 났다. 어떤 생물들이 물속에 숨어 있을지 무척 궁금했던 나는 (껍질을 벗긴 묘목에 낚싯줄과 낚싯바늘만 달린) 조잡한 낚싯대가 갑자기 휘청거리며 '물고기가 미끼를 건드렸다'는 신호를 보낼 때마다 가슴이 두 배로 뛰었다.

그날 물고기를 열여섯 마리나 잡았다. 몇 마리는 도로 놓아주고, 나머지(커다란 배스bass와 퍼치perch)는 다음날 아침에 먹을 요량으로 보관했다. 넬슨 선생님이 허드렛일을 도맡아 가시가 돋친 낚싯바늘에 몸부림치는 지렁이를 끼우고, 물고기의 주둥이를 비틀어 낚싯바늘을 꺼내고, 물고기의 두개골에 칼을 꽂아 목숨을 끊었다. 선생님의 얼굴이 이상하게 일그러져, 나는 선생님이 '혐오감을 느끼고 있든지', 아니면 '그저 일에 고도로 집중하고 있든지' 둘 중 하나라고 생각했다.

당시 경험은 나름 좋은 기억이었지만, 동물에 애착을 가진 감수성 많은 소년인 내게 그날 보트에서 있었던 일들은 많은 혼란을 일으켰다. 나는 개인적으로 지렁이들의 명복을 빌었다. 그리고 뼈를 드러낸 채 노려보는 물고기의 얼굴에서 단단한 낚싯바늘을 뽑아낼 때, 물고기가 고통을 느낄까봐 조마조마했다. 어쩌면 칼을 빗맞은 물고기 한두 마리는 용케 목숨을 건져, 옆에 매달린 철사 바구니 속에서 서서히 죽어가고 있었을지도 모른다. 그러나 넬슨 선생님은 아무렇지도 않은 듯 뱃머리에 태연히 앉아 있었고, 나는 아무 일 없을 거라고 자기암시를 걸었다. 다음날 아침 넬슨 선생님과 마주앉아 식사를 했지만, 식탁에 오른 신선한 물고기도 전날 저녁에 엄습한 불안감의 흔적을 말끔히 지우지는 못했다.

어린 시절 물고기를 보고 '차가운 피를 가진 사촌'에 대한 엇갈리는 감정을 느낀 것은 그게 처음이 아니었다. 에디스베일 초등학교 4학년 때, 나는 반 친구 몇 명과 함께 교실에 있는 물품을 다른 교실로 옮기는 일을 맡았다. 물품 중에는 금붕어 한 마리가 들어 있는 어항이 포함되어 있었다. 어항은 4분의 3이 물로 채워져 있어서 제법 무거웠다. 부주의한 아이들이 금붕어를 행여 다치게 할까봐 나는 어항 옮기는 일을 자원했다. 목적지는 가까운 교실의 교탁 옆에 놓여 있는 조그만 탁자였다.

얼마나 어처구니없었던지.

어항을 양손으로 단단히 부여안은 나는 조심조심 교실 문을 나서, 복도를 따라 잠깐 걸은 다음 새로운 교실로 들어갔다. 교탁 옆의 탁자를 향해 살금살금 다가갈 때, 아뿔싸! 어항이 손에서 미끄러져 딱딱한 마룻바닥에 세게 부딪쳤다. 그 공포의 순간은 뇌리에 슬로모션으로 각인되었다. 유리조각은 사방팔방으로 튀고, 물은 마루 전체를 엉망진창으로 만들었다. 망연자실한 나는 그 자리에 우두커니 서 있었다. 나보다 융통성 많은 친구 한 명이 대걸레를 들고 유리와 물을 한쪽으로 치웠고, 그제야 나를 포함한 네 명의 친구들은 금붕어를 찾기 위해 마룻바닥을 샅샅이 뒤졌다. 금붕어가 보이지 않았던 1분은 마치 악몽을 꾸는 것 같았다. 나는 '금붕어가 휴거하여, 물고기의 하늘나라로 올라갔나 보다'라고 생각했다.

마침내 한 친구가 금붕어를 발견했다. 어항이 깨지는 순간, 금붕어는 허공으로 솟아올라 라디에이터 뒤쪽으로 날아가 마룻바닥보다 5센티미터나 높은 가장자리 위에 사뿐히 내려앉았다. 그러니 우리의 시야에서 완전히 사라졌을 수밖에. 금붕어는 아직 죽지 않았고, 그 자리에 얌전히 누워 입을 뻐끔거리며 허공만 바라보고 있었다. 수돗물이 담긴 비커에 금붕어를 퐁당 빠뜨린 나는 금붕어가 살아있을 거라 믿어 의심치 않았다.

금붕어 사건은 내게 깊은 인상을 심어줬지만, 40년이 지난 지금까지도 생생하게 떠오르는 기억을 되짚어보면, 당시 나는 물고기에게 남다른 공감을 느끼지는 않았던 것 같다. 물론 나는 낚시에 전혀 호감을 갖지 않았다. 넬슨 선생님과 함께 보트를 타고 탁 트인 바다로 나갈 때의 열정은 낚싯바늘에 미끼를 끼우고 물고기의 주둥이에서 낚싯바늘을 빼낼 때 사그라졌기 때문이다. 하지만 스터전베이에서 퍼치와 배스를 인정사정없이 끌어올렸을 때와 에디스베일 초등학교에서 불쌍한 금붕어를 마룻바닥에 떨어뜨렸을 때, 그리고 가족과 함께 동네의 맥도널드에 들러 필레오피시 샌드위치 속에 들어 있는 정체불명의 물고기를 먹었을 때, 이 모든 사건들 간의 연관성을 전혀 깨닫지 못했다. 그때는 1960년대 후반이었고, 맥도널드는 이미 10억 개의 샌드위치를 만들어낸다고 자랑하고 있었다. 맥도널드는 곧 고객 수와 맞먹는 물고기와 치킨의 마릿수를 들먹였다. 그러나 북미 문화권의 다른 구성원들과 마찬가지로, 나는 식탁에 올라오는 물고기들을 포식하며 '살아 숨 쉬는 피조물'에서 점점 더 멀어져갔다.

내가 동물, 그중에서도 물고기와 나의 관련성을 심각하게 고민하게 된 것은 그로부터 12년 후, 대학교 졸업반 때 생물학을 공부하며 어류학 과목을 수강하면서였다. 나는 물고기의 해부학 및 적응의 다양성에 매료되었을 뿐 아니라, 해부현미경과 분류학적 특징들을 이용하여 (한때 살아서 움직였던) 물고기의 몸뚱이들을 분류하며 혼란에 빠졌다. 학기 중반에는 어류학을 함께 수강하던 학생들과 온타리오 왕립박물관을 방문하여, 박물관의 어류 소장품들을 관람하러 온 캐나다 최고의 어류학자를 만났다. 어류학자는 한 장소에서 멈추더니 커다란 목재 케이스의 뚜껑을 열어, 유성油性 방부제 위에 떠 있는 거대한 호수송어 lake trout 한 마리를 보여줬다. 송어는 무려 47킬로그램짜리 암컷이었고, 1962년 아타바스카 호수에서 잡힌 것이었다. 송어가 그렇게 크고 토실토실한 건, 호르몬불균형으로 인해 알을 낳지 못했기 때문이었다. 알 생성이라는 소모적인 작업에 사용될 에너지가 체질량을 늘리는 쪽으로 전용되었으니 그럴 수밖에.

나는 송어에 대한 연민에 휩싸였다. 우리가 늘 마주치는 대부분의 물고기들과 마찬가지로 그 암컷 송어는 익명의 존재로서 수수께끼 같은 삶을 살았다. 나는 송어가 나무상자 안에 매몰되지 말고, 좀 더 존엄

한 생물로 취급받을 가치가 있다고 생각했다. 어둡고 화학물질에 오염된 나무상자 속에서 수십 년 동안 떠 있는 것보다 포식자에게 잡아먹힘으로써 생체조직을 먹이사슬에 반환하는 것이 훨씬 더 나아 보였다.

　지금껏 출간된 수많은 어류 관련 서적들은 물고기의 다양성, 생태학, 생식력, 생존전략 등에 초점을 맞췄다. 그리고 많은 서점들에는 낚시에 관한 책과 잡지가 넘쳐난다. 그러나 아쉽게도 물고기의 입장에서 쓴 책은 아무리 찾아봐도 없다. 그렇다고 해서 이 책에서 멸종위기종의 곤경을 애도하거나 어족자원 남획을 지적하는 환경보호활동가들의 고리타분한 메시지를 열거할 생각은 없다. 독자들은 혹시 아는가? '남획'이라는 단어가 '적당한 어획'을 합리화하고, '자원'이라는 말이 물고기를 '인간의 욕구를 충족시키는 상품'으로 전락시킨다는 것을. 이 책의 목적은 물고기에게 사상 유례가 없었던 발언권을 부여하는 것이다. 우리는 동물행동학, 사회생물학, 신경생물학, 생태학의 획기적인 발달에 힘입어, 물고기가 세상을 '어떻게 보는지', '어떻게 인식하는지', 그리고 '어떻게 느끼고 경험하는지'를 좀 더 잘 이해할 수 있게 되었다.

　이 책은 매우 심오하면서도 간단한 주제, 즉 '물고기들은* 하나의 개체군이며, 모든 개체들의 삶이 내재적 가치를 지녔는가?'라는 가능

---

* 전통적으로 물고기라는 단수 명사를 쓸 때, 이는 두 마리에서부터 수조(數兆) 마리에 이르기까지 다양한 마릿수의 물고기를 뭉뚱그려 지칭한다. 다시 말해서 '들판에 줄지어 자라는 옥수수'처럼 물고기들을 몰개성적으로 싸잡아 일컫는 개념이다. 그래서 나는 '물고기' 대신 '물고기들'이라는 복수 명사를 선호한다. 그 밑바탕에는 '개성과 관계를 지닌 개체들의 무리'라는 전제가 깔려 있다.

성을 탐구하고자 한다. 여기서 내재적 가치란 공리주의적 가치와 배치되는 개념으로, 물고기를 단순히 인간의 욕구충족·이익추구·여가선용의 수단으로 사용하는 것을 거부한다. 만약 그렇다면, 이들의 가치는 우리의 도덕적 관심사에 포함될 수 있으며 매우 심오한 의미를 갖게 될 것이다.

도대체 왜 이런 말을 하냐고? 거기에는 두 가지 이유가 있다. 첫째, 집단적으로 볼 때, 물고기들은 지구상에서 가장 많이 남획되는 척추동물 범주에 속한다. 둘째, 물고기의 감각과 지각을 연구하는 과학이 눈부시게 발달하여, 이제 물고기를 생각하고 대우하는 방식에 패러다임 변화가 일어날 시기가 되었다.

그렇다면 전 세계적인 어획량은 얼마나 될까? 앨리슨 무드가 1999년~2007년에 걸친 유엔식량농업기구FAO의 통계자료를 기초로 하여 추정한 바에 따르면, 인류는 매년 1조~2조7,000억 마리의 물고기들을 살해한다고 한다.* 1조 마리의 물고기가 어느 정도인지 감을 잡기 위해 설명을 덧붙인다면, 물고기 한 마리의 길이를 1달러짜리 지폐(15센티미터)라고 가정할 때, 물고기의 머리와 꼬리를 모두 이으면 지구에서 태양까지 왕복하고도 2,000억 마리가 남는다.

무드의 추정치는 지나쳐 보이지만, 인류가 물고기에게 한 짓을 마릿수로 평가한 전례가 거의 없어서 뭐라 말하기 힘들다. 참고로 다른

---

* 무드의 추정치에는 여가용 낚시나 불법낚시에서 잡은 물고기, 다른 물고기들을 잡는 과정에서 부산물로 잡혀 버려지는 물고기(일명 부수어획), 그물에서 탈출한 후 죽은 물고기, 상실되거나 버려진 어구漁具(일명 유령그물)에 걸려 죽은 물고기, 미끼용으로 잡은 물고기, 어류 및 새우 양식장의 사료로 잡은 물고기들이 포함되지 않았다.

수치를 살펴보면, 2011년 FAO가 추산한 상업용 어획량은 1억 톤인데, 이것을 물고기 한 마리당 무게(0.635킬로그램)로 나누면 1,570억 마리가 된다. 그리고 사망한 물고기의 수를 헤아린 몇 안 되는 어류학자 스티븐 쿡과 이언 카욱스가 2004년 추정한 바에 의하면, 전 세계에서 매년 여가활동 과정에서 약 470억 마리의 물고기가 육지로 올라와 그중 36퍼센트(약 170억 마리)가 죽음을 당하고 나머지는 바다로 돌아간다고 한다. 물고기의 사인死因은 다양하지만, 존엄사하는 경우는 거의 찾아볼 수 없다. 상업용으로 잡힌 물고기들이 죽는 주요 이유는 질식(물에서 벗어남), 감압(수면으로 올라와 압력이 낮아짐), 압사(커다란 그물 속에서 수천 마리의 몸무게에 짓눌려 으스러짐), 내장적출(육지에 올라온 이후) 등이 있다.

편차가 워낙 크기는 하지만, 우리는 어떤 추정치를 받아들이든 현기증 날 정도로 까마득한 숫자 때문에, '모든 물고기들은 하나같이 독특한 존재들이다'라는 사실을 망각하는 경향이 있다. 이제 곧 알게 되겠지만, 모든 물고기들은 제각기 자서전을 갖고 있을 만큼 독특한 개체들이다. 모든 개복치, 고래상어, 만타가오리, 레오파드그루퍼leopard grouper는 독특한 패턴을 갖고 있어서 외모를 보고 개체를 구분할 수 있을 뿐더러, 내부적으로도 각각 독특한 삶을 산다. 인간과 물고기의 관계가 변해야 하는 키포인트는 바로 여기에 있다. 밥 딜런의 노래에 나오는 것처럼, '모든 물고기의 삶은 모래알 하나하나와 마찬가지로 독특하다'는 것이 생물학적 팩트다. 그러나 물고기는 모래알과는 달리 살아있는 존재인데, 이것은 결코 사소한 차이가 아니다. 물고기들을 '의식을 가진 개체'로 이해할 때, 우리는 물고기와의 관계를 새로 정립

할 수 있을 것이다. 어느 무명시인이 남긴 불멸의 구절이 절절히 다가온다. "태도만큼 나를 바꾼 건 없다. 그건 나의 모든 것을 바꿨다."

C O N T E N T S

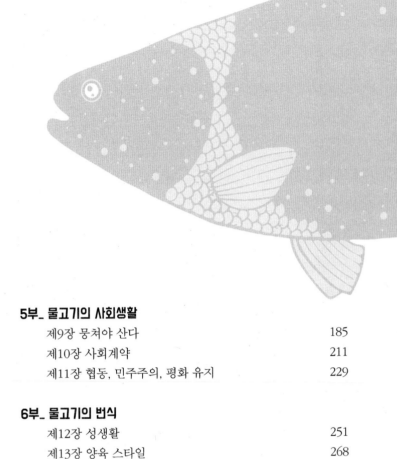

1부

물고기에 대한 오해

우리는 뿌리 찾기 여행을 멈추지 말아야 한다.

우리가 처음 출발했던 지점에 도착하여

그곳이 어디인지를 알아내는 것이 여행의 끝이다.

_ T.S. 엘리엇

제 1 장
물고기를
함부로 판단하지 말라

우리가 무심코 '물고기'라고 부르는 것은 사실 매우 다양한 동물의 집합체다. 규모가 가장 크고 가장 많이 조회되는 온라인 물고기 데이터베이스 피시베이스Fishbase에 따르면, 2011년 9월 현재 등재되어 있는 물고기는 32,100종種, 482과科, 57목目이다. 이는 포유류, 조류, 파충류, 양서류의 가짓수를 다 합친 것보다 많다. 즉, 우리가 '물고기'라고 부를 때, 우리는 지구상의 척추동물 중 60퍼센트를 지칭한다고 보면 된다.

거의 모든 현생물고기는 두 개의 커다란 그룹, 즉 경골어류硬骨魚類와 연골어류軟骨魚類 중 하나에 소속된다. 경골어류를 가리키는 학술용어 텔레오스트teleost는 그리스어에서 유래하는데, '완전하다'는 뜻을 가진 텔레오스teleos와 '뼈'라는 뜻을 가진 오스테온osteon의 합성어다. 경골어류는 오늘날의 물고기 중 대다수를 차지하며, 약 31,000종에 달한다. 그중

1부 물고기에 대한 오해

에는 우리에게 낯익은 연어, 청어, 배스, 참치, 장어, 가자미, 금붕어, 잉어, 강꼬치고기, 피라미 등이 있다. 연골어류를 가리키는 학술용어 콘드리크시안$_{chondrichthyan}$은 '연골'이라는 뜻을 가진 콘드르$_{chondr}$와 '물고기'라는 뜻을 가진 이크티스$_{ichthys}$의 합성어로, 약 1,300종에 달한다. 그중에는 상어, 가오리, 홍어, 키메라* 등이 있다. 경골어류와 연골어류에 속하는 물고기들은 육상척추동물의 기관계, 즉 골격계, 근육계, 신경계, 심혈관계, 호흡계, 감각계, 소화계, 생식계, 내분비계, 배설계를 모두 보유하고 있다. 세 번째로 무악어류無顎魚類라는 독특한 그룹이 있는데, 학술용어인 애그너선$_{agnathan}$은 '턱'이라는 뜻의 명사 나타$_{gnatha}$에 '없다'는 뜻의 접두사 a를 붙인 말이다. 무악어류는 115종으로 이루어진 소그룹으로, 칠성장어와 먹장어가 그 대표주자다.

척추동물은 전통적으로 어류, 양서류, 파충류, 조류, 포유류의 다섯 개 그룹으로 분류된다. 그러나 이는 오해의 소지가 있다. 왜냐하면, 이런 분류는 물고기의 심오한 특징을 나타낼 수 없기 때문이다. 진화적으로 볼 때, '경골어류와 연골어류의 차이'는 '포유류와 조류의 차이'에 비견된다. 그런 면에서 보면 참치는 실제로 상어보다 인간에 더 가깝다. 아울러 계통수 상으로 볼 때 1937년에 처음 발견된 '살아있는 화석' 실러캔스$_{coelacanth}$는 참치보다 인간에 더 가깝다. 따라서 연골어류를 따로 분류한다면, 척추동물에는 최소한 여섯 개의 주요 그룹이 존재한다고 볼 수 있다.

물고기들 간의 유연관계類緣關係에 관한 환상이 존재하는 이유는 부

---

* 일부 과학자들은 키메라(또는 은상어$_{ghost shark}$)를 별도의 그룹으로 분류한다.

분적으로 '물속에서 효율적으로 움직이도록 진화했다'는 제약조건 때문이다. 물의 밀도는 공기보다 800배나 높기 때문에 수서생활을 하는 척추동물들은 유선형, 근육질, 납작한 부속지(지느러미)를 선호함으로써, 저항을 최소화하고 추진력을 극대화하는 방향으로 진화했다.

또한 밀도가 높은 매질 속에 살면, 중력의 당기는 힘이 감소하게 된다. 물의 부력효과는 수서동물을 (육상동물에게 가해지는) 몸무게의 횡포에서 해방시켜준다. 따라서 지구상에서 가장 커다란 동물인 고래는 육지가 아니라 물속에 산다. 이러한 요인들은 대부분의 물고기들이 '몸집에 비해 상대적으로 작은 뇌'를 갖고 있다는 특징을 설명하는 데 도움이 된다. 뇌가 상대적으로 작다는 것은 물고기의 약점으로 여겨진다. 왜냐하면 우리는 동물을 뇌중심적 관점에서 바라보는 경향이 있기 때문이다. 그러나 물고기는 크고 강력한 근육을 이용하여 공기보다 밀도가 높은 매질을 헤쳐나갈 수 있으며, 실질적으로 무중력 상태에서 살기 때문에 신체의 크기를 제한해야 한다는 부담에서 벗어날 수 있었다.

아무튼 인지발달의 관점에서 볼 때, 뇌의 크기는 단지 제한적인 의미가 있을 뿐이다. 사이 몽고메리가 '문어의 지능'에 관한 에세이에서 지적한 것처럼, 두족류頭足類의 뇌는 소형화된 전자부품을 연상시킨다. 예컨대 오징어는 개보다 뇌가 작지만 미로를 더 빨리 통과할 수 있다. 그리고 조그만 고비는 만조 때 조수웅덩이 위를 헤엄침으로써 웅덩이의 지형을 단번에 암기할 수 있는데, 이것은 뇌가 아무리 큰 인간도 도저히 상상할 수 없는 능력이다.

1부 물고기에 대한 오해

물고기의 진화사

지금으로부터 약 5억 3,000만 년 전인 캄브리아기에 물고기와 유사한 동물이 최초로 등장했다.[*] 이 동물들은 덩치가 작고 흥미진진한 구석도 별로 없었다. 물고기의 진화과정에서 가장 획기적인 사건은 그로부터 약 9,000만 년 후인 실루리아기에 일어났다. 유악어류, 즉 턱 있는 물고기가 등장한 것이다. 턱은 이 선구자들에게 먹이를 덥석 물어 으스러뜨리는 한편, 머리를 확대하여 먹이를 강력하게 흡인할 수 있게 해줬다. 그럼으로써 물고기들은 식사 메뉴를 엄청나게 다양화할 수 있었다.

물고기의 턱은 최초의 '천연 스위스 군용칼'이라고 생각할 수 있다. 왜냐하면 턱은 물체 조작, 구멍 뚫기, 둥지 건축을 위한 자재 운반, 새끼의 운반과 보호, 소리 전달, 커뮤니케이션('가까이 접근하지 마, 그러면 깨물어버릴 테니') 등 다양한 기능을 수행할 수 있기 때문이다. 턱을 가짐으로써 어류 폭증의 계기가 마련되어, 데본기 동안 최초의 슈퍼포식자를 비롯한 다양한 물고기들이 등장했다(데본기는 '어류의 시대'로도 알려져 있다). 데본기 어류의 대부분은 판피어류placoderms로 머리끝에 무거운 골갑骨甲을 장착하고 연골성 골격을 보유했다. 덩치가 가장 큰 판피어류는 무시무시했다. 둔클레오스테우스Dunkleosteus와 티타니크티스

---

[*] 그로부터 1억 년 후, 용감무쌍한 육기어류lobe-finned fish 후손이 머뭇거리다 육지에 최초로 발을 디뎠다. 물고기가 나타난 시기에 대해 감을 잡고 싶으면, 호모 속屬이 지구에서 살아온 시간이 약 200만 년에 불과하다는 것을 생각해보라. 우리가 지구에 살아온 시간을 1초라고 가정하면, 물고기는 지구에 4분 이상 살아왔다는 계산이 나온다. 심지어 물을 떠나 육지로 올라오기 전에도 우리보다 50배나 더 오랫동안 지구에 머물렀던 것이다.

Titanichthys에 속하는 종들 중 일부는 9미터가 훨씬 넘었다. 이들은 이빨이 없었지만, (턱을 구성하는) 한 쌍의 날카로운 골판骨板을 이용하여 뭐든 닥치는 대로 전단剪斷하거나 으스러뜨릴 수 있었다. 이들의 화석은 종종 반쯤 소화된 물고기 뼈 덩어리와 함께 발견되는데, 이는 그들이 (오늘날의 올빼미와 같은 방식으로) 삼킨 음식물을 입 안으로 다시 역류시켰다는 것을 시사한다.

판피어류는 데본기 말에 멸종하여 3억 년 이상 종적을 감추고 있지만, 자연은 친절하게도 판피어류의 표본을 섬세하게 보존했다. 그리하여 오늘날의 고생물학자들은 이들의 삶에서 흥미로운 측면을 몇 가지 추론할 수 있었다. 그중에서 특히 흥미로운 것은 서호주의 고고Gogo라는 화석유적지에서 출토된 마테르피스키스 아텐보로우그히Materpiscis attenboroughi라는 물고기의 화석이다. 이것은 영국의 기념비적 자연다큐멘터리 진행자인 데이비드 아텐보로의 이름을 딴 것으로, '아텐보로의 어머니 고기'라는 의미를 갖고 있다.

아텐보로는 1979년에 방영된 다큐멘터리 시리즈 〈지구상의 생물〉에서 이 물고기를 열정적으로 다뤘다. 완벽하게 보존된 3D 표본을 통해 우리는 이들의 신비로운 사생활을 하나씩 하나씩 조심스럽게 벗겨낼 수 있다. 거기서 발견된 것은 놀랍게도 어머니 마테르피스키스와 탯줄로 연결된 아기 물고기였는데, 더욱 놀라운 것은 아기의 발육상태가 매우 양호했다는 것이다. 이 발견을 통해 진화의 수레바퀴에 평지풍파가 일어나 체내수정의 역사가 무려 2억 년이나 길어졌다. 또한 그로 인해 초기 물고기들의 에로틱한 삶이 만천하에 공개되었다. 우리가 아는 범위 내에서 체내수정을 성사시키는 방법은 단 한 가지밖에 없

1부 물고기에 대한 오해

다. 바로 삽입기관을 이용하여 섹스를 하는 것이다. 따라서 지구상에서 '섹스'라는 놀이에 최초로 재미를 붙인 것은 물고기였던 것으로 보인다. 대중강연을 통해 이 발견과 (이 발견을 세상에 알린) 호주의 고생물학자 존 롱의 활약상을 소개하면서, 아텐보로는 양가감정을 노골적으로 드러냈다. "이 물고기는 생명의 역사를 통틀어 교미를 시도한 최초의 척추동물인데, 하필이면 내 이름을 따서 마테르피스키스 아텐보로우그히라고 명명되었다."

섹스는 차치하더라도 판피어류와 거의 같은 시기에 등장한 경골어류는 밝은 미래를 맞이했다. 페름기의 막을 내린 세 번째 대멸종에서 큰 타격을 받았지만, 이후 트라이아스기, 쥐라기, 백악기에 걸쳐 1억5,000만 년 동안 꾸준히 다양화를 계속했다. 그리하여 약 1억 년 전쯤 본격적으로 번성하기 시작했다. 그때부터 지금까지, 알려진 경골어류의 과*는 다섯 배 이상 증가했다. 그러나 화석 기록이 그 비밀을 호락호락 알려주지 않기 때문에 아직도 많은 초기어류들이 바위 속에 숨어 있다.

경골어류와 마찬가지로, 상대역인 연골어류도 (비록 폭발적인 다양화는 없었지만) 페름기에 받았던 타격을 꾸준히 회복했다. 우리가 아는 한, 오늘날 살아있는 상어와 가오리의 가짓수는 과거 어느 때보다도 많다. 그리고 이들의 악명 높은 호전성에 얽힌 비밀도 하나둘씩 밝혀지고 있다.

다양하고 다재다능한 물고기

대부분의 육상동물과 달리 물고기의 생활을 관찰하기는 매우 어렵다. 그래서 물고기의 속내를 헤아리기는 여간 어려운 게 아니다. 미국립해양대기청에 따르면, 전 세계 바다 중에서 현재까지 탐사된 부분은 겨우 5퍼센트 미만이라고 한다. 심해는 지구촌 최대의 서식지로서, 지구상에 사는 동물 중 대부분은 이곳에서 산다. 2014년 초 발표된 논문에 의하면, "음향측심법echo sounding을 이용하여 중층원양대中層遠洋帶(해수면 아래 100~1,000미터 지점)를 7개월간 탐사한 결과, 그곳에 사는 물고기의 개체수가 종전에 생각했던 것보다 10~30배나 많다"고 한다.

우리는 종종 '물고기들의 입장에서 볼 때, 그렇게 깊은 물속에 산다는 것은 끔찍한 고난일 것'이라는 통념에 휘말리게 된다. 그러나 이는 '얕은 생각'이다. 물고기들이 바닷물에 눌려 산다면, 우리는 대기에 눌려 살기 때문이다. 따라서 심해어류들이 견뎌야 하는 수압이나 우리가 겪는 제곱미터당 10톤의 기압이나 불편한 건 매일반이다. 해양생태학자인 토니 코슬로가 자신의 저서 『조용한 심해』에서 말한 것처럼 물은 비교적 압축되지 않는 매질이므로 심해의 수압은 우리가 흔히 생각하는 것보다 영향력이 작다. 왜냐하면 생물체 내부의 압력이 외부의 압력과 거의 같기 때문이다.

기술의 발달은 우리에게 심해 속을 들여다볼 수 있는 능력을 부여하고 있다. 그러나 우리가 도달 가능한 서식지에서조차 아직 발견되지 않은 종들이 많다. 1997년에서 2007년 사이, 아시아의 메콩 강 유역한 곳에서만 279종의 물고기가 새로 발견되었다. 그리고 2011년에는 상어 4종이 발견되었다. 전문가들은 현재의 추세를 감안하여, 모든 물고기의 가짓수는 35,000종쯤에서 수평을 유지할 거라고 예상한다. 유전자 수준에서 종을 구별하는 기술이 발달하고 있으므로, 나는 그보다 수천 종이 더 많아질 수도 있다고 생각한다. 내가 대학원에 재학 중이던 1980년대에 확인된 박쥐는 800종이었는데, 지금은 무려 1,300종으로 껑충 뛰었다.

다양성은 더 많은 다양성을 낳기 마련이어서, 다양성이 풍부한 물고기 세상에서는 주목할 만한 최상급 물고기와 엽기적인 생활사 패턴이 발견된다. 이 세상에서 가장 작은 물고기(그러니까 세상에서 가장 작은 척추동물)는 필리핀의 루손 섬의 호수 중 하나에서 사는 난쟁이고비 Pandaka pygmaea goby인데, 성어成魚의 길이는 1센티미터 미만, 몸무게는 0.004그램이다. 그러니 저울 위에 난쟁이 고비 300마리를 올려놓아봤자 1센트짜리 동전 하나의 무게에도 미치지 못할 것이다.

작은 물고기 중에서 이야깃거리가 가장 풍성한 것은 심해아귀deep-sea anglerfish다. 1인치의 절반도 안 되는 수컷 심해아귀는 작은 덩치를 '뻔뻔한 생존방식'으로 만회한다. 칠흑 같은 심해에서 암컷을 찾으면, 수컷은 주둥이를 암컷의 몸에 들이박고 여생을 그 상태로 보낸다. 암컷의 어느 부분에 주둥이를 고정하든(심지어 복부나 머리라고 해도), 별로 문제될 것은 없다. 왜냐하면 결국에는 암컷의 몸과 융합되기 때문이다. 몸무게가 암컷의 50분의 1에 불과한 수컷은 '변형된 지느러미'나 다름없어서, 암컷의 혈액공급에 의지하고 정맥을 통해 암컷과 수정한다. 암컷 한 마리의 몸에는 세 마리 이상의 수컷이 돌출해 있다. 마치 흔적으로 남아 있는 부속지vestigial appendage처럼 말이다.

얼핏 보면, 심해아귀의 사례는 마치 충격적인 성학대 사례인 것처럼 보인다. 과학자들은 그것을 성적 기생寄生이라고 불러왔다. 그러나 이처럼 색다른 짝짓기 방식의 기원을 따져보면 그리 야비하지 않다.

암컷 심해아귀의 밀도는 80만 세제곱미터당 한 마리인데, 이러한 상황에서 수컷이 암컷을 찾는다는 것은 '축구장만 한 크기의 깜깜한 공간에서 축구공 하나를 찾는 것'이나 마찬가지다. 광대하고 어두운 심연에서 암컷을 만난다는 게 이렇게 어려우므로, 일단 만나기만 하면 암컷에게 찰싹 달라붙는 게 최선의 방책이다. 피터 그린우드와 J. R. 노먼이 1975년 『물고기의 역사』를 개정했을 때, 자유롭게 헤엄치는 수컷 심해아귀는 한 마리도 발견되지 않았다. 그래서 두 사람은 "수컷 심해아귀에게 성공적인 기생의 대안은 오직 죽음뿐이다"라고 결론지었다. 그러나 심해아귀의 세계적 권위자인 워싱턴 대학교의 테드 피치(버크 자연사문화박물관 큐레이터 겸임)에게 문의해본 결과, 현재 전 세계의 박물관에는 자유생활free-living 수컷의 표본이 수백 개 보관되어 있는 것으로 밝혀졌다.

페미니스트들이라면 암컷에 빌붙어서 거저 먹고사는 수컷을 얄미워할지도 모른다. 그러나 그렇게 생각할 필요는 없다. 암컷 심해아귀는 일종의 자웅동체이며, 수컷은 암컷이 알을 수정시키기 위해 늘 가까이 두는 일종의 기생충이라고 할 수 있기 때문이다. 수정이 끝난 수컷은 자신의 내장을 다 포기하고, 종국에는 껍데기와 커다란 고환 주머니만 남게 된다.

생식능력의 측면에서 볼 때, 물고기에 필적할 수 있는 척추동물은 없다. 1.5미터의 길이에 25킬로그램의 몸무게를 자랑하는 수염대구ling의 경우, 암컷의 난소에 무려 28,361,000개의 알이 들어 있다. 그러나 경골어류 중에서 가장 큰 개복치에 비하면 새 발의 피에 불과하다. 암컷 개복치는 자그마치 3억 개의 알을 품고 있기 때문이다. 바닷물 속에 방출된 작고 무수한 알들 중에서 성체로 자라는 것은 극소수에 불과하다. 그렇게 커다란 동물이 '될 대로 되라' 식 양육의 산물일 수 있다는 것은 '물고기들의 양육투자가 그만큼 적다'는 편견을 낳을 수 있다. 그러나 13장 "양육 스타일"에서 살펴보겠지만, 부모의 자녀양육은 물고기들 사이에서 널리 관찰되는 보편적 현상이다.

수염대구의 치어稚魚기는 'o'자보다도 작은 알에서 시작될 만큼 미천하지만, 성어成魚가 되면 1.8미터까지 자랄 수 있다. 그리고 독립적인 생활주기가 시작되면서부터 몸집이 급격하게 커지는 것으로 유명하다. 척추동물 중에서 성장속도 부문의 챔피언은 아마도 점박이꼬리개복치일 것이다. 유선형의 몸매를 지니지는 않았지만, 점박이꼬리개복치의 길이는 0.25센티미터에서부터 시작하여 3미터까지 자라며, 몸무게는 6,000만 배까지 증가한다(개복치과의 과명科名인 Molidae는 맷돌과 비슷한 형태에서 유래했다).

상어는 물고기의 생식능력 스펙트럼에서 반대쪽 끝에 위치한다. 상어는 성적으로 성숙한 후에만 새끼를 낳을 수 있는데, 몇몇 종의 경우 스물다섯 살이 넘어야만 새끼를 낳을 수 있다. 어떤 종은 1년에 겨우 한 마리씩만 새끼를 낳는다. 독자들이 대학생 시절 생물학 시간에 해부했을지도 모르는 돔발상어는 평균 서른다섯 살이 넘어서야 번식할 준비가 된다. 상어의 태반 구조는 포유류만큼이나 복잡하고, 임신은 드물고 간격이 길며 기간도 길다. 주름상어의 임신 기간은 3년 이상으로 세상에서 제일 긴 것으로 알려져 있다.

미국 네바다 주 북서부의 모하비 사막에는 입구가 3×6미터 크기인 석회동굴이 하나 있고, 그 동굴에는 깊고 좁고 따뜻한 대수층帶水層(지하수를 품고 있는 지층)이 있다. 대수층 안에는 작은 물고기가 살고 있는데, 동굴의 이름을 따라 데빌스홀 송사리Devils Hole pupfish라는 이름을 얻었다. 데빌스홀이 생긴 것은 약 50만 년 전으로 추정된다. 1인치도 안 되는 작은 은청색 물고기가 언제부터 어떻게 이 동굴에서 살게 됐는지 정확하게 밝혀진 것은 없다. 다만 수만 년 전 이 지역에 홍수가 났을 때 들어왔다가 이후 비가 적게 내리고 주변이 사막으로 변하면서 동굴에 고립된 것으로 추정하고 있다. 1967년 멸종위기 종으로 지정된 데빌스홀 송사리는 현재 미국 환경보호운동의 아이콘이다. 이들은 모두 합쳐도 100마리가 채 안 되는 세상에서 가장 희귀한 물고기다.

이 세상에 하늘을 훨훨 나는 물고기는 없지만, 활강 전문가는 좀 있다. 그중에서 가장 유명한 것은 날치인데, 약 70종이 외해(육지와 인접하지 않은 넓은 바다_옮긴이)의 표면에서 서식하고 있다. 지느러미가 크게 확장되어 날개 역할을 하며, 이륙을 준비하기 위해 시속 65킬로미터의 속도로 수영할 수 있다. 일단 공중으로 솟아오르면, 꼬리의 아래엽을 과급기(엔진의 출력을 높이기 위해 공기에 압력을 주어 흡입하는 일종의 공기펌프_옮긴이)로 사용하여 360미터까지 비행할 수 있다. 수면 바로 위를 나는 것이 보통이지만, 간혹 돌풍이 불면 4.5~6미터 높이로 날 수 있다. 날치들이 가끔 배의 갑판에 착륙하는 것은 바로 이 때문이다. 날치가 날개를 퍼덕이며 지속적으로 날 수 없는 이유는 뭘까? 내 생각이지만, 그럴 경우 숨이 차서 바다에 곧 추락하고 말 것이다. 그 밖에도 많은 물고기들이 공중으로 날아오를 수 있는데, 그중에는 남아메리카와 아프리카에 사는 카라신과Characidae 민물고기와 죽지성댓과flying gurnards가 있다.

하늘을 나는 새들의 이름 앞에는 '플라잉'이라는 수식어가 붙어 있어서, 간혹 서커스 묘기 이름과 헷갈리는 경우가 있다. 물고기 이름 이야기가 나온 김에 특이한 이름을 가진 물고기들을 알아보기로 하자. 세상에서 이름이 가장 긴 물고기는 하와이의 공식 물고기로 지정된 네모난 쥐치일 것이다. 현지인들은 이 물고기를 후무후무누쿠누쿠아푸아아_{humuhumunukunukuapua'a}라고 부르는데, 그 뜻은 '바늘로 꿰매고 돼지처럼 꿀꿀거리는 물고기'라고 한다. 가장 성의 없는 이름은 '털북숭이 턱과 자루 같은 입'이라는 별명이 붙은 아귀에게 돌아갈 것이고, 가장 파격적인 이름은 '빈정거리는 베도라치'라는 뜻의 사르케스틱 프린지헤드_{sarcastic fringehead}에게 돌아갈 것이다. 가장 상스러운 이름을 가진 것은 슬리퍼리 딕_{slippery dick}인데, 이름에서는 '미끌거리는 거시기'가 연상되지만, 실제로는 해안에 사는 작고 귀여운 물고기로 할리코이레스 비비타투스_{Halichoeres bivittatus}라는 학명을 갖고 있다.

오늘날에는 일주일이 멀다 하고 물고기의 생리와 행동에 대한 발견이 이루어진다. '물고기의 기억력은 3초'라는 악명 높은 이야기는 간단한 실험을 통해 낭설인 것으로 밝혀진 지 오래다. 암초 주변을 유심히 관찰하면 '청소부와 고객 간의 상리공생'이라는 물고기들의 사회역학을 발견할 수 있는데, 이는 '물고기들은 멍청한 얼간이며, 본능의 노예'라는 인간의 자만심을 여지없이 깨뜨릴 것이다. 앞으로 이 책에서는 물고기가 단지 지각만 있는 게 아니라, 의식 수준이 높고 의사소통을 하며, 사회성이 있고 도구를 사용할 뿐만 아니라 도덕적이고 심지어 마키아벨리언임을 차례로 밝히게 될 것이다.

독자들은 이 책에서 물고기에 대해 많은 것을 배우겠지만, 이 책에 수록된 정보들은 현재 우리가 알고 있는 것 중 일부일 뿐이다. 물고기의 광대한 종다양성 중 지금까지 연구된 것은 일부분이며, 그중에서도 면밀히 연구된 것은 극히 일부분이다. 아직도 많은 정보들이 우리의 발견을 기다리고 있다. 이 책을 쓰는 동안 많은 마니아들을 만나 경험담을 들었는데, 앞으로 이들이 들려준 이야기보따리도 독자들과 공유할 예정이다. 일화逸話는 과학적 신뢰성이 부족하지만, 아직 알려지지 않은 동물의 능력에 대한 통찰력을 제공함으로써 생물학 연구의 지평을 넓히고, 인간과 동물 간의 관계를 좀 더 깊이 고찰하게 할 것이다.

물고기가 하찮은 생물이라고?

모든 척추동물(포유류, 조류, 파충류, 양서류, 물고기) 중에서, 우리의 감성에 가장 이질적으로 다가오는 동물이 물고기다. 얼굴 표정을 알 수가 없고 외견상 벙어리인 것처럼 보이므로, 물고기들은 다른 척추동물보다 (고려할 가치가 없다고) 묵살되기 쉽다. 물고기들이 인류문명에서 차지하는 위치는 거의 예외 없이 두 가지 범주에 속하는데, 하나는 사냥감이고 다른 하나는 식량감이다(이 두 가지 범주는 뒤엉켜 있다). 물고기를 잡거나 낚는 것은 무방할 뿐만 아니라 상서로운 징조로 여겨졌다. 물고기를 잡는 장면은 광고에 지나칠 정도로 많이 등장하며, 미국에서 가장 사랑받는 영화제작 스튜디오 중 하나인 드림웍스의 로고를 보면, 톰 소여를 닮은 소년이 낚싯대를 들고 여유를 부리고 있다. 여러분은 자칭 채식주의자들이 이상하게도 물고기를 거리낌 없이 먹는 것을 종종 볼 수 있을 것이다. 마치 대구cod와 오이 사이에는 아무런 도덕적 차이가 없는 것처럼 말이다.

우리가 물고기를 '도덕적인 관심권 밖에 있는 생물'로 간주하는 경향이 있는 이유는 뭘까? 첫 번째 이유는 아마도 물고기들이 냉혈동물이기 때문일 것이다. 그러나 '냉혈'이란 과학적 신빙성이 별로 없는 일반인들의 용어다. 나는 '내장된 온도 조절장치를 보유했는지 여부가 생물의 도덕적 지위와 무슨 관계가 있는지'를 도대체 모르겠다. 좌우지간 대부분의 물고기들의 피는 우리를 오싹하게 만들지 않는다. 물고기들은 변온동물인데, 이는 이들의 체온이 외부요인에 의해 지배된다는 것을 의미한다. 특히 물고기들이 살고 있는 물의 온도에 의해서 말이다. 그렇다면 따뜻한 열대바다에서 산다면 피도 따뜻할 것이다. 만약 (많은 물고기들이 그렇듯) 심해의 냉랭한 곳이나 극지방에 산다면, 체온은 결빙온도 언저리를 맴돌 것이다.

그러나 이상과 같은 설명만으로는 불충분하다. 참치, 황새치, 그리고 일부 상어는 부분적으로 정온동물定溫動物이어서, 주변보다 따뜻한 체온을 유지할 수 있다. 비결이 뭘까? 바로 수영근육의 강력한 움직임에 의해 생성된 열을 포획함으로써 가능하다. 참다랑어의 경우 섭씨 7도~27도의 물에서 근육의 온도를 28도~33도로 유지할 수 있다. 이와 마찬가지로 많은 상어들은 커다란 정맥을 갖고 있어서, 중심 수영근육에 있는 피를 척수로 보냄으로써 중추신경계를 따뜻하게 만들 수 있다. 대형 포식성 어류인 새치류billfishes, 예컨대 청새치, 황새치, 돛새치, 창새치는 이 같은 열을 이용하여 뇌와 눈을 따뜻하게 함으로써, 깊고 차가운 물속에서 적절한 기능을 수행할 수 있다(좀 더 자세한 내용은 2장 "물고기의 시각"을 참조하라). 2015년 3월, 과학자들은 진정한 정온물고기를 처음으로 소개했는데, 주인공은 바로 빨간개복치$_{opah}$다. 빨간개복치는 수심 수백 미터의 차가운 물속에서도 수온보다 높은 체온을 유지하는데, 비결은 기다란 가슴지느러미와 아가미 때문이라고 한다. 즉, 가슴지느러미를 퍼덕임으로써 열을 발생시키고, 아가미 속에 존재하는 역류성 열교환 시스템을 이용하여 체온을 유지한다는 것이다.

우리가 물고기에 대해 갖고 있는 두 번째 편견은 '원시적'이라는 것이다. 여기서 '원시적'이라는 말에는 일련의 멸시적인 의미가 함축되어 있다. 이를테면 단순하다, 미개하다, 흐릿하다, 유연성이 떨어진다, 감각이 없다 등등 ……. D. H. 로렌스는 1921년 지은 〈물고기〉라는 시에서 "물고기는 동틀 녘에 태어났다"고 썼지만, 사실 물고기는 까마득한 옛날부터 지구상에 존재하고 있었다.

물고기에게 '원시적'이라는 딱지를 붙이는 것은 지독한 편견의 소산이다. 이러한 편견은 '물속에 살던 생물들은 그들 중 일부가 육지로 기어 올라간 이후 진화를 멈췄다'는 가정에 근거하고 있다. 이러한 가정은 '진화는 쉬지 않고 계속된다'는 개념과 완전히 모순된다. 자연선택은 시간만 주어지면 작동을 계속한다. 지금으로부터 4억3,000만 년 전 물고기 중 일부가 육지로 올라와 네발동물로 진화한 후에도 자연선택은 남아 있는 물고기들을 대상으로 솎아내기를 계속 진행해 점진적으로 세련화시켰다. 분명히 말해두지만, 현존하는 모든 척추동물들의 뇌와 신체는 '원시적인 형질'과 '진보된 형질'의 모자이크다.

다리와 폐가 생겨나던 시절에 살았던 물고기 종들은 죄다 사라진 지 오래다. 오늘날 지구상에서 볼 수 있는 물고기 중 절반은 이른바 페르코모르파$_{Percomorpha}$라는 그룹에 속하는데, 이들은 5,000만 년 전에 마구잡이식 종분화를 겪어 약 1,500만 년 전에 종다양화의 최고조에 도달했다. 1,500만 년 전이라면 우리가 속해 있는 유인원, 즉 사람상과 Hominoidea가 진화하고 있던 때다.

그러므로 현존하는 물고기 종 중 약 절반은 우리보다 원시적이지 않다. 초기 물고기들의 후손들은 육상동물들보다 몇 겹의 세월 동안 더 진화해왔다. 이런 관점에서 보면, 물고기는 모든 척추동물 중에서 가장 고도로 진화했다는 이야기가 된다. 물고기가 손가락을 만드는 유전기구genetic machinery를 갖고 있다는 사실을 안다면 독자들은 아마 놀랄 것이다. 이는 물고기들이 현생 포유류와 얼마나 가까운지를 보여주는 증거다. 물고기들도 손가락을 만들 수 있는 준비가 갖춰져 있지만, 그 대신 지느러미를 진화시켰다. 왜냐고? 물속에서 수영하는 데는 지느러미가 손가락보다 더 편리하기 때문이다. 그리고 당신의 근육계가 분절화되었다는 사실을 잊지 말기 바란다. 복직근複直筋, 즉 근육이 잘 발달한 운동선수들의 상반신을 장식하는 '빨래판 복근'의 기원을 추적하다 보면, 물고기가 처음 행한 축근육axial muscle 분절화까지 거슬러 올라간다 (다른 사람들도 빨래판 복부가 없는 건 아니다. 다만 너무 많은 지방조직에 뒤덮여 있어 보이지 않을 뿐……). 닐 슈빈의 유명한 책『내 안의 물고기』의 제목과 마찬가지로, 우리와 현생어류의 공통조상은 초기어류였으며, 우리의 몸을 구성하고 있는 구조물들은 초기어류가 갖고 있던 것이 변형된 것이다.

'원시적'이라는 말에 함축된 또 다른 편견은 '오래된 생물일수록 더 단순하다'고 간주하는 것이다. 그러나 진화는 정교화와 대형화를 향해 끊임없이 달려가는 것은 아니다. 공룡들은 현생 파충류보다 덩치가 훨씬 더 컸고, 고생물학자들이 최근 발굴한 증거에 따르면 공룡들은 자녀양육과 의사소통을 했던 사회적 동물로서, 이들의 생활방식은 현생 파충류보다 결코 단순하지 않았다고 한다. 이와 마찬가지로, 덩치가 가장 컸던 육상 포유류는 (포유류의 다양화가 성행하던) 수천에서 수백만 년 전에 멸종했다. 이런 사실을 인식하는 사람은 별로 없겠지만, 진정한 포유동물의 시대는 끝났다고 볼 수 있다. 우리는 지난 6,500만 년 동안을 포유동물의 시대라고 생각하는 경향이 있지만, 그 시기에 훨씬 더 다양화된 것은 포유류가 아니라 경골어류다. 지난 6,500만 년을 경골어류의 시대라고 부르면 왠지 구질구질해 보일지 모르겠지만, 사실은 그게 더 정확한 표현이다.

진화는 복잡성을 향해 나아가는 과정이 아닌 것처럼, 완성을 향해 나아가는 과정도 아니다. 적응이 동물들에게 최적화된 기능을 선사하는 것 같지만, 동물이 환경에 안성맞춤으로 재단될 거라고 생각하면 오산이다. 그도 그럴 것이 환경은 정적靜的인 것이 아니기 때문이다. 기후변화, 지질변화(지진, 화산폭발), 그리고 끊임없는 침식은 진화의 방향을 변화시킨다. 이런 불안정성을 차치하더라도, 자연은 완벽히 효율적이지 않으며 늘 어딘가 미진한 구석이 있기 마련이다. 비근한 예로, 인간의 충수(맹장)와 맹점(시신경이 망막을 통과하는 곳)과 사랑니를 들 수 있다. 물고기의 경우에도 어처구니없는 경우가 있다. 예컨대 호흡을 위해 아가미 덮개를 닫으면, 물고기는 본의 아니게 전방추진력을 얻는다. 따라서 (쉬고 있는 물고기가 으레 그렇듯) 정지한 상태를 유지하고 싶으면, 물고기는 전방추진을 상쇄하기 위해 역추진을 해야 한다. 정지 상태에 있는 물고기가 가슴지느러미를 반대로 움직이는 것은 바

1부 물고기에 대한 오해

로 이 때문이다.

　우리가 물고기에 대해 더 많이 배울수록, 물고기와의 동질성을 파악하는 능력은 증가할 것이다. 또한 이들의 존재를 우리의 존재와 연결시키는 능력도 증가할 것이다. 무릇 공감의 핵심은 상대방의 경험을 이해하는 것이다. 그리고 상대방의 경험을 이해하는 것의 핵심은 상대의 감각계를 평가하는 데 있다.

2부

물고기의 감각

이 세상에 진실은 없다.

오직 지각知覺이 있을 뿐

_귀스타브 플로베르

제 2 장
물고기의 시각

적금赤金처럼 우아하고, 샘물처럼 청량하고,
거울처럼 평평하고 밝은 눈
_D. H. 로렌스, 〈물고기〉 중에서

우리는 다섯 가지 감각이 있다고 배웠다. 시각, 후각, 청각, 촉각, 그리고 미각. 하지만 사실 다섯 가지 감각만으로는 턱없이 부족하다. 예컨대, 당신이 쾌감을 느낄 수 없다면 삶이 얼마나 무미건조하겠는가! 통각痛覺이 없는 삶을 매력적이라고 생각할지 모르지만, 뜨거운 난로에서 곁불을 쬐고 있을 때 통증을 느끼지 못한다면 얼마나 위험하겠는가? 균형감각이 없다면, 우리는 자전거는 고사하고 제대로 걷지도 못할 것이다. 압력을 느끼지 못한다면, 칼이나 포크를 능수능란하게 다루기 위해 고도의 집중력이 필요할 것이다. 1장에서 나는 물고기가 우리보다 더 오랫동안 진화했다고 말한 바 있다. 그렇다면 그렇게 오랫동안 진화해온 물고기가 매우 다양하고 진보된 감각 기능을 진화시키지는 않았을까?

동물행동학을 배우던 학생 시절 좋아하던 개념 중 하나는 움벨트

Umwelt였다. 움벨트는 20세기 초 독일의 생물학자 야콥 폰 윅스킬이 만든 개념으로 '환경세계'로 번역된다. 그렇다면 동물의 환경세계는 무엇일까? 그것은 감각세계라고 생각할 수 있다. 왜냐하면 환경은 동물의 감각기관을 통해 지각될 테니 말이다. 그런데 가만히 따져보면, 좀 야릇한 생각이 든다. 동물마다 감각기관이 다양하므로 지각하는 세상역시 각기 다를 것이다. 그렇다면 설사 같은 환경에서 살더라도 종이 다르면 환경세계도 달라질 것이다. 다시 말해서 실제 환경은 하나뿐인데, 환경세계는 종의 수만큼 존재한다는 것이다. 꼭 뭔가에 홀린 듯한 기분이 들지 않는가?

예컨대 올빼미, 박쥐, 나방은 모두 밤에 날아다니지만 생물학적 특징이 각각 다르므로, 이들의 환경세계는 각각 다를 것이다. 올빼미는 주로 시각과 청각에 의존하여 먹이를 잡는다. 박쥐도 청각에 의존하기는 하지만 올빼미와 많은 차이가 있다. 즉, 박쥐는 자신이 발사한 초음파 신호의 메아리를 해석하는 이른바 반향정위echolocation를 통해 사냥을 하고 길을 찾는다. 나방은 무척추동물로서 환경세계의 모습이 셋 중에서 가장 독특할 것이다. 그러나 우리는 나방이 우수한 시각을 보유하고 있으며, 뛰어난 방향물질 탐지기를 이용하여 먼 거리에 있는 배우자를 찾을 수 있다는 사실을 알고 있다. 어떤 종의 감각기관이 어떻게 작동하는지를 알면, 그 종만의 환경세계를 이해하는 데 도움이 된다.

이쯤 되면, 당신은 물고기의 환경세계가 우리의 환경세계와 다를 거라고 예측할 것이다. 왜냐하면 물고기들은 물속에서, 우리는 공기 중에서 진화했기 때문이다. 그러나 진화는 보수적인 설계자여서, 일단

깔끔한 아이디어가 떠오르면 이 아이디어를 계속 고수하는 경향이 있다. 대표적인 사례가 물고기의 눈이다. 눈꺼풀이 없다는 것은 논외로 하고, 물고기의 눈은 우리의 눈과 닮았다. 대부분의 척추동물(인간 포함)과 마찬가지로, 물고기의 안구는 세 쌍의 근육에 의해 제어되며 모든 축을 중심으로 회전할 수 있다. 현수인대suspensory ligament와 후인근retractor muscle이 있어서, 폭기장치aerator에서 내뿜는 공기방울을 쳐다보거나 유리 반대편에서 뚫어지게 쳐다보는 직립동물에게 시선을 집중할 수도 있다. 이러한 시각 시스템을 최초로 진화시킨 장본인은 초기어류들이며, 진화사적으로 볼 때 육상동물의 조상이기도 하다. 작은 물고기들의 눈동자가 회전운동하는 것을 관찰하기는 대부분 쉽지 않지만, 이 다음에 아쿠아리움에 가면 큰 물고기들의 눈을 유심히 관찰해보라. 넓은 환경에서 시선을 이리저리 옮길 때, 눈동자가 움직이는 것을 분명히 확인할 수 있을 것이다.

물고기는 고굴절 구면렌즈를 갖고 있어서, 물속에서도 사물을 (우리가 공기 중에서 보는 것만큼) 뚜렷이 볼 수 있다. 물고기가 눈물샘을 갖고 있지 않다는 것은 굳이 언급할 필요도 없다. 왜냐하면 물고기의 안구는 늘 물에 씻겨 깨끗하게 유지되기 때문이다.

해마, 베도라치, 고비, 가자미는 눈의 근육구조가 더욱 업그레이드되어, (카멜레온과 마찬가지로) 두 개의 눈을 각각 독립적으로 회전시킬 수 있다. 내가 아는 범위 내에서, '두 눈이 따로 노는 동물들은 두 개의 상이한 시야를 동시에 처리하는 능력을 가졌다'라고 생각할 수밖에 없다. 이것은 인간의 뇌가 하는 일과 근본적으로 다른 것 같다. 말하자면 우리가 두 개의 독립적인 시야의 정신경험을 상상하려고 할 때, 각

2부 물고기의 감각

각의 정신경험이 우리의 의식적 통제 아래 있다는 말인데, 이런 능력은 우주의 한계를 상상하려고 노력하는 것만큼이나 우리의 환경세계를 넘어서는 것이다. 비록 이스라엘과 이탈리아의 과학자들로 이루어진 연구팀이 두 개의 (독립적으로 움직이는) 카메라를 가진 로봇머리를 만들어 이 같은 상황을 시뮬레이션 하긴 했지만, '하나의 두뇌가 두 개의 시야를 동시에 처리하는 방법'을 이해하려는 연구는 지금껏 시도된 적이 없다. 만약 카멜레온이 한 눈으로 오동통한 메뚜기를 바라보고 다른 눈으로는 머리 위에 있는 나뭇가지를 바라보고 있다면, 카멜레온은 동시에 두 가지 생각을 하고 있는 걸까? 해마는 한 눈으로는 배우자감에게 추파를 던지고, 다른 눈으로는 포식자의 움직임을 추적할 수 있을까? 단선적인 뇌를 가진 나로서는 도저히 불가능한 일이다. 예컨대 내가 라디오를 켜놓고 신문을 읽는 경우, 라디오와 신문 사이를 교대로 왔다 갔다 할 수는 있다. 그러나 아무리 발버둥을 쳐도 라디오와 신문의 정보를 동시에 스트리밍할 수는 없다.

가자미의 시각 경험을 이해하는 것도 어렵지만, 치어稚魚의 경우에는 더욱 어렵다. 가자미 치어들은 평소 양쪽 얼굴에 눈을 하나씩 달고, 다른 물고기들과 마찬가지 방식으로 평범하게 헤엄을 친다. 그러나 성어기成魚期가 다가오면 괴상하게 변신한다. 한쪽 얼굴에 있는 눈이 반대쪽 얼굴로 이동하는 것이다. 메스와 봉합사가 없을 뿐, 슬로모션으로 실시하는 안면 재건술이나 다를 바 없다. 심지어 가자미의 안면 재건술이 항상 느린 것만은 아니다. 강도다리starry flounder의 경우 눈이 완전히 이동하는 데 불과 5일밖에 안 걸리지만, 어떤 종은 하루도 안 걸리기도 한다. 두 눈은 몸에서 약간 돌출해 있으며, 마치 거만한 이웃들처럼 각각 독립적으로 회전한다(거울 속의 자기 모습을 보고 화들짝 놀라는 물고기가 가자미 하나만은 아닐 것이다).

어떤 종들은 '오른눈 가자미'라고 불리는데, 이들은 두 눈을 오른쪽 얼굴로 모으고 왼쪽으로 누워 생활한다. 이와 반대 방식으로 생활하는 가자미들도 있는데, 이들을 '왼눈 가자미'라고 한다. 가자미와 가자미류 물고기들(서대기, 넙치, 광어, 참서대 등)의 가짓수가 총 650종이 넘는 걸 보면, 눈 이동은 이들에게 효과적인 생존전략인 것으로 보인다. 그러나 현재 많은 대서양가자미와 서대기류는 남획으로 인해 씨가 마르고 있는 실정이다.

두 눈이 한쪽으로 쏠린 치욕을 만회하려는 듯, 가자미는 기막힌 양안시兩眼視 능력을 자랑한다. 모래 위나 바위투성이 바닥에 엎드려 지형지물로 절묘하게 위장한 채 잠복하고 있다가, 멋모르고 지나가는 새우나 운 없는 해양생물에게 전광석화처럼 돌진하여 낚아채는 포식어류에게 양안시만큼 유용한 적응은 없다. 깊이 및 거리 감각이 세련된 가자미는 매복 및 습격의 타이밍과 타당성을 정확히 판단하는데, 이게 다 뛰어난 양안시 능력 덕분이다.

중남미 대서양 해안의 맑은 바닷물에 서식하는 네눈박이물고기는 색다른 방식으로 시야를 향상시킨다. 이들은 천연 복초점復焦點 렌즈의 창시자로 망막의 위아래 부분을 경계선으로 나눈다. 네눈박이물고기가 수영할 때 망막의 경계선이 수면과 일치하면, 수면 위의 눈은 공기 중의 물체에 수면 아래의 눈은 수중의 물체에 초점을 맞춘다(공기 중에는 청색광이 많고 흙탕물에는 황색광이 많은데, 유전자 코딩의 유연함 덕분에 네눈박이물고기의 윗눈은 청색광의 파장에 아랫눈은 황색광의 파장에 민감하다). 복초점 렌즈는 네눈박이물고기들에게 매우 유용한 시각 도구상자다. 왜냐하면 수면에 떠 있는 맛있는 먹이를 탐색할 때, 굶주린 새들에게 기습공격 당하는 낭패를 미연에 방지할 수 있기 때문이다.

외해外海에 서식하는 크고 빠른 포식어류들, 예컨대 황새치, 참치, 일부 상어들은 빠르고 날카로운 시각을 이용하여 먹이를 사냥한다. 길이가 3.5미터에 달하는 황새치는 약 10센티미터의 너비를 측정할 수 있다. 그러나 물속에서 사냥할 때는 특별한 시각적 어려움에 직면한다. 전등 없이 동굴 속에 들어가 본 경험이 있는 독자들이라면, 수면 밑으로 깊이 잠수한 물고기들의 어려움을 이해할 것이다. 그곳에는 빛이 거의 없기 때문에 앞이 보이지 않는다. 수심이 깊은 곳에서는 어두컴컴한 것 말고도 문제가 또 하나 발생하는데, 수온이 급강하한다는 것이다. 수온이 급격히 떨어지면 뇌와 근육의 기능이 저하되어 반응시간이 지연된다.

추위의 부정적 영향을 극복하기 위해 일부 물고기들은 뇌와 눈의 기능을 향상시키는 기발한 방법을 진화시켰다. 바로 근육에서 생성되는 열을 이용하여 감각기관의 성능을 향상시키는 것이다. 예컨대 황새치의 경우 눈의 온도를 수온보다 섭씨 11도~18도 상승시킬 수 있는데, 여기에 필요한 열은 눈근육 주변을 드나드는 동맥혈과 정맥혈 간의 역류교환을 통해 생성된다. 심장과 정맥에서 차가운 피를 공급받은 동맥은 (눈근육 속에 존재하는) 특별한 발열기관에 의해 가열되는데, 이 동맥들은 촘촘한 네트워크를 형성함으로써 열교환을 촉진한다. 최근 생포한 황새치의 눈을 분석한 결과에 의하면, 이 같은 전략은 황새치가 먹이를 기민하게 추격하는 능력을 10배 이상 향상시킨다고 한다.

많은 상어들은 황새치와 달리 야간 사냥을 선호하므로, 칠흑 같은 어둠 속에서 사냥하는 특단의 방법을 진화시켰다. 상어는 자신의 영역에 고도로 적응하여, 망막 바로 뒤 반사막tapetum lucidum(반짝이는 직물이라는 뜻을 갖고 있음)이라는 세포층을 보유하게 되었다. 반사막에 충돌한 빛은 상어의 눈으로 되돌아가 망막을 다시 한 번 두드리게 되어 상어의 야간시력을 두 배로 높여준다. 사실 이는 매우 익숙한 현상이다. 고양이나 기타 야행성동물들의 눈이 반짝이는 것도 이와 똑같은 원리이기 때문이다. 만약 상어가 육지에서 걷는다면, 밤에 헤드라이트 빛을 받을 때 눈이 괴상하게 빛나는 것을 보게 될 것이다.

물고기가 포식자를 피하는 것은 먹이를 잡는 것만큼이나 중요하다. 대양이 됐든 호수가 됐든 시냇물이 됐든, 물고기는 다양한 기술을 이용하여 시야를 확보한다. 예컨대 얕은 물속에 사는 물고기들은 수면의 밑면을 거울로 사용한다. 물고기가 시야에 직접 들어오지 않는 물체를 볼 수 있는 것은 바로 이 때문이다. 블루길bluegill(받침접시만 한 물고기로 북아메리카의 호수, 연못, 느리게 흐르는 시냇물의 얕은 곳에서 서식함)이 바위 반대쪽이나 가래pondweed(수초의 일종) 덤불 속에 숨어 있는 포식성 강꼬치고기를 망볼 수 있는 것도 수면을 반사경으로 이용하기 때문이다. 그런데 암거위에게 좋은 것은 숫거위에게도 좋기 마련이다. 따라서 나는 포식자들도 이와 똑같은 기술을 이용하여 피식자들을 엿볼 거라 생각한다. 수면을 반사경으로 이용하는 기술은 어항 속의 물고기를 이용해서도 쉽게 연구할 수 있다.

그러나 블루길이 이용하는 반사경 전략은 잔잔한 물에서만 써먹을 수 있다. 수면이 잔잔할 경우, 물고기들은 수면 위에서 일어나는 사건들도 제법 잘 관찰할 수 있다. 심지어 다이빙하는 새들의 공격도 피할 수 있다. 물결이 잔잔한 날보다는 출렁이는 날에 새들의 사냥 빈도와 성공률이 높다는 것만 봐도 출렁이는 물결이 물고기들의 시야를 교란한다는 것을 능히 짐작할 수 있다. 잔잔한 물은 굴절성이 양호하므로, 물고기들은 바닷물이 잔잔할 때 해변에 있는 물체도 잘 관찰할 수 있다. 어부나 낚시꾼들은 이런 지식으로 무장하고, 사냥감에게 들킬 가능성을 줄이기 위해 물가에서 멀리 떨어진 곳에 서 있기도 한다.

다채로운 빛깔과 플래시

남에게 들키는 게 늘 나쁜 것은 아니며, 때로는 누군가에게 탐지되는 게 목표인 경우도 있다. 산호초는 시각 혁신을 위한 다양한 기회를 제공한다. 산호는 열대바다의 수심이 얕은 곳에서 자라는데, 그곳은 수온이 높고 일조량이 많다. 빛은 색깔을 이용하여 온갖 마법을 부리는데, 산호초 주변에 사는 어류의 몸을 장식하는 총천연색 무늬를 보면 이를 잘 알 수 있다. 따라서 이러한 어류 중 상당수에게 색각色覺은 매우 중요하다. 2014년, 과학자들은 3억 년 전에 살았던 상어 비슷한 물고기의 화석에서 원뿔세포와 막대세포를 발견하고, 물고기들이 색각을 발명했다는 결론을 내렸다.

3억 년 전에 색각을 처음 발명한 이후, 물고기들은 오랫동안 우리보다 뛰어난 시각능력을 진화시켜왔다. 예컨대, 대부분의 현생 경골어류는 4색각자tetrachromat여서, 색깔을 매우 생생하게 볼 수 있다. 이에 반해 3색각자trichromat인 우리는 세 가지 원뿔세포를 갖고 있으므로, 컬러 스펙트럼이 제한적이다. 네 가지 원뿔세포를 가진 물고기의 눈은 네 개의 독립된 채널을 이용하여 컬러 정보를 전달한다. 어떤 물고기들은 근자외선 영역의 빛도 보는데, 이 영역의 빛들은 (우리가 볼 수 있는) 가시광선 영역의 빛보다 파장이 짧다. 산호초 주변에 사는 물고기들 중 22과科 100종種이 피부에서 다량의 자외선을 반사하는 것은 바로 이 때문이다. 개인적으로 평소 궁금한 게 하나 있다. 파란색과 노란색이 어우러진 레이싱스트라이프 잠수복을 착용한 사람이 평범한 까만색 잠수복을 착용한 사람보다 물고기를 더 흥분시킬까?

2010년 과학자들은 '시각 스펙트럼이 넓으면 좋은 점이 뭘까?'라는 의문을 해결할 수 있는 단서를 발견했다. 과학자들은 자리돔(산호초 주변에 사는 다양한 총천연색 물고기 그룹)의 시각적 의사소통을 연구하던 중, 두 종의 자리돔을 집중적으로 분석하게 되었다. 암본자리돔Ambon damselfish과 레몬자리돔lemon damselfish으로, 서태평양의 동일한 산호초에 살며 인간의 눈에는 똑같아 보인다. 암본자리돔은 동종同種 간의 영토 다툼이 매우 심해 자신의 영토를 격렬하게 방어한다. 그런데 이들은 침입자가 (레몬자리돔이 아니라) 암본자리돔이라는 걸 어떻게 알까? 과학자들은 직감적으로 이 물고기들이 피아彼我를 식별하는 과정에서 시각이 모종의 역할을 수행할 거라는 생각이 들었다.

과학자들의 예감은 적중했다. 심층분석 결과 두 종은 자외선으로만 구별할 수 있는 독특한 얼굴패턴을 갖고 있는 것으로 밝혀졌다. 과학자들이 자외선을 비추자, 이들의 얼굴에서 점과 곡선으로 구성된 매력적인 패턴이 나타났다. 패턴은 (인간이 보기에는) 미세하지만, 동종 사이에서도 마치 지문처럼 일관된 차이를 보였다. 어항 속에서 테스트

2부 물고기의 감각

해보니, 자리돔들은 동종끼리 개체별 차이를 정확히 인식하는 것으로 나타났다. 자외선 필터를 이용하여 시각정보를 제거하고 다시 테스트해보니, 인식률은 많이 떨어졌다. 하지만 포식자들은 자외선을 인식하지 못하므로, 자리돔의 안면인식 시스템은 (포식자에 대한) 은폐전략을 손상시키지 않는 범위에서 작동하는 것으로 밝혀졌다. 가장무도회에서 매혹적인 마스크 뒤에 숨어 있는 얼굴을 아는 사람이 단 한 명만 있는 것처럼 말이다.

물고기는 색을 통해 자신을 표현하는 방법을 많이 갖고 있다. 종을 식별하는 정보 말고도, 많은 물고기들은 색깔을 이용하여 동종 간에 성, 연령, 생식상태, 기분 등에 관한 정보를 전달한다. 피부의 색소세포는 카르티노이드 등의 화합물을 갖고 있어서, 난색暖色(노란색, 오렌지색, 빨간색 등)을 반사한다. 백색은 색소가 없으므로 수동적으로 생성되지 않고, 백색소포leucophore의 요산 결정과 홍색소포iridophore의 구아닌이 반사하는 빛에 의해 능동적으로 생성된다. 녹색, 파란색, 보라색은 대부분 물고기 피부와 비늘의 구조적 패턴에 의해 생성되며, 이러한 조직들의 두께에 따라 색상이 다변화된다. 색깔이 매우 다채롭고 화려한 흰동가리anemonefish의 경우를 생각해보자. 디즈니의 캐릭터인 니모가 그 일종인데, 색깔을 통해 신원(어떤 종인지)을 확인할 수 있다. 그리고 흰동가리는 색깔을 이용하여 다른 물고기들에게 경고신호를 보내기도 하는데, 그 내용은 이렇다. "나를 따라오면 나와 공생하는 말미잘의 독침 달린 촉수에 쬘릴 수 있어. 그러니 날 따라오지 않는 게 좋을 걸."

멜라닌색소포melanophore는 전문화된 평활근유사세포의 집합체로, 까만 과립을 포함하고 있으며, 호르몬이나 신경전달물질의 신호에 반응하여 확장되거나 축소될 수 있다. 시클리드cichlid나 거북복boxfish의 경우, 멜라닌색소포가 확장되면 피부가 까매지고, 축소되면 겉모습이 환해진다. 일부 물고기들(가자미, 홍대치)은 특정 색소포chromophore의 확대와 축소를 현저하게 조절할 수 있으며, 특히 산호 주변에 서식하는 (색깔이 다채로운) 물고기들은 착색의 강도를 일상적으로 조절할 수 있다. 이들은 배우자감을 유혹하거나 경쟁자에게 겁을 줄 요량으로 색상을 화사하게 바꿀 수도 있고, 공격적인 경쟁자를 달래거나 포식자에게 탐지되지 않기 위해 색상을 은은하게 바꿀 수도 있다.

아마도 색소 조작 분야의 최고봉은 넙치류(가자미목 넙치과)일 것이다. 이들은 피부색소의 분포를 바꿈으로써 카멜레온처럼 주변 환경에 녹아드는 신공을 발휘한다. 나는 고등학교 때 생물학 교과서를 넘기다 가자미 한 마리의 사진을 보고 입이 떡 벌어진 적이 있다. 가자미는 수조 안의 서양 장기판 위에 놓여 있었는데, 불과 몇 분 만에 서양 장기판의 미세한 무늬를 만들어내는 것 아닌가! 잠시 후 멀리서 바라보자, 가자미는 감쪽같이 사라진 것처럼 보였다. 이처럼 피부색소의 분포를 바꿈으로써 배경을 흉내 내는 능력은 시각과 호르몬이 관여하는 복잡한 과정으로, 아직 완전히 이해되지 않았다. 가자미의 두 눈 중하나가 손상되거나 모래에 덮일 경우, 가자미들은 주변 환경에 녹아드는 데 어려움을 느낀다. 이러한 사실로 미루어볼 때, 가자미의 변신능력은 세포 수준의 메커니즘에 의한 것이 아니라 약간의 의식적 제어가가미된 것으로 보인다.

무수한 친구와 적들에게 둘러싸여 있음을 감안하여, 물고기들은 '탐지되기'와 '탐지되지 않기' 사이에서 적절한 타협점을 찾는다. 유광층_有光層_(태양광선이 투과하는 층_옮긴이)의 표면 부근에서는 사실상 모든 것이 다 보인다. 그러나 독자들도 알다시피, 태양광선의 투과율은 수심이 깊어짐에 따라 기하급수적으로 감소한다. 물고기들은 '탐지되기'에 커다란 우선권을 두고 있어서, 수심 100~1,000미터 사이의 약광층_Twilight Zone_(빛이 도달하는 바닷속의 가장 깊은 층_옮긴이)에 사는 물고기들의 경우, 90퍼센트가 발광기관_photophore_(또는 발광포)을 보유하고 있다. 발광기관은 어둠 속에서 신호등 역할을 한다고 보면 된다. 수심 2,000미터 이상의 광대한 심연을 의미하는 반심해대_Midnight Zone_에는 빛이 도달하지 않는데, 이곳에서는 발광기관을 보유한 물고기의 비율이 더욱 더 증가한다. 이곳에 사는 물고기들로는 앨퉁이류_bristlemouth_, 바늘치류_lanternfish_, 그리고 유명한 아귀류가 있다.

반심해대까지 내려오면 대부분의 빛은 발광세균에 의해 생성되는데, 이들은 까마득한 옛날부터 물고기들과 공생해왔다. 숙식을 제공받는 대가로 발광세균들은 숙주에게 다양한 이점을 제공한다. 예컨대 심해아귀의 경우 조명의 전문가인데, 이들은 머리 위로 돌출한 미끼에서 빛을 방출하며, 일부 종들은 아래턱에 매달린 나무 비슷한 구조물에서도 빛을 방출한다. 이러한 발광기관들은 먹잇감들에게 호감을 주어, 매복한 포식자의 턱을 향해 (촛불을 향해 달려드는 불나방처럼) 목숨을 걸고 헤엄쳐간다. 그러나 뒤집어 생각해보면, 미끼나 구조물에서 갑작스럽게 방출되는 빛은 아귀의 포식자를 놀래는 데도 사용된다. 한편 물고기의 몸에서 나오는 빛은 역평으로 작용하므로, 위에서 내려오는 희미한 빛에 익숙해진 포식자나 피식자의 시각을 교란하는 데도 사용된다. 그리고 동료들과 약간의 시간을 보내고 싶을 때, 발광기관에서 나오는 빛의 독특한 패턴은 동료와 외부자들을 식별하는 데 도움이 된다.

주둥치_ponyfish의 발광 방법은 매우 독특하다. 주둥치의 발광포(빛을 생성하는 세균 덩어리)는 수컷의 목구멍에 포진하고 있으며, 안쪽에 있는 특별한 부레(가스로 가득 차 있으며, 부력을 제어하는 데 도움을 준다)를 향해 빛을 발사한다. 그런데 부레의 표면은 반사물질로 코팅되어 있어, 여기에 반사된 빛은 투명한 피부를 통해 외부로 방출된다. 주둥치는 체벽體壁에 설치된 근육질 셔터를 이용하여 플래시를 제어한다. 수컷들은 간혹 플래시를 단체로 켰다 껐다 함으로써 휘황찬란한 쇼를 연출하는데, 과학자들은 이것이 '암컷들을 짝짓기 무드로 이끌기 위한 전략'이라고 믿고 있다.

심해에서 찾아볼 수 없는 발광물고기 중 하나인 발광눈금돔_flashlight fish은 좀 더 직접적인 방법을 이용하여 빛을 발한다. 이들은 양쪽 눈 바로 아래에 있는 반원형기관을 이용하여 다기능성 광선을 뿜어낸다. 한 쌍의 기관에는 발광세균이 들어 있는데, 이 발광세균이 연속적으로 방출하는 빛은 근육질 덮개를 이용하여 명멸이 가능하다. 발광눈금돔은 주둥치와 마찬가지로 야간에 단체로 플래시를 켜기도 하는데, 이는 조명을 환하게 비춤과 동시에 동물성 플랑크톤을 유인하기 위함이다.

플래시를 이용하여 포식자를 회피하기도 한다. 포식자가 가까이 다가올 때, 발광눈금돔은 플래시를 계속 켜고 있다가 결정적인 순간에 플래시를 끄고 줄행랑을 치는 것이다(이런 식으로 행동하려면 배짱이 두둑해야 한다). 암컷 발광눈금돔은 지조가 높고 성격이 당차기로 정평이 높다. 짝짓기를 한 발광눈금돔 커플은 산호초 근처에 보금자리를 마련하고 함께 사는데, 다른 수컷이 침입할 경우 암컷이 나서서 길을 가로막고 수컷의 얼굴에 플래시를 비춘다. 마치 "꺼져!"라고 말하는 것처럼 말이다.

심해어류들이 사용하는 광선의 범위는 대부분 청록색 스펙트럼이다. 왜냐하면 연한 청록색광선이 바닷속에서 가장 멀리 퍼져나가기 때문이다. 그러나 이 같은 법칙을 깨는 물고기 그룹이 하나 있으니, 바로 루스조loosejaw 일당이다. 큼직한 아래턱이 유연해 입을 커다랗게 벌릴 수 있다고 해서 '헐거운 턱'이라는 이름이 붙었는데, '빨간신호등 물고기'라는 이름이 붙어도 될 듯하다(실제로 한 종의 이름은 그렇게 붙었다). 왜냐하면 양쪽 눈 밑에 집적된 발광포에서 강력한 광선이 뿜어져 나오는데, 그 색깔이 빨간색이기 때문이다. 당연한 이야기지만 루스조들은 빨간색을 볼 수 있도록 진화했는데, 그 이유는 눈의 색소구조에 관여하는 유전자가 약간 변했기 때문이다.

빨간색 플래시의 이점은 대단하다. 빨간색 플래시를 가진 물고기들만 빨간색을 볼 수 있으므로, 이들은 심연 속에서 '투명한 사냥꾼'으로 군림할 수 있기 때문이다. 다른 심해어류들은 포식자나 피식자에게 들키지 않으려고 플래시를 켰다 껐다 하지만, 루스조들은 과감하게 24시간 내내 빨간신호등을 켜고 다닌다. 아무리 그래봤자 다른 물고기들의 눈에는 빨간 불빛이 보이지 않기 때문이다. 그러니 루스조의 눈에는 야간투시경이 장착되어 있는 것이나 마찬가지다.

착시현상

물고기들은 다양하고 혁신적인 시각 도구상자를 갖고 있는 게 분명하다. 이런 도구상자를 물고기들은 시력을 향상시키거나, 자신을 잘 보이게 하거나 잘 보이지 않게 하거나, 자신의 신분을 밝히거나, 누군가를 유혹하거나 쫓아내거나 교묘히 조종하기 위해 사용한다.

그러나 궁금한 게 하나 있다. 물고기들은 눈에 보이는 사물을 어떻게 지각할까? 물고기들의 정신경험은 어떠하며, 인간과 비교하면 얼마나 다를까?

이상과 같은 의문을 해결하는 방법 중 하나는 착시다. 인간을 골탕 먹이는 시각 이미지가 동물에 영향을 미치지 않는다면, 동물은 시야를 (마치 로봇이 시야를 기계적으로 지각하듯) 있는 그대로 지각한다고 할 수 있다. 그러나 동물이 인간과 마찬가지로 착시현상을 경험한다면, 동물들이 사물을 볼 때 인간과 유사한 정신경험을 한다는 것을 의미한다.

『알렉스와 나』라는 책에서 이렌 페퍼버그는 회색앵무새 한 마리와 30년간 나눈 우정을 회상하여 독자들의 가슴을 뭉클하게 했다. 여러 가지 관찰결과를 소개했지만, 그중에서 가장 매혹적인 것 중 하나는 '똑똑한 앵무새가 인간과 마찬가지로 착시현상을 경험한다'는 것이다. 그렇다면 페퍼버그가 말한 것처럼 앵무새는 우리 인간과 똑같은 방식으로 세상을 바라본다는 이야기가 된다.

그렇다면 물고기는 어떨까? 물고기도 착시현상을 경험할까? 결론적으로 말하면, 그렇다. 과학자들은 레드테일 스플릿핀redtail splitfin(멕시

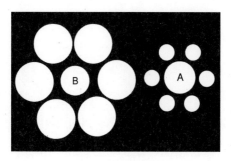

그림 1. 에빙하우스 착시

코 고지대의 시냇물에서 사는 작은 물고기)을 이용한 실험에서, 두 개의 접시 중 큰 것을 선택하도록 훈련시켰다. 그런 다음 에빙하우스~Ebbinghaus 착시를 보여줬다. (에빙하우스 착시란 동일한 크기의 동그라미를 볼 때 나타나는 현상인데, 그중 하나(A)는 작은 동그라미에 둘러싸여 있고 다른 하나(B)는 큰 동그라미에 둘러싸여 있다. 인간의 눈에는 A가 더 커 보인다.) 결과는 놀라웠다. 스플릿핀도 인간과 마찬가지로 A를 선택한 것이다(그림 1).

그리하여 과학자들은 다음과 같은 결론을 내렸다. "레드테일 스플릿핀은 자극에 무심하게 반응하는 방식으로 사물을 지각하지 않는다. 이들은 지각에 근거하여 정신적 개념~mental concept을 형성한다." 다른 선행연구에서도 이와 비슷한 연구 결과가 나왔다. 과학자들은 레드테일 스플릿핀을 대상으로 뮐러-라이어~Muller-Lyer 착시를 보여줬는데(뮐러-라이어 착시란 동일한 길이의 선분을 보여주는 것인데, 그중 하나(A)는 바깥쪽을 향한 화살표에 둘러싸여 있고, 다른 하나(B)는 안쪽을 향한 화살표에 둘러싸여 있다. 인간의 눈에는 B가 더 길어 보인다), 긴 선분을 선택하도록 훈

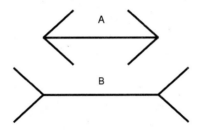

그림 2. 뮐러-라이어 착시

련된 스플릿핀들이 인간과 마찬가지로 B를 선택한 것이다(그림 2).

금붕어와 백점얼룩상어도 착시현상을 경험하는 것으로 밝혀졌다. 금붕어를 훈련시켜 흰 바탕에 그려진 까만 사각형과 까만 삼각형을 식별하게 한 다음 카니자 삼각형이나 카니자 사각형을 보여줬더니, 하얀 삼각형과 하얀 사각형을 각각 지각한 것이다(그림 3). (카니자Kaniza 착시는 1950년대에 이탈리아의 심리학자 가에타노 카니자가 고안한 것이다. 인간에게 카니자 삼각형을 보여주면, 삼각형이 실제로 존재하지 않음에도 불구하고 까만 바탕보다 약간 더 밝은 하얀 삼각형을 보게 된다.) 따라서 연구진은 다음과 같은 결론을 내렸다. "금붕어의 두뇌는 인간의 두뇌와 마찬가지로, 불완전한 그림을 완성시킨다. 눈은 '피자를 한 조각 잘라 먹은 듯한 동그라미들'과 '그리다 만 삼각형 세 개'를 보지만, 두뇌는 있지도 않은 하얀 삼각형을 지각하게 된다."

지금까지 스플릿핀과 금붕어가 착시현상을 경험하는 것으로 밝혀졌다고 해서, 스플릿핀과 금붕어를 독특한 물고기라고 생각해서는

2부 물고기의 감각

그림 3. 카니자 삼각형

안 된다. 어항에서 연구하는 방법이 잘 확립되어 있다는 이유 때문에, 과학자들이 편의상 이 물고기들을 연구대상으로 선택했을 뿐이다. 스플릿핀과 금붕어는 아주 먼 친척뻘이므로, 상당수의 다른 물고기들도 착시현상을 경험할 가능성이 높다. 수많은 동물들을 대상으로 세심한 연구를 실시하려면 시간과 비용과 노력이 많이 든다. 따라서 우리가 현재 물고기에 대해 알고 있는 것은 빙산의 일각일 뿐이다.

실전 서바이벌 게임에서 물고기들은 다른 물고기들의 시지각을 교묘히 이용하여 착시를 유도할 수 있다. 예컨대 피식자들은 자신의 주요 부위를 공격하지 못하도록, 포식자를 현혹할 수 있다. 포식자들은 피식자들에게 치명상을 입히기 위해 피식자의 머리를 겨냥하는 것이 보통인데, 많은 물고기들은 기만용 눈꼴무늬deceptive eyespot를 진화시켜, 자신의 눈을 노리는 포식자들을 따돌리기도 한다. 이러한 기만의 사례로는 시클리드, 나비고기, 에인절피시angelfish, 복어, 아미아bowfin 등이 있다.

기만과 속임수를 강화하는 방법은 다양한데, 물고기들은 인간과 마찬가지로 밝은 색깔에 시선이 끌리는 경향이 있으므로, 기만용 눈꼴무늬를 밝은 색으로 치장함으로써 반대편에 있는 실제 눈을 보호하는 트릭이 성행한다. 피식자를 향해 돌진하는 포식자는 세밀한 평가를 할 겨를이 없으므로, 이러한 트릭은 피식자의 생존 가능성을 높일 수 있다. 엠퍼러에인절피시emperor angelfish 새끼의 경우에는 눈꼴무늬가 없지만, 황소눈bull's-eye 무늬 주위에 그려진 백색과 네온블루 동심원이 눈꼴무늬 못지않은 효과를 발휘하며, 실제 눈은 구불구불한 선의 미로 속에 파묻혀 잘 보이지 않는다.

심지어 머리 모양의 꼬리를 가진 물고기도 있다. 코멧피시comet fish 의 꼬리는 패럿피시parrotfish의 얼굴과 비슷하게 생겼으며, 실제 눈은 (몸 전체를 뒤덮은) 무수한 백색 점 속에 파묻혀 보이지 않는다. 피식자의 정면 돌파 행동은 이러한 기만효과를 한층 더 강화할 수 있다. 과학자들은 두 종의 나비고기가 위험의 징후를 포착하고 기어를 변속하여 천천히 후진하는 것을 발견했다. 그런데 막상 포식자가 공격해오자, 되레 전속력으로 전진하는 것이 아닌가! 그러자 당황한 포식자는 날쌘 피식자를 낚아채지 못하고 허탕을 치는 것으로 나타났다. 최악의 경우 포식자에게 일격을 당하더라도, (기만효과 덕분에) 머리보다는 꼬리가 잘리기 때문에 생존 가능성은 높다.

'물고기들이 우리 인간과 마찬가지로 착시를 경험하며, 종종 먹잇감의 시각적 속임수에 넘어가기도 한다'는 사실은 나로 하여금 미소를 짓게 만든다. 이는 물고기의 마음이 형성하는 지각세계, 즉 환경세계가 존재한다는 것을 의미한다. 지각세계는 팩트가 아니라 지각과 믿음에 기초한 세계이며, 물고기들은 상대방의 지각을 이용하여 자신의 이익을 취할 수 있다. 지금까지 살펴본 바와 같이(그리고 앞으로도 더 살펴보겠지만) 물고기들은 더욱 더 많은 이익을 취하기 위해 다양한 기만술책을 동원하고 있다.

우리 인간은 고도의 시각기능을 가진 존재로서, 대부분의 물고기들이 보유한 날카로운 시각이 얼마나 중요한지를 충분히 짐작할 수 있다. 우리는 어린 시절부터 여러 가지 놀이를 통해, 눈가리개를 하면 방향을 찾기가 얼마나 어려운지를 잘 알고 있다. 그러나 물고기는 시각에만 의존하여 생계를 꾸려나가지 않는다. 우리와 마찬가지로, 물고기들은 다른 감각들을 추가로 진화시켜 삶의 요구사항들을 충족시키고 있다.

제 3 장
청각, 후각, 미각

> 우주는 신비를 가득 품은 채,
> 우리의 지혜가 더욱 날카로워지기를 끈질기게 기다린다.
> _이든 필포츠

물은 물고기의 시각뿐만 아니라, 청각, 후각, 미각에도 영향을 미친다. 소리는 공기 중에서보다 물속에서 다섯 배 더 빨리 전파되므로(파장은 약 5배 길다), 물은 음파의 초전도체라고 할 수 있다. 물고기는 뼈와 지느러미가 생기던 때부터 소리를 이용해 방향 찾기와 의사소통을 해왔기 때문에 소리의 덕을 톡톡히 봐온 셈이다. 한편 물은 수용성 화학물질을 확산시키는 우수한 용매이므로 냄새와 맛을 지각하는 데 적절하다. 물고기는 후각기관과 미각기관이 따로 있지만, 모든 물질들이 수용액 속에서 만나므로, 그 구분이 약간 모호해진다.

물고기는 시각을 발명했던 것처럼 청각도 발명했을 것이다. '물고기는 조용하다'는 통념과 달리, 물고기들은 다른 어떤 척추동물보다도 많은 방법을 이용하여 신호를 생성한다. 다른 척추동물들의 경우 공기로 막瞳을 진동시켜 신호를 생성하지만, 물고기는 매우 독특한 방법을 이용한다. 물고기는 한 쌍의 성대근聲帶筋을 신속하게 수축시켜 부레를 진동시키는데, 이때 부레는 음향증폭기 역할도 수행한다. 물고기들은 그밖에도 다양한 옵션을 갖고 있는데, 턱에 박힌 이를 갈거나, 목구멍에 추가로 돋아 있는 이를 갈거나, 뼈를 서로 마찰시키거나, 아가미 뚜껑을 울리거나, 심지어 (나중에 살펴보겠지만) 항문을 통해 물방울을 분출함으로써 소리를 내기도 한다. 일부 육상 척추동물들은 창조적인 방법으로 비非음성 신호를 만들어내는데, 그 대표적인 예로는 딱따구리의 나무 쪼는 소리, 고릴라의 가슴 두드리는 소리 등이 있다. 그러나 육상 척추동물들이 갖고 있는 발성기관은 단 두 가지밖에 없다. 조류의 울대와 나머지 동물들의 후두가 그것이다.

물고기들은 다양한 음향기구를 갖고서 진정한 교향곡을 만들어내는데, 그중에서도 특히 타악기 부문이 압권이다. 물고기가 내는 소리 중에는 허밍, 휘파람 소리, 쿵 하는 소리, 마찰음, 삐걱거리는 소리, 끙끙거리는 소리, 펑 하는 소리, 개골개골 소리, 맥박 뛰는 소리, 드럼 치는 소리, 노크 소리, 가르랑거리는 소리, 부들부들 떠는 소리, 찰칵 하는 소리, 신음 소리, 쩍쩍거리는 소리, 윙윙거리는 소리, 으르렁거리는 소리, 딱 하고 부러지는 소리 등이 있다. 주목할 만한 소리를 내는 물고기들로는 하스돔grunt, (민어과의) 드럼피시drumfish, 트럼페터trumpeter, 조기croaker, 성대sea robin, 벤자리grunter가 있는데, 이 물고기들 이름이 소리를 본떠서 명명되었으니 그 소리가 얼마나 멋지거나 특이한지 짐작할 수 있다. 우리는 (물이 아니라) 공기의 진동을 처리하도록 진화한 귀를 갖고 있기 때문에, 물속에 들어가면 사실상 귀머거리가 될 수밖에 없다.

소리를 내는 물고기들의 목록이 작성되기 시작한 것은 겨우 백 년 전, 수중음향 탐지기술이 발전하면서부터였다.

그럼에도 불구하고 과학자들은 1930년대까지 물고기들이 귀머거리라고 믿었다. 이런 편견은 아마도 '물고기들은 외부 청각기관이 결핍되어 있다'는 사실에서 유래했던 것으로 보인다. 인간중심 세계관에 매몰된 우리에게 '외부 청각기관 결핍'은 곧 '청각 부재不在'를 의미했던 것이다. 그러나 이제 우리는 그 정도로 어리석지 않다. 왜냐하면 "물고기들은 물의 비압축성 덕분에(이는 물이 탁월한 음향전도체임을 의미한다) 굳이 외부청각기관이 필요하지 않다"라는 사실을 알게 되었기 때문이다.

꿀벌의 춤 언어를 발견한 것으로 유명한 오스트리아의 생물학자 칼 폰 프리슈(1886~1982)는 물고기의 행동과 지각에도 관심이 많은 인물이었다. 1973년 동물행동학의 탄생에 기여한 공로로 노벨상을 수상하기 수십 년 전, 폰 프리슈는 물고기의 청각을 처음으로 증명했다. 1930년대 중반 폰 프리슈는 간단하지만 기발한 연구방법을 고안해냈다. 그는 크사베를Xaverl이라는 이름의 눈 먼 메기를 이용하여 수족관에서 연구를 수행했다. 막대기 끝에 고기 한 점을 끼워 크사베를의 은신처(진흙땅) 근처에 넣었다. 후각이 뛰어난 크사베를은 곧 은신처에서 나와 고기를 먹었다. 며칠 동안 이 일을 반복한 다음 폰 프리슈는 고기를 주기 직전에 휘슬을 불었다. 그로부터 6일 후에는 휘슬만으로도 크사베를을 은신처에서 불러낼 수 있게 되었다. 이는 메기가 소리를 들을 수 있다는 것을 의미한다. 이 실험과 (폰 프리슈를 비롯한 여러 생물학자들의) 후속실험을 통해, 물고기의 환경세계에 대한 평가방법이 비약적으로 발달하게 되었다.*

크사베를은 진화적으로 성공한 그룹인 오토피시계Otophysi에 속하는데, 이 그룹은 약 8,000종으로 이루어져 있으며 메기, 잉어, 피라미, 테트라, 전기뱀장어, 칼고기 등을 포함한다. 이들은 베버소골Weberia ossicle이라는 특화된 청각기관을 진화시켰는데, 이것은 발견자인 19세기 독일의 의사 에른트스 하인리히 베버의 이름을 딴 것이다. 베버소골은 물고기의 두개골 뒤에 있는 척추뼈 네 개(1번~4번)에서 유래하는 작은 귓속뼈다. 이 뼈들은 모골母骨에서 분리되어 부레(가스가 가득 참)와 속귀 주변의 공간(액체가 가득 참)을 연결하는 사슬을 형성했다. 베버소골은 음파의 전도체와 증폭기로 작용함으로써 청각을 돕는데, 이는 포유류의 가운뎃귀에 있는 귓속뼈와 비슷한 기능이라고 할 수 있다.

몇몇 물고기들은 인간의 청각을 능가한다. 대부분의 물고기들은 50~3,000Hz의 소리를 듣는데, 이는 인간의 가청범위인 20~20,000Hz 내에 있다. 그러나 수조의 물고기와 야생 물고기들을 대상으로 한 연구에서, 미국청어American shad와 걸프청어Gulf menhaden는 박쥐의 가청범위에서도 윗부분에 속하는 초음파(최대 180,000Hz)에 반응하는 것으로 보고되었다. 이는 인간의 가청범위를 훨씬 웃도는데, 청어를 사냥하는 돌고래의 초음파를 엿듣기 위한 적응인 것으로 보인다.

청각 스펙트럼의 반대쪽에는 대구, 농어, 넙치가 있는데, 이들은

---

* 처음 폰 프리슈의 실험 보고서를 읽을 때, 나는 메기가 자연적인 이유로 인해 눈이 멀었을 거라고 생각했다. 그러나 나중에 폰 프리슈 실험을 위해 일부러 크사베를의 눈을 제거했음을 알게 되었다. 폰 프리슈는 이 일에 죄책감을 느껴 메기에게 이름을 지어주고, 자신의 자서전에 이렇게 썼다. "나는 작고 눈먼 동료를 위해 수조를 안락하게 꾸며줬다."

1Hz에 달하는 초저주파에 반응을 보인다. 이 물고기들이 초저주파에 반응하도록 진화한 이유를 아는 사람은 아무도 없지만, 이들이 서식하는 광대한 수서환경에서 힌트를 얻을 수는 있다. 대양과 커다란 호수에서는 물이 무작위적으로 움직이지 않는다. 글로벌 기후패턴은 해류를 만들고, 국지적 기후패턴은 파도를 만들며, 달의 인력은 밀물과 썰물을 만든다. 또한 움직이는 물은 절벽, 해변, 섬, 암초, 연안대륙붕, 보漁 등에 부딪친다. 이 모든 힘들이 합쳐져 잔잔한 초저음파를 만들게 된다. 노르웨이 오슬로 대학교의 생물학자들에 따르면 물고기들은 이동하는 동안 이 같은 음향정보를 이용해 방향을 잡는다고 한다. 그리고 원양어류들은 먼 곳의 지형과 상이한 수심에 의한 표면파 패턴의 변화를 탐지할 수도 있다고 한다. 일부 두족류(문어, 오징어)에서도 초저음파에 대한 감수성이 보고되었으며, 갑각류는 초저음파의 유용성에 대한 또 다른 증거를 제시한다.

청각이 민감한 물고기들은 인간이 만들어낸 수중 소음에 취약하다. 예컨대, 해양 석유탐사에 사용되는 에어건air gun에서 나오는 고강도 저주파 소리는 물고기의 내부 청각기관 내벽內壁을 둘러싼 미세한 유모세포hair cell를 심각하게 손상시킬 수 있다. 노르웨이 해안에서 발사된 지진탐사용 에어건에서 발생한 고강도 소음은 인근 해역에서 대구와 해덕haddock의 마릿수와 어획량을 감소시킨 것으로 밝혀졌다.

일부 물고기들은 소리의 빠른 펄스pulse를 민감하게 탐지하므로, 우리의 귀에 일정한 휘슬로 들리는 소리에서도 개별 비트를 잡아낼 수 있다. 또한 이들은 소리의 방향성을 탐지하는 데 능하므로, 바로 앞과 바로 뒤, 바로 위와 바로 아래를 잘 구별한다(인간의 뇌는 이러한 지각 과제를 물고기보다 능숙하게 처리하지 못한다).

하지만 물고기의 청각이 아무리 예민하다고 해도 공중에서 날아온 소리의 에너지는 약 99퍼센트가 수면에서 반사된다. 그러므로 해변에 가까이 몰려 있는 물고기들일지라도 해변에서 담소를 나누는 사람들의 목소리를 듣기는 어렵다. 그러나 고체를 통과한 소리, 예컨대 노가 배의 옆구리에 부딪친 소리는 물고기에게 쉽게 탐지된다. 보트에 앉아 있는 낚시꾼들이 침묵을 지키는 것은 바로 그 때문이다. 그리고 해변의 노련한 낚시꾼들은 새로운 장소로 이동하기 전에 내륙으로 몇 미터 들어가는데, 그 이유는 물고기들이 땅을 통해 전파된 진동을 탐지한다는 사실을 알기 때문이다.

물론 우리도 물고기들이 내는 소리를 기발한 방법으로 들을 수 있다. 가나의 대서양 해안에서 활동하는 어부들은 특별한 노를 소리굽쇠로 사용한다. 경험 많은 어부들은 바닷물에 담근 노에 귀를 대고 인근의 물고기들이 끙끙거리거나 징징거리는 소리를 들을 수 있다. 그리고 노의 평평한 판을 빙글빙글 돌려 물고기들이 있는 방향을 알아낼 수 있다. 물고기들의 날카로운 청각은 낚시꾼들에게 유리하게 작용한다. 많은 물고기들은 바로 앞에서 꿈틀거리는 벌레 소리를 듣고도, 정작 미끼인 벌레가 낚싯바늘에 꿰여 있다는 사실을 깨닫지 못하기 때문이다.

물고기의 청각은 장소 이동과 포식자 회피에 유용하지만, 물고기가 내는 소리는 대부분 사회적 기능을 갖고 있다. 피라냐의 예를 들어보자. 벨기에 리에주 대학교의 생물학자 에릭 파르망티에와 포르투갈 알가르베 대학교의 샌디 밀로는 붉은배피라냐가 들어 있는 수조에 수

중청음기를 넣고 다양한 소리를 녹음했다. 그런데 그중에서 세 가지 소리는 너무 흔해서, 모종의 기능과 관계가 있는 것 같다. 첫 번째 소리는 계속 끙끙거리거나 짖는 소리로, 다른 물고기에게 도전하는 신호로 보인다. 두 번째는 낮고 둔탁한 쿵 소리로, 그룹에서 가장 덩치 큰 물고기가 공격행위를 하거나 싸움을 벌일 때 나는 소리다. 이 두 가지 소리는 부레 옆에 있는 근육에서 나오는데, 이 근육은 1초당 100~200번씩 빠르게 수축한다. 마지막으로 세 번째 소리는 이빨을 갈거나 빠르게 부딪치는 소리로, 다른 물고기를 추격하는 과정에서 발생한다.

지금까지 설명한 세 가지 소리는 왠지 '비열한 성격을 가진 동물'을 암시하는 듯하며, 살아있는 희생자를 야만스럽고 게걸스럽게 먹어치우기로 악명 높은 피라냐의 평판에 꼭 들어맞는 것 같다. 하지만 사실 대부분의 피라냐는 쓰레기청소부이며, 인간을 거의 위협하지 않는다.

물고기들은 소리를 이용하여 서로 의사소통을 하는 것으로 알려져 있다. 그렇다면 혹시 우리와도 소리를 이용하여 의사소통을 할 수 있을까? 내가 아는 범위 내에서 그런 연구 결과는 발표된 적이 없지만, 그에 관한 일화는 제법 많다. 워싱턴 D.C.에 거주하는 컴퓨터과학자 카렌 청은 80리터짜리 수족관에서 금붕어 네 마리를 키우는데, 이들과 식사 시간에 의사소통을 한다고 한다. 즉, 먹이를 줄 시간에 카렌(또는 남편)이 사무실에 있으면서도 자기들에게 관심을 기울이지 않으면, 금붕어들은 수면으로 떠올라 입으로 쪽쪽 소리를 낸다고 한다. 그래도 반응이 없으면, 금붕어들은 두 사람의 주의를 끌기 위해 수족관 벽에 몸과 꼬리를 부딪치며 난동을 부리는데, 그 소리가 옆방에서 들릴 정도라고 한다. 하지만 둘 중 한 명이 수족관으로 다가오면, 금붕어들은 언제 그랬냐는 듯 얌전해진다고 한다. 카렌 청은 이렇게 말한다. "우리를 알고 있는 것 같아요. 우리가 수족관으로 다가갈 때마다 하던 행동을 멈추고 유리 쪽으로 헤엄쳐 오니 말이에요. 병원 대기실의 수족관 속에 있는 물고기들처럼, 우리를 외면하는 법이 없어요."

미 국립보건원에서 임상시험계획서를 관리하는 세라 킨드릭도 20센티미터짜리 분홍꼬리쥐치에게서 비슷한 행동을 관찰했다고 한다. 킨드릭은 푸르히트바Furchtbar라는 이름의 분홍꼬리쥐치와 약 3년간 함께 살았는데, 먹이를 줄 시간이 되면 자갈 하나를 입에 물고 수족관의 유리벽을 두드린다고 한다. 이쯤 되면 푸르히트바의 행동은 종간種間 의사소통의 수준을 넘어, 도구 사용 사례라고 할 수 있다(물고기의 도구 사용에 대해서는 8장 "도구 사용, 계획 수립"에서 좀 더 자세히 살펴볼 것이다).

물고기를 위한 콘체르토 D장조

물고기가 날카로운 청각을 가졌음을 입증하는 증거가 더 있다. 바로 물고기가 소리, 특히 음악의 음정패턴을 구분하는 능력을 가졌다는 것이다. 하버드 대학교의 아바 체이스 박사는 '물고기가 음악과 같은 복잡한 소리를 범주화할 수 있는지'에 관심을 갖고 있던 중, 애완동물 가게에서 구입한 비단잉어 세 마리(뷰티, 오로, 페피)를 갖고서 정교한 실험을 실시했다. 체이스는 수족관 측면에 스피커를 설치하고, 바닥에는 반응 버튼과 전등을 설치했으며, 수면에는 우유병 젖꼭지 모양의 부유물을 띄워 놓았다(스피커는 잉어에게 음악을 들려주기 위한 것이고, 반응 버튼은 잉어가 몸으로 눌러 반응을 보일 수 있도록 한 것이며, 전등은 물고기에게 반응이 기록되었음을 알려주는 신호등이다. 젖꼭지 모양의 부유물 속에는 사료 알갱이가 들어 있는데, 물고기가 올바른 반응을 보일 때마다 상품으로 알갱이를 하나씩 지급한다).

체이스는 잉어가 특정 장르의 음악(이를테면 블루스)에 반응하면 사료를 지급하고, 다른 장르의 음악(이를테면 클래식)에 반응하면 사료를 지급하지 않음으로써, 특정 장르의 음악을 선호하도록 훈련시켰다. 그러자 잉어들은 특정 블루스(존 리 후커의 기타와 보컬)와 클래식(바흐의 오보에 협주곡)을 구분할 뿐만 아니라, 놀랍게도 각 장르별로 새로운 아티스트와 작곡가를 제시할 경우에도 장르의 차이를 일반화하는 것으로 나타났다. 예컨대 일단 머디 워터스의 블루스에 익숙해진 후에는 코코 테일러의 블루스에도 익숙한 반응을 보였으며, 베토벤의 클래식과 슈베르트의 클래식에서도 공통점을 인식하는 것 같았다.

클래식 애호가인 나는 체이스의 연구 결과에서 특히 강한 인상을 받았다. 왜냐하면 베토벤과 슈베르트는 낭만파를 대표하는 음악가로서, 바로크 음악을 대표하는 바흐와 다른 서브장르에 속하기 때문이다. 더욱이 세 마리의 잉어 중에서 오로는 특히 훌륭한 귀를 갖고 있어, 음색이 제거된 멜로디(음높이와 박자를 제외하면, 모든 음질이 동일함)를 구분할 수 있는 것으로 나타났다. 체이스는 다음과 같은 결론을 내렸다. "비단잉어는 다성음악多聲音樂(둘 이상의 음을 동시에 연주하는 음악)과 멜로디 패턴을 구분하고, 심지어 음악을 장르 별로 구분할 수 있는 것 같다."*

물고기가 음악의 미묘한 특징을 구별하는 건 대단하지만, 궁금한 게 하나 있다. 물고기가 음악을 인식하는 데는 어떤 신경효과가 작용하는 걸까? 다시 말해서 물고기는 음악을 감상하는 걸까, 아니면 그저 단순한 신경자극으로만 인식하는 걸까?

그리스 아테네 농업대학교의 연구진은 이 문제를 파헤쳐보기로 결정했다. 이들은 240마리의 잉어를 12개의 직사각형 수조에 넣고, 세 그룹으로 나눠 상이한 음악을 무작위로 들려줬다. 첫 번째 그룹은 대조군으로, 아무런 음악도 들려주지 않았다. 두 번째 그룹에는 모차르트의 〈아이네 클라이네 나흐트무지크〉에 나오는 "로만체: 안단테"를 들려주고, 세 번째 그룹에는 무명의 19세기 음악 "로망스: 금지된 장난"을 들려줬다("금지된 장난"이라는 이름은 1950년대 프랑스 영화 〈금지된 장난〉의 제목에서 유래한다). "로만체: 안단테"와 "로망스: 금지된 장난"의 연주시간은 각각 6분 43초와 2분 50초였으며, 각각의 그룹은 매일 네 시간씩 106일 동안 음악에 노출되었다(단, 직장에 근무하는 사람들과 마찬가지로 휴일에는 쉬었는데, 무슨 특별한 이유가 있어서라기보다는 '휴일에는 과학자들이 연구실에 출근하지 않기 때문'이었던 것 같다).

로망스 음악을 들은 두 그룹의 잉어들은 대조군 잉어들보다 빨리 성장하는 것으로 밝혀졌다. 두 그룹 모두 대조군보다 섭식 효율(단위 먹이당 성장량), 성장 속도, 체중 증가율이 높았으며, 장腸의 기능도 향

---

* 비둘기와 문조Java sparrow를 비롯한 다른 척추동물도 음악을 구분하는 능력을 갖고 있는 것으로 증명되었다. 정도의 차이는 있지만, 쥐도 음악을 구분할 수 있는 것으로 밝혀졌다(Chase, 2001).

상된 것으로 나타났다. 그런데 두 그룹에게 소음이나 (음악이 아닌) 인간의 음성을 들려줬더니 성장과 장 기능에 아무런 변화가 없는 것으로 드러났다.

동물실험에서 가장 어려운 것은 피험자들이 자신의 느낌을 (인간이 이해할 수 있는) 쉬운 언어로 말해주지 않는다는 것이다. 따라서 우리는 이상과 같은 데이터를 이용해 '물고기가 음악에 긍정적 또는 부정적으로 반응한다'라고 추론할 수밖에 없다. 하지만 시비를 거는 사람들이 얼마든지 있을 수 있다. 예컨대 어떤 회의론자는 "끊임없는 바이올린과 오보에 소리에서 탈출하기 위해 몸부림치다 보니 물고기의 덩치가 커졌다"라고 주장하기도 한다. 그러나 클래식 애호가인 나로서는 아름다운 클래식 음악을 반복해서 듣는 게 고역이라는 주장을 납득할 수 없다.

'물고기의 성장률이 증가한 것은 주관적 경험 때문이 아니라, 단지 물리적 자극에 중립적·기계적으로 반응했기 때문일 수도 있다'는 가능성도 고려할 필요가 있다. 똑같은 그리스의 연구자들은 선행연구에서 귀족도미_gilthead bream_에게 모차르트의 음악을 들려줬더니 긍정적 반응(식욕과 소화기능 향상)이 나타났다고 보고한 바 있다(귀족도미는 청각의 충실성이 낮고 매우 제한적인 것으로 알려져 있다). 또한 우리는 의인화擬人化도 경계해야 한다. 왜냐하면 우리가 '편안한 음악'으로 느끼는 것을 물고기가 같은 방식으로 인식하리라고 가정하는 것은 근거가 빈약하기 때문이다. 어쩌면 물고기들은 무음無音만 아니라면 모든 소리를 선호하는지도 모른다. 이런 점에서 보면, 올바른 대조군은 무음에 노출된 그룹이 아니라 비음악적 소리를 듣는 그룹인 것 같다.

그럼에도 불구하고, "좋아하는 음악에 노출된 환자들은 긴장이 이완되고 통증이 감소"한다는 연구 결과가 한 세기 전부터 꾸준히 발표되고 있다. 2015년에 실시된 메타분석에 의하면, "70편의 임상시험(n=7,000명) 결과를 종합적으로 분석한 결과, 수술 이전·도중·이후에 음악을 들으면 환자의 불안이 가라앉고 진통제 사용량이 줄어드는 것으로 밝혀졌다"고 한다. '음악(좀 더 일반적으로 말하면, 패턴과 음조音調가 가미된 소리)은 생물의 몸 깊숙이 스며들어 치료효과를 발휘'한다는 것이 나의 지론이다. 다시 말해서, 음악감상은 자연계 전체에 퍼져 있는 보편적 현상인 것으로 보인다.

그리스의 연구진 중 한 명인 나프시카 카라카초울리 박사(생물학)에게 "잉어의 주관적 경험에 대해 어떻게 생각하시나요?"라고 묻자, 박사는 이렇게 대답했다. "잉어가 음악을 즐긴다고 장담하기는 어려워요. 그렇다고 해서 잉어의 성장률이 증가한 것을 달리 설명할 방법은 없는 것 같아요." 박사는 물고기의 부레를 이용한 연구가 의미 있는 결과를 도출할 거라고 말하며, 물고기에게 선택권을 주는 방법이 바람직하다는 의견을 제시했다. "물고기에게 '음악이 흐르는 방'과 '조용한 방' 중 하나를 선택하게 하는 게 어때요?"

내가 아는 범위 내에서, 청어가 내는 소리에 음악적 요소는 전혀 없는 것 같다. 그러나 이들 청어의 혁신적인 방법은 그래미상을 받아야 마땅하다고 생각한다. 2003년 온라인으로 먼저 발표되고 이듬해 나온 논문에서, 청어의 뿡뿡이 의사소통flatulent communication 사례가 처음으로 보고되었다. 태평양과 대서양에 서식하는 청어들은 항문관을 통해 가스방울을 방출함으로써 방귀를 뀌는데, 연구자들은 이것을 장난삼아

빠르게 반복되는 시계소리Fast Repetitive Ticks(FRTs)라고 불렀다. 한바탕 FRTs 소리는 최대 7초 동안 지속된다고 하는데, 집에서 한번 확인해보라. 가스는 청어의 위장관이나 부레에서 나오는 것으로 추정되는데, 이것이 청어 사회에서 어떤 기능을 발휘하는지는 확실하지 않다. 그러나 청어의 인구밀도가 높은 곳일수록 일인당 방귀 횟수가 많은 걸로 보아, 뭔가 사회적 기능을 수행하는 걸로 의심된다. 지금껏 청어가 누군가에게 사전 양해를 구했다는 증거는 발견된 적이 없다.

물고기의 청각에서 후각으로 주제를 바꾸는 데 있어서, 청어의 FRTs만큼 적절한 소재는 없는 것 같다. 그러므로 청어의 꽁무니에 코를 대고 냄새와 맛을 동시에 경험해보기로 하자.

훌륭한 후각

죽은 물고기는 구린내를 풍기지만, 살아있는 물고기는 냄새를 잘 맡는다. 물고기들은 화학적 신호(우리는 이것을 간단히 '냄새'라고 부른다)를 이용하여 먹이를 찾고 배우자를 구하고 위험을 확인하고 집으로 돌아간다. 후각은 수서환경에서 특히 유용한데, 그 이유는 어두컴컴하고 흐린 물속에서는 시각을 믿기가 어렵기 때문이다. 일부 물고기들은 냄새만으로 동종의 다른 개체들을 인식할 수 있다. 예컨대 큰가시고기는 냄새를 이용하여 배우자를 찾는다. 왜냐하면 다른 종들과 매우 근접한 곳에 살고 있는 경우, 자칫 잘못하여 엉뚱한 물고기와 이종교배를 하면 낭패이기 때문이다.

물고기의 후각기관은 매우 다양하게 정교화되어 있지만, 기본적인 설계는 모든 경골어류(즉 상어류와 가오리류를 제외한 약 3만 종) 사이에서 공유된다. 다른 척추동물의 콧구멍과 달리, 물고기의 콧구멍은 후각기관과 호흡기관으로 겸용되지 않고 오로지 후각기관으로만 사용된다. 한 쌍의 콧구멍 속에서는 몇 겹의 특화된 세포들이 후각상피olfactory epithelium를 구성하고 있는데, 공간을 절약하기 위해 여러 번 접혀서 장미꽃 모양의 리본을 형성한다. 몇몇 물고기들은 콧구멍을 확대하고 축소하며 수천 개의 섬모를 차례로 흔드는데, 이로 인해 물이 감각기관을 수시로 드나들게 된다. 후각상피에서 나오는 신호는 두뇌 앞의 후각신경구olfactory bulb로 전달된다.

냄새는 물고기에게 극히 유용한 감각으로 정평이 높으며, 이와 관련된 레전드급 증거자료가 존재한다. 홍연어는 1억분의 1로 희석한 새우 냄새를 감지할 수 있는데, 이를 인간의 기준으로 환산하면 올림픽 규격 수영장(250만 리터)에 5티스푼의 바닷물을 넣은 것과 같다. 다른 연어는 800억분의 1로 희석된 바다표범이나 바다사자 냄새를 탐지할 수 있는데, 이는 올림픽 규격 수영장에 3분의 2방울의 바닷물을 넣은 것에 해당된다. 상어의 후각은 우리보다 1만 배 우수하다. 그러나 현재까지 알려진 바에 의하면, 모든 물고기 중에서 후각이 가장 예민한 것은 미국산 뱀장어로, 올림픽 규격 수영장에 자신의 모천수母川水를 천만분의 1방울만 넣어도 탐지할 수 있다고 한다. 미국산 뱀장어의 놀라운 후각을 생각하면 누구나 혀를 내두르게 되지만, 가만히 생각해보면 이해가 가기도 한다. 그도 그럴 것이 뱀장어는 연어와 마친가지로 먼 거리(6,000킬로미터 이상)를 헤엄쳐 특정 산란장소로 회귀하는데, 이때 냄새의 미세한 기울기를 따라 모천수로 되돌아올 수 있기 때문이다.

물고기의 적응 중에서 가장 유용한 것 중 하나는 위험(포식어류, 작살로 고기잡는 사람들)이 존재하는 상황에서 경고용 화학물질을 생성한다는 것이다. 우리는 여기서 칼 폰 프리슈에게 다시 한 번 경의를 표해야 한다. 폰 프리슈는 물고기의 감각세계에서 새로운 현상을 또 하나 발견했기 때문이다. 자신이 기르는 피라미 중 한 마리가 사고를 당해 부상을 입었을 때, 폰 프리슈는 특이한 광경을 목격했다. 수족관에 있는 다른 물고기들이 잠시 우왕좌왕하다가 이윽고 한 자리에서 꼼짝도 하지 않았는데, 이는 포식자 회피행동의 고전적인 사례에 해당하는 것이었다. 폰 프리슈와 동료들이 함께 실험을 해본 결과, 부상당한 피라미가 방출한 페로몬이 동료들 사이에서 사회적 반응을 촉발하는 것으로 확인되었다. 다른 피라미들이 불안해하는 반응을 보인 이유는 그 페로몬을 탐지했기 때문이므로, 폰 프리슈는 이것을 슈렉슈토프 Schreckstoff, 즉 '무서운 물질'이라고 명명했다.

슈렉슈토프를 분비하는 세포는 피부에 존재하는데, 매우 연약하다. 따라서 물고기를 축축한 종이 위에 올려놓으면 쉽게 파열되어 슈렉슈토프를 방출한다. 그런데 슈렉슈토프는 매우 강력한 물질이어서, 물고기의 피부를 1밀리그램의 천분의 1만 잘라 14리터의 수족관에 넣어도 다른 물고기에게 공포반응을 일으킬 수 있다. 이것은 마시멜로를 2천만 조각으로 잘게 썬 다음(그것을 눈으로 볼 수 있다면) 물이 가득 찬 싱크대에 넣고 맛을 보는 것이나 마찬가지다. 수많은 경골어류 과들이 슈렉슈토프를 생성하는 것으로 미루어볼 때, 슈렉슈토프는 아주 오래전에 진화했음이 틀림없다.

슈렉슈토프는 누구나 자유롭게 받아들일 수 있는 신호이므로, 인근의 물고기들(다른 종 포함)이 함께 사용할 수 있는 화재경보처럼 작용한다. 그 대표적인 예가 팻헤드미노우fathead minnow(피라미의 일종)와 노던파이크northern pike(강꼬치고기의 일종)의 경우다. 노던파이크는 팻헤드미노우나 브룩스티클백brook stickleback을 잡아먹는데, 둘 다 슈렉슈토프를 생성한다. 따라서 팻헤드미노우는 노던파이크의 똥 냄새를 맡는 즉시 은신처로 대피하거나 동료들끼리 똘똘 뭉친다. 그러나 강꼬치고기가 다른 물고기(예를 들어 소드테일피시swordtail fish)만 잡아먹은 경우에는 사정이 달라진다. 소드테일피시는 슈렉슈토프를 생성하지 않으므로, 피라미는 강꼬치고기의 똥 냄새를 맡아도 두려운 기색을 보이지 않는다. 이 경우 피라미는 (강꼬치고기에게 공격받은) 피라미가 분비한 슈렉슈토프를 직접 탐지하여 반응을 보일 수밖에 없다. 강꼬치고기는 사냥터에서 똥을 잘 누지 않는 경향이 있는데, 이는 피라미의 예민한 후각을 피하기 위해 진화한 행동이라고 할 수 있다.

슈렉슈토프에 대한 공포반응을 생각해보면, 물고기들이 물속의 화학물질에서 미묘한 단서를 찾아내는 방법을 이해할 수 있다. 그러나 물고기가 냄새로 적을 탐지하는 방법에는 슈렉슈토프만 있는 게 아니다. 좀 구식이긴 하지만, 단순히 포식자의 냄새를 맡는 방법도 있다. 예컨대 아메리카악어는 간혹 어린 레몬상어를 잡아먹는데, 어린 레몬상어는 아메리카악어의 냄새에 반응한다.

대서양연어의 경우에는 포식자가 뭘 먹었느냐에 따라 상황이 달라진다. 영국의 웨일즈에 있는 스완지 대학교의 연구진이 발표한 논문에 의하면, (포식자를 경험해보지 않은) 어린 연어를 (천적 중 하나인) 유라시아수달의 똥이 포함된 바닷물에 넣었더니, 수달이 연어를 먹은 경우에만 공포반응을 보였다고 한다. 즉, 수달의 (연어를 먹고 배설한) 똥 냄새를 맡은 연어들은 멀리 달아나 은신처에 숨어서 숨을 헐떡였다고 한다. 그러나 '연어를 먹지 않은 수달의 똥이 포함된 물'이나 맹물에 노출된 연어는 전혀 동요하지 않았다고 한다. 따라서 스완지 대학교의 연구진은 다음과 같은 결론을 내렸다. "대서양연어는 수달을 선천적으로 무서워하지 않으며, 수달이 연어를 먹은 경우에만 위협으로 인식한다." 이처럼 일반적인 포식자 탐지방법은 잘 작동한다. 왜냐하면 상이한 포식자의 냄새를 학습할 필요가 없고, 단지 '나와 같은 종을 잡아먹는 포식자가 누구인지'를 인식하는 방법만 터득하면 되기 때문이다.

물고기의 생존경쟁에서 포식자 회피에 비견되는 주제가 있다면, 성性 추구일 것이다. 방향芳香이 인간의 성적 매력에서 중요한 역할을 하는 것처럼, 성페로몬도 물고기의 애간장을 태우는 것으로 밝혀졌다. 예컨대, 성페로몬은 물고기들이 준비된 배우자(짝짓기 모드에 있는 상대)를 찾아내도록 도와준다. 물고기는 미묘한 성적 신호를 알아내, 개인적 이익을 위해 사용하는 능력을 갖고 있다. 1950년대에 실시된 실험에 따르면, "수컷 프릴핀고비frillfin goby가 있는 수족관에 다른 수족관(성적으로 예민한 암컷이 들어 있었던 수족관)의 물을 첨가했더니 구애 표현을 시작했다"고 한다.

하지만 후속연구 결과, 암컷 물고기도 수컷 못지않게 짝짓기 게임에 예민하고 적극적인 것으로 드러났다. 멕시코산 암컷 쉽스헤드소드테일sheepshead swordtail은 '잘 먹은 수컷'과 '굶주린 수컷'을 구별할 수 있는 것으로 밝혀졌는데, 암컷이 둘 중 누구를 배우자로 선택하는지는 더이상 언급할 필요도 없을 것이다(다른 조건이 모두 동일하다면, 영양상태

2부 물고기의 감각

가 양호한 수컷이 '고품질 정자'를 제공할 것이다). 또한 암컷 소드테일은 잘 먹은 수컷과 굶주린 수컷의 체취體臭에 개의치 않는 것으로 나타났는데, 이는 암컷이 먹이를 기반으로 한 배설물에만 반응하는 것이 아니라, 수컷의 성페로몬에도 반응한다는 것을 시사한다.

지금까지 우리는 물고기의 감각계들을 '각각 독립된 별개의 단위'로 간주했지만, 사실 감각계는 따로따로 작동하지 않는다. 수컷 심해아귀는 여러 감각의 상호작용을 보여주는 전형적 사례다. 세계에서 제일가는 아귀 전문가인 테드 피치는 2009년 발간한 『해양아귀: 심해의 비범한 다양성』에서 아귀라는 괴상망측한 물고기에 대해 놀랍도록 자세하고 풍부한 자료를 담아냈다. 피치에 의하면, 수컷 아귀는 지구상의 어떤 동물보다도 '콧구멍 대 머리의 비율'이 높다고 한다.

그런데 수컷 아귀는 콧구멍만 아니라 눈도 잘 발달해 있다. 피치는 이에 착안하여, "수컷 아귀는 어두운 심해에서 후각과 시각을 총동원하여 암컷을 찾는다"고 믿고 있다. 암컷 아귀는 종 특이적 페로몬을 방출하는데, 수컷이 민감한 후각을 이용하여 이것을 포착하는 것은 매우 중요하다. 왜냐하면 세계에서 가장 넓은 서식지인 심해에는 최소한 162종의 아귀들이 배우자를 찾아 헤매고 있는데, 이러한 상황에서 엉뚱한 종을 만나 짝짓기를 하면 헛고생이기 때문이다. 암컷에게 가까이 접근했을 때, 수컷 아귀는 암컷이 (실 모양의 미끼에서 반짝이는 발광세균의 도움을 받아) 뿜어내는 광선의 패턴을 보고 자기 타입인지를 확인할 수 있다. 아귀들이 올바른 배우자를 찾는 방법을 놓고 온갖 추측이 난무하고 있다. 심지어 어떤 독자는 구약성서의 구절을 떠올리며, 까마득한 옛날 심해아귀의 신神이 이렇게 선언하는 장면을 상상할 것이다.

"빛이 있으라!"(창세기 1장 3절)

마지막으로, 물고기의 후각행위에 대해 한 가지만 더 지적하고자한다. 보수적인 과학계에서는 '물고기들이 의사소통을 위해 화학물질(페로몬)을 방출하는 행동은 수동적이며, 의식적으로 제어되지 않는다'는 통념이 지배적이었다. 왜냐하면 물고기들은 외부에 향선香腺이 없는데다, 냄새 묻히기 행동을 보이지 않기 때문이다. 그러나 이제 그런 통념이 흔들리고 있다. 2011년 발표된, 우리의 친구 쉽스헤드소드테일에 관한 연구 결과를 살펴보기로 하자. 물살이 빠른 서식지에서 쉽스헤드소드테일 수컷들은 암컷들로 하여금 수컷의 페로몬을 좀 더 잘 인식하게 하기 위해, 최소한 두 가지 전술을 이용하는 것으로 보고되었다. 첫째, 암컷들과 마주칠 때마다 수컷들은 오줌을 더 자주 눈다. 둘째, 암컷에게 구애를 할 때, 수컷들은 암컷을 기준으로 하여 상류 쪽으로 자리를 잡는다.

수컷들이 이러한 전술을 구사한다면, 암컷들은 좋든 싫든 수컷의 소변을 통해 그의 성적 준비도를 파악하는 동시에 소변 맛까지 봐야 한다. 생각해보라. 그런 상황에서 맛볼 게 그거 말고 또 뭐가 있겠는가?

우아한 미각

물고기들은 미각을 주로 먹이를 인식하는 데 사용한다. 주요 척추동물 그룹들(양서류, 파충류, 조류, 포유류)이 모두 그렇듯, 물고기의 1차적인 미각기관은 맛봉오리다. 또한 물고기들은 총 여덟 가지 유형의 이빨을 갖고 있는데, 그중에는 앞니(자름), 송곳니(찌름), 어금니(분쇄), 납작한 삼각형 이빨(썲), 주둥이와 융합된 이빨(산호에서 조류藻類를 긁어냄)이 포함되어 있다.

물고기들도 우리와 마찬가지로 혀와 미각 수용체gustatory receptor를 보유하고 있으며, 미각 수용체는 (미각 신호를 뇌로 보내는) 특화된 신경에 연결되어 있다. 대부분의 물고기는 맛봉오리가 입과 목구멍에 있는데, 이는 그리 놀랄 일이 아니다. 물고기는 수프(냄새 맡고 맛보는 물질) 속에 푹 잠겨 있으므로, 입술과 목구멍은 물론이고 입술이든 주둥이든 맛봉오리가 존재하지 못할 곳은 없다. 물고기는 다른 어떤 척추동물보다도 많은 맛봉오리를 갖고 있다. 예컨대 몸길이가 40센티미터에 달하는 얼룩메기는 전신(지느러미 포함)에 약 68만 개의 맛봉오리를 갖고 있는데, 이는 인간의 100배에 육박하는 수준이다. 얼룩메기를 비롯하여 혼탁한 물속에 사는 물고기들은 미각을 이용해 길을 찾기도 한다. 동굴어cavefish(지하수나 동굴에 사는 담수어의 총칭_옮긴이)도 맛봉오리의 덕을 톡톡히 보는 물고기 중 하나로, 수많은 맛봉오리는 고해상도의 미각시스템을 제공함으로써 어둠 속에서 먹이를 찾는 데 도움을 준다. 메기, 철갑상어, 잉어와 같은 밑바닥 인생(바닥에서 먹이를 찾는 물고기_옮긴이)들은 수염 모양의 더듬이를 갖고 있는데, 이것은 입 주변에 배열되어 있는 것이 보통이며 미각 센서와 같은 역할을 수행한다.

물고기가 왜 미각이 필요하냐고 묻는 독자들이 있다면, '우리와 마찬가지'라고 대답해주고 싶다. 물고기의 입맛은 종마다 다르고, 심지어 개체별로도 다르다. 물고기가 먹이의 식감을 확인하는 데는 시간이 꽤 걸릴 수도 있다. 혹시 아쿠아리움에서 물고기를 유심히 관찰한 적이 있다면, 물고기들이 간혹 먹이를 덜컥 집어삼켰다가 이내 뱉어내는 것을 봤을 것이다. 심지어 완전히 삼키거나 뱉어내기 전에, 몇 번이고 다시 삼키는 것도 봤을 것이다. 일반적으로 물고기의 식성은 종별·개체군별로 크게 다르지는 않다(인간의 경우에도 인종별 식성 차이는 대체로 거기서 거기다). 그러나 개체간 식성 차이는 제법 큰 편이다. 예컨대 우리 인간의 경우 '싹양배추를 먹을 건지 말 건지', '매운 걸 먹을지 싱거운 걸 먹을지', '다양한 커피 중 어떤 것을 마실지' 현기증이 날 지경이다. 물고기의 경우에도 사정이 마찬가지여서, 무지개송어와 잉어를 대상으로 실시한 연구 결과를 보면, 식성이 까다로운 개체들이 드물지 않다고 한다.

물고기가 맛없는 먹이에 대해 보이는 반응은 우리의 반응을 떠올리게 한다. 우리가 썩은 과일이나 고기를 깨물었을 때 즉시 (그러나 대중 앞에서는 최대한 우아하게) 뱉어내는 것처럼, 도버솔Dover sole도 맛없는 먹이를 입에 물었을 때는 머리를 흔들거나 진저리를 치며 다른 곳으로 빠르게 헤엄쳐간다. 자연계에서 특히 맛없고 독성이 있는 먹이로는 두꺼비올챙이가 있는데,『아쿠아리움과 야생에서 물고기의 행동』의 저자인 스테판 립스는 두꺼비올챙이에 대한 물고기들의 반응을 이렇게 묘사한다. "너무 굶주린 나머지 뱃가죽과 등가죽이 달라붙은 배스의 경우, 두꺼비올챙이를 먹을 정도로 비굴해지기도 한다. 그러나 (배가 고파서가 아니라) 실수로 두꺼비올챙이를 삼킨 물고기들은 머리를 맹렬히 흔들며 오만상을 찌푸리기 일쑤다. 두꺼비올챙이는 물고기들에게 전혀 권하고 싶지 않은 메뉴다."

비교적 밀도가 높은 수성용매 속에서 살면 행동에 다소 제약이 있

2부 물고기의 감각

을 수 있지만, 그럼에도 불구하고 물고기는 육상동물들이 경험할 수 없는 감각 기회를 누릴 수 있다. 물고기들은 환경을 인식하기 위해 기상천외한 방법들을 사용한다. 당신은 이웃과 전기펄스를 이용하여 잡담을 하는 장면을 상상할 수 있는가? 다음 장에서는 주요 감각을 넘어 약간 낯선 감각들을 알아보기로 하자.

제 4 장
그밖의 감각들
―내비게이션, 전기수용, EOD, 촉각

하나의 육체가 기다리고 있을 때,
아주 살짝 접촉하기만 해도 전기가 흐른다.
_월리스 스테그너

대부분의 다른 동물들과 마찬가지로, 물고기는 자신의 욕구를 충족시키기 위해 이리저리 움직여야 한다. 즉, 생계를 유지하고 좀 더 많은 후손을 남기려면, 특정한 시간에 특정한 장소에 머물러야 한다. 예컨대 인간과 마찬가지로, 물고기는 하루 중 다양한 시간에 적절한 장소(예를 들어 먹이가 많은 곳, 은신처, 잠자는 곳, 청소하는 곳)로 돌아온다. 그리고 1년 중 다양한 시기에 짝짓는 곳, 알 낳는 곳, 둥지 짓는 곳으로 돌아간다. 복잡하고 드넓은 서식지에서 생활하느라 물고기는 만만찮은 공간 환경에 직면한다.

물고기는 살아있는 내비게이션으로, 다양한 방법을 이용하여 원근각지를 곧잘 찾아간다. 눈멀고 덩치 작은 동굴어들은 비교적 작은 동굴 속에서 살지만, 대부분 칠흑 같은 어둠 속에서 살기 때문에 고성능 내비게이션이 필수다. 이들은 목적지를 향해 가는 동안, 물속의 장애물에 반사된 와류渦流를 감지함으로써 중간에 있는 이정표들의 순서를 학습한다. 황새치, 파랑비늘돔, 홍연어는 태양 나침반을 사용하는데, 태양의 각도를 기준으로 방향을 설정한다. 그러나 다른 물고기들은 추측항법dead reckoning을 사용해 하나의 기준점에서 정처 없이 새로운 탐사여행을 떠난 후 최단경로를 경유하여 집으로 돌아온다.

소하성溯河性 어류인 연어의 내비게이션 특기는 레전드급이다. 몇 년 동안 광활한 바다에서 생활한 후 알을 낳기 위해 태어난 강으로 돌아오는 연어는 자연계 최고의 전 지구 위치파악시스템GPS 중 하나를 보유한 장본인이다. 우리가 아는 한, 이 시스템을 완전히 가동하려면 최소한 두 가지(아마도 세 가지) 감각기구를 사용해야 한다. 바로 지구의 자기장을 탐지하는 지자기地磁氣감각, 후각, 그리고 아마도 시각일 것이다.

상어, 뱀장어, 참치와 마찬가지로, 장거리를 여행하는 연어는 내비게이션을 위해 지자기장에 접속한다. 이러한 접속은 세포 수준에서 이루어지며, (현미경으로나 볼 수 있는) 자철석 결정을 포함한 개별세포들은 제각기 나침반의 바늘처럼 행동한다. 독일, 프랑스, 말레이시아의 과학자들로 구성된 연구진이 (연어의 가까운 친척뻘인) 송어의 비강鼻腔에서 세포를 채취한 후 회전하는 자기장에 노출시켰더니, 세포들이 저절로 회전하는 것으로 나타났다. 자철석 입자들은 세포막에 단단히 달라붙은 채 자기력선을 향해 끊임없이 이끌려가므로, 연어가 방향을 바꿀 때마다 세포막 위에서 토크(회전력)를 생성한다. 연이가 토크를 감지한다는 연구 결과가 발표되어 있는 것으로 보아, 이 토크는 스트레스에 민감한 변환기transducer로 직접 전달되는 게 틀림없다.

연어의 엄청난 후각도 내비게이션에 이용된다. 드넓은 바다로 가기 위해 하류로 향하는 동안, 새끼 연어들은 물의 화학적 특성(냄새)을 차례대로 쭉 기록한다. 그로부터 몇 년이 지난 후 태어난 곳으로 되돌아올 때, 성장한 연어들은 (마치 트레킹 코스를 역주행하듯) 냄새의 기울기를 역추적하며 모천母川으로 회귀한다. 연어가 후각을 이용해 모천으로 회귀한다는 가설은 실험을 통해 검증되었다. 위스콘신 대학교의 아서 해슬러 박사가 이끄는 생물학자들이 연어의 콧구멍을 막아 후각을 차단해보니, 연어가 아무 강에서나 마구잡이로 발견된 것으로 밝혀졌다. 이에 반해 콧구멍이 막히지 않은 연어들은 본래 태어난 강으로 복귀하는 것으로 확인되었다.

해슬러 박사가 이끄는 연구진은 연어에게 상처를 덜 내는 실험도 수행했다. 연구진은 어린 은연어coho salmon들을 두 그룹으로 나눈 다음 모르폴린morpholine과 페네틸알코올PEA에 각각 노출시켰다(모르폴린과 PEA는 무해하며, 독특한 향기가 나는 화학물질이다). 그러고는 두 그룹(모르폴린 그룹과 PEA 그룹)의 연어들을 미시간 호에 함께 풀어놓았다. 그로부터 1년 반이 지난 모천회귀 기간 동안, 연구진은 한 강에 모르폴린을 살포하고 거기서 8킬로미터 떨어진 다른 강에 PEA를 살포했다. 그 결과 모르폴린이 살포된 강에서 잡힌 연어 중 95퍼센트는 모르폴린 그룹이고, PEA가 살포된 강에서 잡힌 연어 중 92퍼센트는 PEA 그룹인 것으로 밝혀졌다.

마지막으로, 연어가 시각을 내비게이션에 이용한다고 주장하는 연구자들도 있다. 일본의 한 연구진은 홍연어를 바다에 풀어놓았다가 모천에서 다시 잡는 실험을 했다. 그런데 연구진은 연어를 풀어놓기 전, 한 그룹의 눈에 탄소토너와 옥수수기름을 주입하여 시각을 마비시켰다. 그로부터 5일 후 시각이 마비된 연어 중 모천에서 잡힌 것은 25퍼센트인데 반해, 대조군 연어(눈에 아무것도 주입하지 않은 연어) 중 모천에서 잡힌 것은 40퍼센트였다. 이 차이는 통계적 유의성 기준을 충족시키지 못했지만, 연구진은 "그럼에도 불구하고, 연어는 시각을 이용하여 모천의 입구에 도달하는 것으로 보인다"라는 견해를 피력했다.

하지만 나는 이 연구의 설득력이 떨어진다고 생각한다. 이물질 주입으로 인해 시각이 마비된 연어의 경우, 통증과 스트레스, 그리고 그로 인한 방향감각 상실 때문에 모천회귀에 실패한 것이지, 시력손상 자체가 실패의 원인은 아니라고 생각하기 때문이다. 따라서 이 연구가 설득력을 얻으려면, 대조군의 눈에 시력을 손상시키지 않는 물질을 주입했어야 한다. 그러나 나는 그런 잔인한 실험을 제안하고 싶지는 않다. 좀 더 인도적인 수단을 이용하여 연어의 모천회귀 과정에서 시각이 수행하는 역할을 연구하는 방법은 얼마든지 있기 때문이다.

압력 감지

물고기들은 독자적으로 길을 찾을 뿐 아니라, 이웃들의 움직임을 면밀히 추적함으로써 길을 찾는 시스템을 추가로 보유하고 있다. 시각과 민첩한 반사작용을 통해 이웃들과 비행방향을 조율하는 새 떼와 마찬가지로, 대규모 물고기 떼는 일사불란하게 진행방향을 바꿀 수 있다. 마치 다른 구성원들 모두의 의사결정을 암묵적으로 알고 있는 것처럼 말이다. 그러나 어떤 개체가 단체행동을 시작하는지, 즉 누군가가 맨 처음 치고나가는 것이 기폭제가 되어 연쇄반응이 시작되는지는 분명치 않다.

초창기 박물학자들은 물고기들의 단체행동을 일종의 텔레파시 탓으로 돌렸다. 그러나 슬로모션 영상을 분석한 결과, '물고기의 움직임이 집단 전체에 퍼져나가는 데 미세한 시간차가 존재하는 것으로 보아, 물고기들은 서로의 움직임에 반응하는 게 분명하다'는 심증이 굳어졌다. 다시 말해, 물고기들의 감각계가 미세한 시간 간격으로 연쇄반응을 보이는 바람에 마치 집단 전체가 하나처럼 움직인다는 인상을 줬던 것이다.

대낮에는 날카로운 시각이 물고기 떼로 하여금 새 떼에 버금가는 일사불란한 운동을 가능하게 해준다. 하지만 새 떼와는 달리 물고기 떼는 깜깜한 밤에도 여전히 하나처럼 움직인다. 그게 어떻게 가능할까? 그건 일련의 특화된 비늘들이 물고기의 측면을 따라 한 줄로 길게 늘어서서 측선側線을 형성하기 때문이다. 일반적으로 측선은 가늘고 어두운 선처럼 보이는데, 그 이유는 각각의 비늘에 움푹한 부분이 존재하여 그림자를 드리우기 때문이다. 이 움푹한 부분에는 감각세포의 집합체인 신경소구neuromast들이 모여 있으며, 각각의 감각세포는 (미세한 젤gel 컵 속에 봉인된) 털 모양의 돌기를 하나씩 갖고 있다. 그리하여 물고기의 운동으로 인해 발생한 와류와 수압이 신경소구의 털을 휘게 만들면, 이것이 신경자극을 촉발하여 궁극적으로 뇌에 전달한다. 물고기의 측선은 마치 음향탐지 시스템처럼 작용하므로, 야간에는 물론 혼탁한 물속에서 특히 유용하게 사용된다.

측선 덕분에, 바짝 달라붙어 헤엄치는 물고기들은 사실상 물리적

2부 물고기의 감각

으로 접촉한 것과 같은 효과를 얻게 된다. 따라서 물고기들 간에 전달되는 신호는 시각 영상에 비견되는 유체역학 영상hydrodynamic image을 형성한다. 눈먼 동굴어들이 바위나 산호와 같은 정지된 물체를 탐지할 수 있는 것도 바로 이 영상 덕분이다. 이런 사물들은 물고기를 둘러싸고 있는 대칭된 장場 흐름을 왜곡함으로써, 시야를 방불케 하는 유체역학 영상을 형성하기 때문이다. 눈먼 동굴어들은 감각 환경 속에 존재하는 일련의 사물들이 포함된 심상心象지도를 형성할 수 있는데, 이 기술은 시각을 이용한 방향 찾기가 불가능한 동물에게 유용한 내비게이션 수단이다.

영리한 물고기들은 측선을 비대칭적으로 이용하여 낯선 물체에도 대응할 수 있다. 과학자들이 수조의 한쪽 벽에 플라스틱 지형지물을 설치하고 눈먼 동굴어를 넣자 동굴어가 오른쪽 측선을 이용하여 지형지물 주변을 우선적으로 통과하는 것으로 나타났다. 그러나 몇 시간이 지나 상황에 익숙해지면서 동굴어는 평정심을 되찾은 듯 새로운 지형지물을 특별히 신경 쓰지 않는 눈치였다. 물고기의 시각과 측선 감각은 별도로 작동한다는 점을 감안할 때, 이러한 실험 결과는 뇌의 편재화lateralization(특정 기능이 좌반구와 우반구 중 어느 한쪽에 치우쳐 있는 것_옮긴이)가 뿌리 깊은 현상임을 시사한다. 정상적인 시각을 보유한 물고기들의 경우, 정서적 맥락(이를테면 새로운 물체를 탐지하여 겁을 먹었을 때)에서 우안右眼편향을 보이는 것으로 알려져 있다.

대부분의 생물학적 설계와 마찬가지로, 측선 역시 불가피한 절충점을 찾아야 한다. 수영을 할 때 발생하는 물의 흐름은 신경소구를 자극하는데, 이것은 측선에 배경소음으로 작용하여 외부운동에 대한 반응성을 약화시킨다. 과학자들의 실험에 따르면, "수영하는 물고기들은 정지한 물고기들에 비해, 인근에서 움직이는 포식자에 대한 반응성이 절반으로 감소"한다고 한다. 이와 대조적으로, 전진하는 물고기들은 코앞에서 형성된 선수파船首波의 왜곡을 탐지할 수 있으므로, 어둠이나 투명함 때문에 보이지 않는 물체(예를 들어 아쿠아리움의 벽)와 정면으로 충돌하는 것을 피할 수 있다고 한다. 그러나 아쉽게도 측선이 주도하는 감각시스템은 어망漁網의 존재를 탐지하도록 적응하지 못한 것 같다.

전기수용과 EOD

어둠 속에서 벽에 충돌하지 않는 능력도 유용하지만, 보지도 듣지도 못하는 상황에서 벽의 반대편에 있는 물체를 탐지하는 능력을 상상해보라. 이제 전기수용electroreception이라는 새로운 감각의 세계로 들어가보자.

전기수용이란 자연계의 전기자극을 지각하는 생물학적 능력을 말한다. 이는 거의 물고기에게만 존재하는 능력이며, 지금까지 알려진 예외로는 단공류monotreme(오리너구리, 가시두더지), 바퀴벌레, 벌이 있다. 3만여 종의 물고기로 이루어진 경골어류 중에서 전기수용 능력을 보유하고 있는 것은 드문 편이어서, 100종 중 한 종꼴에 불과하다. 그러나 여전히 300종 이상의 물고기들이 이 능력을 보유하고 있는 것으로 보아 매우 가치 있는 생존도구임에 틀림없다. 전기수용 능력은 물고기들 사이에서 여덟 번 이상 독립적으로 진화한 것으로 알려져 있다. 전기수용이 수중서식지에서 제법 우위를 보이고 있는 이유는 물의 강력한

　　　　　　　　　　　　　　　2부 물고기의 감각

전기전도 능력 때문이라고 할 수 있다(단, 여기서 강력하다는 것은 절대적 개념이 아니라 공기와 비교한 상대적 개념이다).

용어 자체가 의미하는 것처럼, 전기수용이란 전기정보를 수동적으로 이용하는 능력이다. 상어나 가오리 같은 연골어류는 전기를 수용하기만 하며, 전기 자체를 생성하지는 못한다. 이들은 '젤리로 가득 찬 구멍'의 네트워크를 이용하여 전기를 감지하는데, 이 작은 구멍들은 머리의 특정 부분에 전략적으로 산재한다. 이 구멍들을 통틀어 로렌지니 팽대부_ampullae of Lorenzini_라고 하는데, 1678년에 이를 처음으로 보고한 이탈리아의 내과의사 스테파노 로렌지니의 이름을 따서 명명한 것이다. 마치 오후 다섯 시의 그림자(아침에 깎은 수염이 오후 5시경에 거무스름해 보이는 것을 지칭하는 말_옮긴이)처럼, 상어의 주둥이 주변에 작고 까만 반점들이 집중적으로 분포된 것에 주목한 로렌지니는 그 부분의 피부를 벗겨보았다. 그랬더니 관管 모양의 통로들이 드러났는데, 그중 일부는 스파게티만큼이나 넓었으며 뇌에까지 연결되어 커다랗고 투명한 젤리 덩어리를 여러 개 형성하는 것으로 나타났다.

로렌지니 팽대부가 전기수용 과정에서 수행하는 기능은 1960년까지 수수께끼로 남아 있었다. 이후 팽대부는 (다른 생물들의 신경자극에 의해 생성되어 물을 통해 전파된) 미세한 전기 변화를 탐지하는 것으로 밝혀졌다. 굶주린 상어나 메기들이 모래 밑 15센티미터에 숨어 있는 물고기의 심장박동까지도 탐지할 수 있다고 하니, 이 시스템이 어느 정도로 예민한지 능히 짐작할 수 있다.

그런데 경골어류 중 일부는 한술 더 떠 전기를 수동적으로 사용할 뿐만 아니라, 아예 자기 자신의 전하를 생성한다. 독자들은『자연의 발명』에서 독일의 위대한 과학자이자 탐험가인 알렉산더 폰 훔볼트가 200년 전 남아메리카에서 말 떼를 이용하여 전기뱀장어를 잡았다는 대목을 흥미롭게 읽었을 것이다. 많은 이들은 그걸 꾸며낸 이야기라고 믿고 있었지만, 미국 밴더빌트 대학교의 생물학자 케네스 카타니아는 《미국 학술원회보》 2016년 4월 28일호에 기고한 논문에서 그게 사실이었음을 입증했다.

전기뱀장어는 남아메리카의 강에 살며, 길이는 2미터, 몸무게는 20킬로그램까지 성장할 수 있다. 이름에는 '뱀장어'라는 단어가 들어 있지만, 길이가 워낙 길어서 그런 이름이 붙었을 뿐, 사실은 메기의 가까운 친척뻘인 칼고기과에 속한다. 전기뱀장어는 낮은 전압을 이용하여 혼탁한 서식지에서 길을 찾는데, 딱딱한 물체에서 튕겨져 나오는 전기장을 탐지하는 방식을 취한다. 그러나 이들이 유명한 것은 600볼트 이상에 달하는 충격적인 전하를 생성하기 때문이다. 전하를 생성하는 기관은 꼬리의 근육구조 속에 차곡차곡 쌓여 있는 세포들에 존재한다. 이 세포들은 생성된 전기를 (마치 배터리처럼) 저장하고 있다가, 필요할 때 한꺼번에 모두 방출한다. 전기뱀장어가 내장하고 있는 테이저 건은 먹이를 기절시키거나 죽일 수 있으며, 달갑잖은 침입자들을 쫓아내는 데 사용되기도 한다.[*]

전기뱀장어와 일부 물고기들(이를테면 전기가오리)은 전기방전의

---

[*] 독자들은 강전기어들이 자신이 생성한 전기에 감전되지 않는 비결을 궁금해 할 것이다. 일단은 감전되지 않는다고 할 수 있다. 왜냐하면 지방조직층이 절연체로 작용해 자신의 칼끝에 희생되는 것을 막아주기 때문이다. 그럼에도 불구하고 전기어들은 가끔 자신의 전기에 감전되어 몸을 비비 틀기도 한다.

전압 덕분에 강전기어强電氣魚라는 이름을 얻었다. 하지만 내가 보기에 전기를 가장 흥미롭게 사용하는 물고기들은 강전기어가 아니라 약전기어弱電氣魚들이다. 왜냐하면 이들은 전기를 덜 야만적인 목적, 즉 다른 물고기들과의 의사소통을 위해 사용하기 때문이다. 이런 평화로운 물고기들은 두 그룹으로 분류되는데, 그중 하나는 아프리카에 사는 은상어과의 물고기들로, 길고 아래를 향한 코 때문에 그런 이름을 얻었으며 약 200종으로 구성되어 있다. 다른 하나는 남아메리카에 사는 칼고기과의 물고기들로 흰 빛깔과 칼 같은 모양 때문에 그런 이름을 얻었다. 약전기어들은 (스텔스 기능을 탑재한 다른 물고기들과 마찬가지로) 혼탁한 물속에 서식하는데, 새로운 비非시각적 의사소통 수단이 진화한 데는 이 같은 환경조건이 크게 작용한 것으로 보인다. 이들은 최대 1킬로헤르츠의 고속 전기기관 방전EOD, electric organ discharge을 이용해 의사소통을 하는데, 이는 전기뱀장어의 두 배가 넘는 주파수다.

서구와 중앙아프리카의 강과 해안분지에 서식하는 은상어과의 일종인 폴리미루스 아드스페르수스Pollimyrus adspersus의 경우에서 볼 수 있듯, 약전기어의 신호 해석 능력은 탁월하다. 독일 레겐스부르크 대학교 산하 동물학연구소의 생물학자 슈테판 파인트너와 베른트 크라머가 수행한 실험에서, 폴리미루스는 펄스 시간의 차이를 백만분의 1초까지 구분하는 괴력을 보였다. 이 정도의 실력이라면, 동물계에서 가장 빠른 의사소통 형태를 자랑하는 박쥐의 반향정위에 필적한다.

은상어들은 EOD의 속도, 지속시간, 진폭, 주파수를 변동시킴으로써, 종, 성별, 덩치, 나이, 위치, 거리, 성적性的 성향 등에 관한 정보를 교환한다. EOD에는 사회적 지위, 정서(예컨대 공격, 굴복), 배우자 유혹에 관한 정보도 포함되어 있는데, 물고기들은 배우자에게 세레나데를 부를 때 재잘거리는 소리, 거친 소리, 삐걱거리는 소리와 같은 독특한 패턴을 이용해 이러한 신호들을 전달한다. EOD는 물고기마다 독특하며 시간이 지나도 변하지 않으므로, 물고기들은 EOD를 이용하여 서로를 구별한다. 지배적인 개체들은 EOD를 이용해 침입자를 쫓아내기 때문에 이웃의 영토를 통과하는 물고기들은 종종 자신의 EOD를 끈다. 한 쌍의 물고기나 물고기 떼는 EOD를 조율하여 메아리를 만들거나 합창을 하기도 하는데, 수컷들은 다른 수컷들과 EOD의 주파수를 엇갈리게 하는 반면, 암컷들은 (암컷을 찾는) 수컷과 자신의 주파수를 동조화한다.

한 무리의 은상어나 칼고기들이 근접한 거리에서 재잘거릴 때는 혼란이 발생할 수 있는데, 이때 방해 회피반응JAR, jamming avoidance response을 이용하여 이 문제를 해결한다. 즉, 두 물고기의 주파수가 너무 비슷해서 식별을 방해할 때, 이들은 차이를 확대하기 위해 주파수를 조절한다. 사회생활을 하는 물고기들은 각각 독특한 방전주파수를 보유하기 위해, 이웃과 10~15헤르츠의 차이를 유지하는 것으로 알려져 있다.

아프리카의 잠베지 강 상류에서 은상어의 EOD를 기록하여 분석한 결과 은상어들은 다른 물고기들과 협동하기 위해 서로 신호를 주고받는 것으로 밝혀졌다. 즉, 숨어 있는 포식자의 위협에 반응하여 생성된 EOD는 이웃의 물고기들을 유도하여, 초기 경계경보시스템을 가동시킨다고 한다. 친숙한 이웃사촌들끼리 신호를 주고받으면 포식자의 사냥 성공률이 떨어져 모든 이웃들에게 도움이 되므로, 구태여 부담이 많이 가는 방어체계를 구축할 필요가 없어 누이 좋고 매부 좋은 상황

2부 물고기의 감각

이 펼쳐진다. 이러한 연합전선은 먹이가 부족할 때도 형성될 수 있다.

혹시 지금까지 설명한 것들이 물고기에게 너무 벅찰 거라고 생각하는 독자들이 있다면, 은상어가 모든 물고기들 중에서 가장 큰 소뇌 cerebellum를 갖고 있으며, 뇌-체중비율(이 비율은 지능의 표지라고 강력히 주장된다)이 우리 인간과 거의 비슷하다는 점을 기억해두기 바란다. 회색질의 상당 부분은 전기수용과 의사소통에 할애된다.

하지만 전기를 의사소통에 이용하려면 그만한 대가를 치러야 한다. 왜냐하면 그럴 경우 전기수용성을 보유한 포식자들이 끼어들 여지가 있기 때문이다. 날카로운 이빨을 가진 아프리카산 메기가 대표적 예이다. 이 메기들은 연례행사로 남아프리카의 오카방고 강을 떼 지어 올라가며 사냥에 나서는데, 이 시기에 이들의 단골메뉴는 불독이라고 불리는 은상어의 일종이다. 이 메기들은 불독의 EOD를 도청함으로써 불운한 불독의 위치를 파악하는데, 여기에는 한 가지 변수가 있다. 수조에서 실험한 바에 의하면, 암컷 불독의 EOD는 너무 짧은 데 반해 수컷의 EOD는 암컷보다 열 배나 길어, 메기는 암컷 불독보다 수컷 불독을 더 쉽게 탐지한다고 한다. 실제로 메기의 뱃속에서 발견된 불독을 분석해본 결과 수컷의 수가 압도적으로 많은 것으로 나타났다고 한다. 포식자에게 먹히지 않으려는 진화적 군비경쟁 하에서, 우리는 향후 수컷 불독들의 EOD가 짧아질 거라고 예상할 수 있다.

스킨십

물고기의 측선과 EOD는 우리에게 생소하지만 촉각은 그렇지 않다. 촉각은 우리에게 익숙한 감각이므로, 우리는 물고기의 촉각을 완전히 이해한다고 생각하기 쉽다. 그러나 물고기의 촉각에는 우리가 미처 생각하지 못했던 점이 하나 숨어 있다. 우리는 종종 촉각과 쾌감을 결부시키지만, 물고기에게는 그런 면이 없을 거라고 지레짐작한다. 하지만 우리의 예상과 달리 물고기도 촉각적 쾌감을 느낀다.

D. H. 로렌스는 자신의 기념비적 시 〈물고기〉에서 이렇게 썼다.

그들은 떼 지어 헤엄을 친다.
그러나 소리도 없고, 서로 접촉하지도 않는다.
말도 없고, 몸을 떨지도 않고, 심지어 화내지도 않는다.
단 한 번도 서로 접촉하지 않고,
서로 떨어진 채로 물속에 떠 있다.
일렁이는 물속에서, 물과 단둘이서만 몸을 맞대고 지낸다.

나는 로렌스의 입장을 충분히 이해한다. 이 시가 발표된 1920년대의 과학 수준을 감안할 때, 물고기의 환경과 생리를 제대로 알았을 리 만무하기 때문이다. '가볍고 성긴 매질(공기)' 속에서 어울려 사는 인간의 입장에서 볼 때, '무겁고 점성이 있는 매질(물)' 속에 각각 떠 있는 물고기들은 지리멸렬한 존재들처럼 보였을 것이다.

그러나 물고기들은 전혀 외롭지 않다. 이들은 서로를 개체로 인식하며, 마음에 맞는 상대를 선택하여 함께 시간을 보내기도 한다. 또한 다양한 감각경로를 통해 의사소통을 하며, 성생활도 한다. '물고기들은 살을 맞대지 않는다'는 편견과 달리, 촉각이 대단히 예민하며, 상당수의 물고기들은 촉각을 이용한 의사소통을 통해 풍요로운 삶을 누린다.

이 책을 쓰는 동안, 한 호기심 많은 사람에게서 동영상이 첨부된 이메일을 받았다. 동영상에는 혈앵무Midas cichlid라는 밝은 오렌지색 열대어가 등장하는데, 사육사가 반복적으로 어루만지고 건져 올렸다가 물속에 다시 집어넣는 것을 즐기는 것처럼 보였다. 혈앵무 말고도, 좋아하는 사람에게 반복적으로 다가와 스킨십을 하다 물 밖에서 잠시 머무는 물고기들을 촬영한 동영상은 수두룩하다. 물고기들이 이처럼 신체 접촉을 반복하는 데는 무슨 동기라도 있는 걸까?

내가 생각하는 동기는 '기분이 좋기 때문'이다. 물고기들은 즐거운 분위기에서 종종 신체접촉을 한다. 많은 종들은 구애를 할 때 서로 비비거나 부드럽게 할퀴기도 한다. 청소부 물고기cleanerfish들은 종종 지느러미로 애무함으로써 소중한 고객의 비위를 맞추는데, 이는 청소부와 고객 간의 관계를 돈독하게 하기 위한 수단이다. 곰치와 그루퍼grouper들은 익숙한 다이버들이 몸을 어루만지거나 턱을 문질러주기를 바라며 가까이 다가간다.

내가 아는 한 물고기들의 의식적인 신체접촉을 연구하는 과학자들은 없다. 그러나 외견상으로 보면, 물고기들은 정말로 신체접촉(인간과의 스킨십 포함)을 즐기는 것 같다. 온라인 설문조사를 통해 물고기에 대한 대중의 인식을 분석해본 결과 혈앵무와 유사한 행위를 목격했다는 응답자들은 1,000명 중 8명꼴로, 청하지도 않은 설명을 덧붙였다. 내용인즉, 혈앵무는 사람이 두드리거나 만지거나 붙잡거나 쓰다듬어도 가만히 있는다는 거였다. 캐시 운루라는 여성은(설문조사에는 참여하지 않았다) 내게 보낸 편지에서 바하마그루퍼Bahamian grouper(래리)라는 물고기에 대해 이야기했다. 캐시와 여러 다이버들이 암초에 접근하자, 래리가 가까이 다가와 (마치 마사지를 해달라는 듯) 몸을 들이댔다는 것이다. 래리는 캐시와 눈 맞춤을 즐기고 다이버들이 내뿜는 공기방울을 유심히 살펴봤으며, 심지어 개나 고양이처럼 몸을 좌우로 비틀어가며 골고루 마사지를 받았다고 한다. 오늘날 온라인 동영상을 보면, 곰치와 그루퍼가 스킨십을 즐기거나 자신을 쓰다듬는 다이버들에게 바짝 달라붙는 모습을 볼 수 있다. 마치 애완견이나 고양이처럼 말이다. 어항 속의 물고기가 주인의 손 안으로 헤엄쳐 들어와 스킨십을 즐기는 동영상들도 점점 더 늘어나고 있다.

연골어류에 속하는 상어와 가오리도 신체접촉을 즐기는 듯한 반응을 보인다. 션 페인이라는 다이버는 플로리다 해안에서 만타가오리 새끼를 만난 경험을 이야기했다. 가오리는 페인에게 접근해 몸을 비비다가 둥글게 탱고를 추면서 자기 몸을 페인의 손에 갖다 댔다고 한다. 페인이 말했다. "가오리의 피부에 내 손이 스치자 날개 끝이 바르르 떨렸습니다. 마치 개의 배를 긁을 때 다리가 살짝 떨리는 것처럼 말입니다."

해양동물협회의 창립자이자 만타가오리에 관한 박사학위 논문을 최초로 취득한 안드레아 마샬에 의하면, 만타가오리는 호기심이 강하고 인간과 상호작용을 한다고 한다. 거대한 연골어류인 만타가오리는 모든 물고기 중에서 뇌가 가장 크고, 마샬이 보내는 공기방울 메시지를 좋아한다고 한다. 마샬은 가오리 밑으로 헤엄쳐 들어가 스쿠버 호흡기에서 공기방울을 뿜어낸다. 그러다가 공기방울이 멈추면 가오리는 멀리 헤엄쳐 가지만, 잠시 후에 되돌아와 공기방울이 다시 나오는 지 살펴본다. 시카고에 있는 셰드 아쿠아리움에서도 이와 비슷한 현상이 목격된다. 그곳에서 사육하는 제브라상어 다섯 마리 중 두 마리는 아쿠아리움 소속 다이버들 사이에서 수영하기를 좋아한다. "우리 호흡기에서 나오는 공기방울의 촉감을 좋아하는 것 같습니다. 우리가 배 밑으로 들어가 공기방울을 내뿜으면, 공기방울이 배를 간질이는 동안 빙글빙글 돌며 춤을 춥니다." 아쿠아리움의 유지보수 책임자인 라이스 왓슨의 말이다.

물고기가 쾌감을 느끼는 방법은 촉각 말고도 다양한데, 당장 떠오르는 것으로는 먹기(3장에서 "우아한 미각" 참조), 놀이(6장에서 "물고기들의 놀이" 참조), 성(12장 "성생활" 참조)이 있다. 그리고 쾌락 자체를 위한 쾌락도 있다. 호주의 일부 지역에 서식하는 참다랑어의 경우, 몇 시간 동안 데굴데굴 구르며 일광욕을 하는 것으로 알려져 있다. 참다랑어가 일광욕을 하는 원인은 확실치 않지만, 한 가지 설은 '햇빛을 받을 경우 체온이 상승해 수영 및 반응 속도가 빨라지고 사냥 능력이 향상된다'는 것이다. 이에 덧붙여, 나는 태양의 온기가 참다랑어의 기분을 좋게 할 거라고 생각한다. 왜냐하면 쾌락이란 유용한 행동에 대한 보상으로 진화한 것이기 때문이다. 개복치$_{ocean\ sunfish}$의 이름에 태양$_{sun}$이 들어 있는 이유는 해수면 바로 밑에 모로 누워 일광욕하기를 좋아하기 때문이다.

덩치 큰 개복치는 '기생충 호텔'이기도 한데, 그 이유는 무려 40종의 외부 기생충이 바글바글하기 때문이다(그중에는 길이가 15센티미터에 이르는 요각류$_{copepod}$도 포함되어 있다). 개복치는 부유하는 켈프숲$_{kelp}$

bed 밑에 줄을 서서 청소부 물고기의 서비스를 기다리는데, 맨 앞줄에 있는 개복치는 준비가 완료되었음을 알리기 위해 모로 눕는다. 그러나 일부 기생충은 너무 커서 물고기들이 제거할 수 없는데, 이런 경우 개복치는 전문가인 갈매기에게 도움을 요청한다. 개복치가 해수면으로 떠오르면 갈매기들이 날아와 강력한 부리로 피부에 박혀 있는 기생충들을 제거한다. 개복치는 갈매기의 환심을 사려고 노력하는데, 갈매기의 꽁무니를 졸졸 따라다니다가 기회가 생기면 모로 누워 헤엄을 친다.

기생충이 제거되어 피부 자극이 사라짐으로써 쾌감을 느낀 개복치는 갈매기와 기생충 간의 인과관계를 이해할까? 개복치처럼 노회老獪한 물고기에게 그런 질문은 무의미하다는 게 내 생각이다. 수명이 10년 이상인 데다, 광활한 대양을 주름잡는 개복치가 그 정도를 모른다면 말이 안 되기 때문이다.

물고기의 쾌감에 대해서는 이쯤 해두고, 이제 통증에 대해 생각해 볼 차례다. 우리는 물고기가 쾌감을 느낀다면 통증도 당연히 느낄 거라고 생각하기 쉽다. 그러나 물고기의 총체적 삶에 대한 이해가 꾸준히 향상되고 있음에도 불구하고, '물고기가 통증을 느끼는가?'라는 의문은 아직 해결되지 않았다. 자세한 내용은 3부에서 알아보기로 하자.

3부

물고기의 느낌

너의 삶은 감각의 수문水門을 통해 사방으로 통한다.

_D. H. 로렌스, 〈물고기〉 중에서

제 5 장

뇌, 의식, 인식

아가미의 빗살을 촉촉이 적신 물이 끓어오른다.
_D. H. 로렌스, 〈물고기〉 중에서

물고기는 통증을 느낄까? 어떤 사람들은 물고기의 모습, 행동, 소속(척추동물) 등을 감안하여 그럴 거라고 확신하지만, 많은 사람들은 그럴 리가 없다고 믿는다. 이 문제에 관한 설문조사 자료는 제한적이다. 2008년 북아메리카의 낚시꾼과 동호회원 193명을 대상으로 조사한 결과에 따르면, 물고기가 통증을 느낄 거라고 응답한 사람은 39퍼센트로, 그렇지 않을 거라고 응답한 사람들(34퍼센트)보다 약간 더 많았다. 그리고 2013년 437명의 뉴질랜드인들을 대상으로 한 조사에서도 비슷한 결과가 나왔다.

'물고기가 통증을 느끼는가?'라는 의문은 기본적으로 중요하다. 왜냐하면 이 의문은 많은 이슈들에 연루되어 있기 때문이다. 우선, 인간이 살해하는 천문학적 숫자의 물고기들만 봐도 그렇다. 통증을 느낄 수 있는 생물이라면 고통을 느낄 것이므로, 통증과 고통을 회피하는

데 관심을 보일 것이다. 통증을 느낄 수 있다는 건 사소한 문제가 아니다. 왜냐하면 통증을 느끼려면 의식적 경험이 필요하기 때문이다. 생물은 통증을 전혀 경험하지 않으면서도 부정적 자극에서 멀리 달아날 수 있다. 이런 행동은 반사반응의 결과일 수도 있어서, 신경과 근육이 아무런 정신활동을 개입시키지 않고서도 신체의 움직임을 초래하는 것이 가능하다. 예컨대 과도하게 진정된 환자들의 경우, 통증을 느낄 능력이 없음에도 불구하고 유해자극(예를 들어 열이나 강한 압력)에 반응하여 움찔할 수 있다. 이것은 말초신경이 뇌와 독립적으로 활동하기 때문에 일어나는 현상이다. 과학자들은 인식이나 통증이 관여하지 않는 반사작용을 지칭하기 위해 통각nociception이라는 용어를 사용한다. 통각은 통증감각의 첫 번째 단계로, 통증을 경험하기 위한 충분조건은 아니지만 필요조건이다. 통증을 경험하려면, 통각수용체nociceptor에 입력된 정보가 보다 높은 수준의 두뇌중추로 전달되어 아픔을 느껴야 한다.

물론 물고기들이 통증을 느낄 수 있을 거라고 기대하는 데는 그만한 이유가 있다. 물고기들은 척추동물의 일원으로서, 포유동물과 동일한 기본체제, 즉 척추, 일련의 감각기관, (뇌에 의해 지배되는) 말초신경계 등을 보유하고 있다. 유해한 사건을 회피하기 위해 탐지하고 학습하는 능력은 물고기에게도 유용하다. 통증은 동물에게 경고를 주어, (부상이나 사망을 초래할 수 있는) 잠재적 손상을 미연에 방지할 수 있게 해준다. 부상이나 사망은 개체의 생식능력을 감소시키거나 제거하며, 자연선택이 '부상과 사망 회피'를 선호하는 것은 바로 그 때문이다. 통증은 동물에게 '과거에 경험했던 유해사례를 회피하라'는 교훈을 주고 동기부여를 한다.

'물고기가 의식적으로 인식을 하고 통증을 느낄 수 있는가?'라는 의문에 대한 통찰력을 주기 위해, 독자들에게 한 가지 과제를 부여한다. 아무 아쿠아리움에나 가서 수조 하나를 선택한 다음, 5분 동안 물고기들의 행동거지를 관찰해보라. 멀리서도 보고, 가까이 다가가 눈을 자세히 들여다보기도 하라. 지느러미와 몸의 움직임을 관찰하면서, 당신이 물고기의 시각·청각·후각·촉각에 대해 알고 있는 지식을 총동원해보라. 개체 하나를 선택해 그 물고기가 다른 물고기들에게 주의를 기울이는지 관찰해보라. 이들의 움직임에 어떤 질서가 있는가, 아니면 (마치 자동조정장치에 연결된 것처럼) 그저 무작위적으로 이리저리 움직이는가?

내가 시키는 대로 한다면, 여러분은 물고기의 행동에서 비무작위적 패턴을 발견할 것이다. 여러분은 물고기가 동종의 개체들과 어울리는 데 주목할 것이다. 특히 덩치 큰 물고기들의 경우에는 체제를 쉽게 관찰할 수 있을 테니, 이들의 눈이 한 곳만 뚫어지게 바라보는 게 아니라 눈구멍 속에서 회전함을 알게 될 것이다. 특히 참을성이 많고 관찰력이 뛰어난 독자들이라면, 개체별로 나타나는 특이 행동을 관찰할 것이다. 이를테면 한 물고기가 다른 물고기들을 지배하는 것처럼 보일수 있으며, 한 수 아래의 물고기가 사회적·물리적 경계를 침범하는 경우 추격전이 벌어지는 것도 발견할 것이다. 어떤 개체들은 모험심이 많고, 어떤 개체들은 수줍음을 많이 탈 것이다.

어린 시절 나는 수조 속의 물고기들을 건성으로 들여다봤다. 다른 물고기들에게는 신경을 쓰지 않고, 특이한 모양과 색깔을 가진 물고기들이 헤엄치는 모습만 지켜봤다. 그러나 언제부턴가 물고기들을 점점 더 자세히 관찰하게 되었고, 이들이 훨씬 더 흥미로운 존재라는 사실을 깨닫게 되었다. 이제 나는 (생태계를 둘로 나누고 있는) 유리벽 앞에서 오랫동안 머물며, 물고기들의 수영에는 어떤 패턴과 구조가 있으며, 이들의 사회생활은 어떻게 조직되어 있는지를 눈여겨본다. 수조는 기본적으로 자연서식지의 복잡성을 대체할 수 없지만, 아무리 작은 수조에도 물고기가 선호하는 수영장과 휴식처는 존재하기 마련이다.

물고기가 깨어 있는 것은 분명하지만, 인식을 하는지는 확실하지 않다. 인식에는 뭔가에 주의를 기울이거나 뭔가를 기억하는 것과 같은 경험들이 수반된다. 인식하는 물고기는 단지 깨어 있는 생물이 아니라, 삶을 사는 존재다. 이 책에는 물고기의 인식을 뒷받침하는 과학적 사실들이 많이 수록되어 있다. 그러나 때로는 수많은 사실보다 하나의 스토리가 더 많은 시사점을 줄 수 있다. 펜실베이니아 의과대학에 근무하는 친구 아나 네그론은 다음과 같은 경험담을 들려줬다.

때는 1989년이었어요. 푸에르토리코 북동부 해안의 수정같이 맑은 물에 요트를 정박하고, 한가로이 스노클링을 하려고 물속으로 뛰어들었죠. 바로 그 순간 길이가 120센티미터나 되는 그루퍼와 눈이 딱 마주쳤어요. 거리가 너무 가까워, 손을 뻗어 몸을 만져볼 수 있었어요. 그루퍼의 좌반신은 햇빛을 받아 희미하게 빛나고 있었어요. 저는 오리발 흔들기를 멈추고 그 자리에 얼어붙었어요. 우리는 해수면에서 불과 30센티미터 떨어진 물속에서, 꼼짝도 하지 않고 서로를 응시했죠. 그루퍼의 눈구멍 속에 있는 커다란 눈망울은 약 30초 동안 저에게 고정되어 있었는데, 그 시간이 영원과도 같았어요. 둘 중 누가 먼저 자리를 떴는지는 기억이 나지 않지만, 잠시 후 요트에 기어오른 저는 일행들에게 이렇게 나발을 불었어요. "한 물고기와 한 여자가 교감을 나눴어요!" 그 이후로 고래의 눈을 몇 번 들여다봤지만, 그루퍼만큼 강한 존재감을 느낀 적은 없어요. 그의 존재감은 뇌리에 깊이 각인되어 있어요.

물고기들이 물을 가르며 헤엄을 치고, 서로 추격전을 벌이고, 먹이를 먹기 위해 아쿠아리움 가장자리로 다가오는 모습을 볼 때, 건전한 상식을 가진 사람이라면 '물고기는 의식과 느낌을 가진 피조물이다'라고 확신하게 될 것이다. 달리 생각하는 건 직관에 어긋난다. 그러나 상식과 직관은 과학이 아니다. 이제부터 과학이 물고기의 지각력을 어떻게 평가하는지 알아보자.

물고기의 지각력을 둘러싼 논쟁

지각력이란 통증과 쾌락을 경험할 수 있는 능력을 말하는데, 물고기의 지각력은 최근 뜨거운 논쟁의 이슈로 떠올랐다. '물고기가 통증을 느낀다'고 주장하는 진영의 양대 거두는 미국 펜실베이니아 주립대학교의 어류학자 빅토리아 브레이스웨이트와 영국 리버풀 대학교의 동물학자 린 스네든이다. 한편 반대진영의 선봉에 선 사람은 와이오밍 대학교의 명예교수 제임스 로즈다. 2012년 로즈는 여섯 명의 쟁쟁한 동료들과 함께 《물고기와 어업Fish and Fisheries》이라는 저널에 "물고기가 정말로 통증을 느낄까?"라는 제목의 논문을 기고했는데, 핵심논점을 정리하면 다음과 같다. 첫째, 물고기는 의식이 없다. 즉 아무것도 의식할 수 없을 뿐만 아니라, 냄새 맡거나 생각하거나 심지어 볼 수도 없다. 둘째, 통증은 순수한 의식적 경험이므로, 물고기는 통증을 경험할 수 없다. 나는 이들의 주장을 뒷받침하는 사고방식을 대뇌피질중심주의corticocentrism라고 부르는데, 그 내용인즉 "동물은 신피질neocortex을 가지고 있어야만 인간과 동일한 통증을 느낄 수 있다"라는 것이다.

신피질이라는 용어는 '새로운 껍질'이라는 뜻의 라틴어에서 유래하는데, 콜리플라워처럼 능선과 주름이 많은 회색질층을 의미한다. 신피질은 척추동물의 뇌에서 가장 최근에 진화한 부분으로 여겨지므로, 이것을 보유한 동물은 포유류밖에 없다. 만약 의식이라는 것이 신피질 안에 자리잡고 있다면, 모든 비포유동물들은 의식이 없다는 이야기가 된다.

그러나 여기에는 커다란 맹점이 하나 있다. '새는 신피질이 없음에도 불구하고 의식을 갖고 있다'는 주장이 보편적으로 받아들여지고 있는데, 그 증거는 다음과 같다. ① 새는 도구를 만들 수 있다. ② 수천 개의 물체가 파묻힌 장소를 기억한다. ③ 결합된 특징(예를 들어 색깔+모양)에 따라 사물을 범주화한다. ④ 이웃의 목소리를 여러 해 동안 구별한다. ⑤ 해 질 녘에 새끼들을 둥지로 부를 때, 이름을 사용한다. ⑥ 창의적인 놀이(예를 들어 눈 더미나 승용차 창문에서 미끄럼 타기)를 한다. ⑦ 영악한 장난(예를 들어 멋모르는 여행자들에게서 샌드위치나 아이스크림 훔치기)을 한다.

새의 의식적 행동은 너무나 인상적이어서, 생물학자들은 2005년 새대가리birdbrain라는 유명한 말의 타당성을 재검토했다. 그리하여 조류가 보유한 구피질_paleocortex의 진화경로를 나름 인정하고, 조류가 포유류에 상당하는 인지능력을 갖고 있다는 주장을 받아들였다. 그리하여 '신피질이 있어야만 인식을 하거나 경험을 하며, 영리한 행동을 하거나 통증을 느낄 수 있다'라는 주장은 폐기되었는데, 그 일등공신은 조류였다.

신피질이 없는 동물도 의식을 할 수 있다면, 신피질이 의식의 전제조건이라는 개념은 설 자리가 없다. 그렇다면 물고기는 의식이 없다는 주장도 근거를 잃게 된다. 에모리 대학교의 신경과학자 로리 마리노는 이렇게 말한다. "복잡한 인식능력을 획득하는 방법은 여러 가지다. 신경해부학적 근거가 불충분하다는 이유로 물고기의 통증인식을 인정하지 않는 것은 지느러미가 없다는 이유로 인간의 수영능력을 부인하는 것이나 마찬가지다. 열기구는 날개가 없어도 하늘을 날 수 있다."

포유류의 신피질에 필적하는 물고기의 뇌 영역은 겉질_pallium이다. 영장류의 신피질보다 계산능력은 떨어지지만, 겉질은 놀라운 다양성과 복잡성을 지니고 있으며, 신피질을 대신하여 다양한 기능을 수행하고 있다. 겉질의 기능에 대해서는 나중에 좀 더 자세히 논의할 예정이므로, 여기서는 학습, 기억, 개체인식, 놀이, 도구 사용, 협동, 계산 기능을 수행한다는 정도만 알아두고 넘어가기로 하자.

금붕어의 기억력은 3초?

물고기가 느끼는 통증에 대한 과학적 증거를 제시하기 전에, 먼저 짚고 넘어갈 문제가 하나 있다. 바로 '금붕어의 3초 기억력', 즉 물고기가 똑같은 낚싯바늘에 연속으로 걸려드는 상황이다. 그것도 매우 짧은 시간 간격으로 말이다. 어류학자 케이스 A. 존스는 낚시꾼들을 위한 책에서 이렇게 말한다. "배스를 잡았다 놔줘도, 같은 날 또는 다음날 똑같은 자리에서 다시 잡힌다는 일화가 많다. 때로는 두 번 이상 잡히는 경우도 있다." 어떤 어부는 "낚싯바늘에 꿰인 경험은 물고기에게 큰 충격을 주지 않는 것 같다"라는 그럴싸한 이유를 대는데, 일리가 있는 말이다. 물고기가 통증에 둔감하지 않고서야 어떻게 똑같은 미끼를 광속으로 다시 물 수가 있단 말인가? (하지만 곧 이렇게 반문하는 독자들도 있을 것이다. "만약 낚싯바늘에 물려도 무덤덤하다면, 어부에게 반복적으로 다가와 쓰다듬어달라고 보채는 물고기는 뭐예요?")

그러나 '3초 기억력'과는 정반대로, 대부분의 어부들 사이에서 '갈고리 기피증'이라는 말도 떠돈다. 몇몇 연구에 의하면, 낚싯바늘과 낚싯줄에 걸려든 물고기가 정상활동을 회복하려면 상당한 기간이 필요하다고 한다. 잉어와 강꼬치고기의 경우, 단 한 번 낚였을 뿐인데도 최대 3년 동안 미끼를 회피했다는 일화도 있다. 큰입배스를 대상으로 실시된 일련의 실험 결과에 따르면 이들은 낚싯바늘 회피 방법을 신속히 학습하며, 6개월 동안 갈고리 기피증을 유지한다고 한다.

어류학자들은 야생에서 물고기의 이동경로를 추적하기 위해 무선송수신기를 이식하곤 하는데, 이를 위해 일종의 침습적 외과수술을 실시한다. 그런데 몇몇 연구에 의하면, 물고기들은 수술을 받은 지 몇 분 만에 정상활동을 개시한다고 한다. 그렇다면 물고기는 정말로 통증에 둔감하다는 말인가? 내 생각은 이렇다. "몹시 굶주린 물고기는 설사 통증을 느끼더라도 배고픔을 참을 수 없다. 그러므로 물고기가 통증을 망각하고 미끼를 다시 덥석 무는 이유는 식욕이 통증의 트라우마를 압도하기 때문이다."

호주 맥쿼리 대학교 생물학과에서 물고기의 인지와 행동을 연구하는 컬럼 브라운 박사는 2014년의 인터뷰에서 물고기의 '3초 기억력'에 대한 질문을 받고 다음과 같이 해명했다.

이들은 먹는 게 최우선입니다. 왜냐고요? 환경이 너무 불확실해서, 먹이를 보면 도저히 지나칠 수 없기 때문이죠. 많은 물고기들은 심지어 배가 꽉 찬 상태에서도 먹이를 먹습니다. 혹자들은 저에게 종종 이렇게 묻습니다. "아무리 그래도 그렇죠. 기억력이 나쁘지 않고서야, 똑같은 미끼를 여러 번 문다는 건 너무한 거 아닌가요?" 그럼 저는 이렇게 설명하죠. "글쎄요, 당신이 몹시 굶주려 있는데, 누군가가 당신의 햄버거에 지속적으로 갈고리를 집어넣는다고 생각해봅시다. 예를 들면 열 번에 한 번꼴로 말이죠. 그럼 당신은 어떻게 할 겁니까? 제가 보기에, 당신은 햄버거를 계속 먹을 겁니다. 그러지 않으면 굶어죽기 때문이죠."

송어를 대상으로 한 통증연구

갈고리 기피증은 정확히 입증되지 않았으므로, 과학자와 철학자들은 앞으로 두고두고 동물의 의식 문제에 대해 논쟁을 벌일 것 같다. 물고기의 지각력을 판단하려면, 물고기의 통증인식에 관한 과학적 연구에 눈을 돌리는 게 좋겠다. 물고기의 통증인식에 관한 연구 결과는 많이 나와 있지만, 여기서는 지면관계상 몇 가지 사례만 제시하고자한다. 그중 세심한 실험들은 어류 생리학자 빅토리아 브레이스웨이트와 린 스네든이 대표적 경골어류인 무지개송어를 대상으로 실시한 실험이다. 이들의 연구 결과는 브레이스웨이트가 2010년 출간한 『물고기가 통증을 느낄까?』에 정리되어 있다.

물고기의 통증인식 능력을 조사하기 위한 첫 번째 단계는 물고기가 그럴 만한 준비를 갖추고 있는지를 알아보는 것이다. 말하자면, 물고기가 어떤 종류의 신경조직을 보유하고 있으며, 이 신경조직이 적절한 기능('감각이 있는 동물'에게서 흔히 기대할 수 있는 기능)을 수행할 수있는지를 조사해 봐야 한다.

이를 위해 두 사람은 송어를 깊이 마취시킨 다음, 외과적 수술로안면신경을 노출시켰다(송어는 실험기간 동안 의식을 잃었다가, 결국에는 과량의 마취제로 안락사 당했다). 이후 삼차신경*을 살펴본 결과, A-델타 섬유와 C 섬유가 존재하는 것을 확인할 수 있었다. 인간과 다른 포유동물의 경우, 이 섬유들은 두 가지 종류의 통증감각과 관련되어 있는데, A-델타 섬유는 부상 초기의 예리한 통증신호를 전달하고, C 섬유는 그 이후의 둔한 박동성 통증신호를 전달한다. 그런데 흥미롭게도송어의 삼차신경에서 C 섬유가 차지하는 비율은 약 4퍼센트로, 다른척추동물(50~60퍼센트)보다 현저히 낮은 것으로 밝혀졌다. 이는 (최소한 송어의 경우) 부상 초기 이후의 지속적 통증을 덜 느낄 수 있다는 것

---

* 뇌신경 중에서 가장 크고, 모든 척추동물에서 발견되며, 안면감각과 운동기능(예를 들어 깨물기, 씹기)에 관여한다.

을 의미한다.

다음으로, 두 사람은 송어의 피부에 유해자극을 가해 이것이 삼차신경을 활성화시키는지를 알아보고 싶었는데, 그러려면 삼차신경절(삼차신경의 세 분지, 즉 눈신경, 위턱신경, 아래턱신경이 수렴하는 곳)을 자극해야 했다. 두 사람은 신경절의 개별 신경세포체에 미세전극을 연결한 다음, 머리와 얼굴의 수용체 영역에 세 가지 자극(건드림, 열, 약한 아세트산)을 가했다. 그러자 전극을 통해 전기신호가 감지되었는데, 이는 세 가지 자극 모두 삼차신경의 활성을 급증시켰다는 것을 의미한다. 그 밖의 다른 신경수용체들 중 일부도 세 가지 자극에 모두 반응을 보였으며, 어떤 수용체들은 한두 가지 자극에만 반응을 나타냈다. 이로써 송어가 '고통을 수반할 수 있는 몇 가지 사건들', 즉 기계적 손상(예를 들어 자르기 또는 찌르기), 화상, 화학적 손상(이를테면 산酸)에 반응할 수 있는 시스템을 보유하고 있음을 시사하는 중요한 단서가 입수되었다.

'통증을 인식할 수 있는 시스템을 보유하고 있다'는 사실은 '하나의 생물체가 지각력을 갖고 있다'라고 결론짓는 데 튼튼한 기초가 되지만, 최종적인 증거라고 할 수는 없다. 지금껏 수많은 증거가 누적되었음에도 불구하고, "물고기의 뉴런, 신경절, 뇌가 부정적 자극에 반사적으로 반응할 뿐 실제로 통증을 느끼는 것은 아니다"라는 반론을 완전히 잠재우기에는 역부족이었다.

그래서 브레이스웨이트와 스네든은 다음 단계의 실험에 착수했다. 이들은 송어를 수조에서 건져내 마취시킨 다음 네 그룹으로 나눠, 송어들의 입(피부 바로 아래)에 벌독, 식초, 생리식염수를 주입하거나, 바늘로 찌르기만 하고 아무것도 주입하지 않았다(생리식염수를 주입한 그룹과 바늘로 찌른 그룹은 대조군이다). 그러고는 송어를 다시 수조에 넣고, 커튼 뒤에 숨어서 아가미의 개폐 횟수를 측정했다(선행연구에 의하면, 아가미의 개폐 횟수는 물고기의 스트레스를 나타내는 지표다).

모든 송어들은 물질을 투여하거나 바늘로 찌른 후 스트레스를 받았지만, 스트레스의 정도는 물질에 따라 달랐다. 즉, 두 대조군의 경우에는 개폐 횟수가 분당 50회에서 70회로 증가했지만, 벌독과 식초를 주입한 그룹은 분당 90회로 증가했다.

실험이 시작되기 전, 모든 송어들은 전등불을 비추면 먹이가 매달린 고리로 헤엄쳐와 먹이를 먹도록 훈련받았다. 그러나 물질을 투여하거나 바늘로 찌른 후에는 한 마리도 고리가 있는 쪽으로 다가오지 않았다. 심지어 하루 종일 굶기는 경우에도 마찬가지였다(이는 '한 번 잡혔던 물고기는 물에 풀어놓아도 미끼로 몇 번이고 되돌아온다'는 일화적 관찰 _{anecdotal observation} 결과와 배치된다). 그 대신 송어들은 가슴과 꼬리의 지느러미를 이용해 수조 밑바닥으로 잠수했고, 벌독이나 식초를 주입한 물고기들은 좌충우돌하다가 가끔 앞으로 돌진하기도 했다. 특히 식초를 주입한 송어들은 따끔거림이나 가려움증을 해소하려는지, 수조의 벽이나 자갈에 주둥이를 문지르곤 했다.

대조군 송어들의 아가미 개폐 횟수는 한 시간 후쯤 정상으로 돌아갔지만, 벌독과 식초를 주입한 송어들은 두 시간이 되도록 분당 70회를 유지하다가 세 시간 반이 지날 때까지 정상을 회복하지 않았다. 그런데 한 시간 후 전등불을 비추자 대조군 송어들은 먹이가 매달린 고리로 접근하지 않으면서도 관심을 끊지는 않았다. 그로부터 20분 후, 대조군 송어들은 마침내 고리로 다가와 먹이를 먹기 시작했다. 이에 반해 벌독과 식초를 주입한 송어들은 세 시간이 훨씬 넘어서야 먹이가 매달린 고리에 관심을 보이기 시작했다.

벌독과 식초의 자극에 대한 송어의 부정적 반응은 진통제 모르핀을 투여함으로써 극적으로 감소했다. 모르핀은 아편유사제opioid 계통에 속하는 진통제인데, 물고기들은 아편유사제에 반응하는 시스템을 갖고 있는 것으로 알려져 있다. 송어들이 모르핀에 반응하여 보인 행동은 아편유사제가 진통효과를 발휘했음을 의미한다.

비슷한 시기에 실시된 다른 실험에서, 모스크바 대학교의 어류학자 릴리아 체르보바는 통각수용체가 송어, 대구, 잉어의 몸에 광범위하게 분포하고 있음을 발견했다. 그리고 가장 민감한 통각수용체는 눈, 콧구멍, 꼬리, 가슴 및 등지느러미 부근에 위치하고 있는 것으로 나타났는데, 이 부분들은 인간의 얼굴이나 손과 마찬가지로 사물의 감지와 조작을 주로 담당하는 신체부위에 해당된다. 또한 아편유사 진통제인 트라마돌tramadol을 이용하면, 전기충격에 대한 물고기들의 감수성을 용량-의존적dose-dependent manner으로 억제할 수 있는 것으로 밝혀졌다.

브레이스웨이트, 스네든, 체르보바의 연구는 "물고기가 부정적 자극에 단순히 반사적으로 반응하는 게 아니라, 통증을 인식한다"라는 것을 강력하게 시사한다. 그러나 브레이스웨이트와 스네든이 진행하고 싶어하는 실험이 하나 더 있었는데, 이는 바로 고차적 인지행동(고차적 인지과정을 요하는 복잡한 행동)에 관한 실험이었다. 예컨대 낯선 사물을 인식하여 집중하는 능력은 매우 매력적이어서, 물고기의 지각력에 관심이 있는 과학자라면 누구나 집중적으로 연구하고 싶어하는 항목이었다.

대부분의 물고기들과 마찬가지로, 송어는 환경에 새로 도입된 사물을 인식하여 능동적으로 회피한다. 이러한 사실을 알고 있었던 브레이스웨이트와 스네든은 빨간 레고 블록으로 탑을 쌓은 다음 수조 속에 넣었다. 그러고는 입술에 식초를 주입한 송어를 수조에 넣었더니, 레고 탑 주위를 규칙적으로 배회했다. 이에 반해 대조군 송어들(입술에 생리식염수를 주입하거나, 바늘로 찌르고 아무것도 주입하지 않은 송어)을 수조에 넣었더니, 레고 탑을 적극적으로 피하는 것으로 나타났다. 따라서 두 사람은 "통증을 초래하는 것으로 추정되는 자극(식초)은 송어의 고차적 인지행동 능력, 즉 새로운 사물을 인식하여 회피하는 능력을 손상시킨다"라는 결론에 도달했다. 그렇다면 그 이유는 뭘까? 식초로 인한 통증 때문에 송어의 주의력이 분산되어 정상적인 생존행동을 할 수 없었다는 것이 이들의 생각이었다.

이 같은 주의분산 가설distraction hypothesis을 검증하기 위해, 두 사람은 송어들에게 생리식염수나 식초를 주입한 다음 모르핀을 주입해봤다. 그랬더니 두 그룹의 송어들은 모두 레고 탑을 회피하는 것으로 나타났다.

물고기의 지각력에 대한 그 밖의 연구들

지금까지 소개한 실험들은 물고기의 통증인식을 판단할 수 있는 최종실험은 아니다. 물고기가 통증에 반응하는 방법은 다른 각도에서 평가할 수도 있다. 왜냐하면 '의식적으로 경험한 통증에 대한 반응'은 '유해자극에 대한 무의식적이고 반사적인 반응'과 달리, 가변적이거나 미묘한 뉘앙스 차이가 있는 반응이기 때문이다. 이 차이를 확인하는 실험방법 중 하나는 자극의 강도를 변화시키는 것이다. 예컨대 패러다이스피시(대만금붕어)에게 저강도 전기충격을 가하면, 마치 퇴로를 찾으려고 노력하는 듯 약간 빠르게 헤엄치는 반응을 보인다. 이와 반대로 고강도 전기충격을 가하면, 충격원에서 멀찌감치 떨어져 방어적 행동을 취한다.

두 번째 실험방법은 자극을 가할 때 물고기의 행동상태를 바꾸는 것이다. 132마리의 제브라피시를 이용한 실험에서, 연구진은 물고기들을 두 그룹으로 나눠 꼬리에 아세트산을 주입했다. 그런데 한 그룹에게는 아세트산을 바로 주입하고, 다른 그룹에게는 다른 제브라피시의 경고용 페로몬_{alarm pheromone}에 노출시켜 놀라게 한 후에 아세트산을 주입했다. 그 결과 아세트산을 다짜고짜 주입한 물고기들은 갈팡질팡 헤엄치면서, 꼬리를 특이하게 흔드는 바람에 추진력을 얻지 못했다. 그러나 페로몬을 통해 사전경고를 받은 물고기들은 (뭔가 새롭거나 무서운 물체와 맞닥뜨렸을 때 나타나는) 전형적인 행동패턴을 보였다. 즉, 갈팡질팡 헤엄치거나 꼬리를 특이하게 흔들지 않고, 한 자리에 얼어붙은 듯 멈춰 경계 자세를 취하거나 바닥 근처에서 헤엄을 쳤다. 이는 공포감이 통증을 억제하거나 대체한다는 것을 시사한다. 공포감이 통증을 압도하는 것은 적응반응이라고 볼 수 있는데, 그 이유는 우물쭈물하면서 아픈 부위를 살피는 것보다 당면한 위험에서 벗어나는 것이 급선무이기 때문이다.

린 스네든은 혁신적인 방법을 이용하여 제브라피시의 통증을 조사했다. 바로 이들에게 '통증을 완화하기 위해 비용을 부담할 의향이 있는지'를 묻는 것이었다. 대부분의 사로잡힌 동물들과 마찬가지로, 물고기들은 즐거움을 선호한다. 예컨대 수조 속의 제브라피시는 황량한 방에서 수영하는 것보다는 풍요로운 방(식물과 물체들이 가득한 방)에서 수영하는 것을 더 좋아한다. 스네든이 제브라피시들을 두 그룹으로 나누어, 한 그룹에게 생리식염수를 주입하고 다른 그룹에게 아세트산을 주입했을 때도 이러한 선호체계는 변하지 않았다. 즉, 제브라피시들은 통증이 있든 없든 모두 풍요로운 방을 선택한 것이다. 그러나 황량한 방에 진통제를 살포하자 사정이 달라졌다. 생리식염수를 투여한 물고기들은 여전히 풍요로운 방에 머물렀지만, 아세트산을 투여한 물고기들은 풍요로운 방에서 나와 황량한 방으로 몰려든 것이다. 이는 제브라피시들이 통증 완화의 대가로 즐거움을 포기할 의향이 있다는 것을 시사한다.

노르웨이 수의과대학교의 야니케 노르드그린과 퍼듀 대학교의 조지프 가너(현재 스탠퍼드 대학교에 재직)는 다른 방법으로 금붕어의 통증 경험을 테스트해 놀라운 결과를 얻었다. 이들은 16마리의 금붕어를 두 그룹으로 나누어, 한 그룹에는 모르핀을 다른 그룹에는 생리식염수를 주입했다. 그러고는 모든 금붕어들에게 소형 포일히터를 부착한 다음 온도를 서서히 높였다(금붕어의 화상을 방지하기 위해 포일히터에는 센서와 안전판을 부착했으니 안심하기 바란다). 연구자들의 가정은 이러했다. "만약 생리식염수를 주입한 금붕어가 열로 인해 통증을 느낀다면, 모르핀을 주입한 금붕어들은 고온에서도 통증반응을 나타내지 않고 견뎌낼 수 있을 것이다."

하지만 예상과 달리, 두 그룹 모두 적절한 통증 반응을 보였다. 다시 말해, 두 그룹 모두 거의 같은 온도에서 몸을 꿈틀거리기 시작한 것이다. 차이가 있다면, 모르핀이 지연효과delayed effect를 발휘했다는 점이다. 금붕어들을 수조로 돌려보낸 후 30분 이상 관찰해보니, 각 그룹은 상이한 행동을 보이는 것으로 나타났다. 모르핀을 주입한 금붕어들은 평상시처럼 헤엄쳤지만, 생리식염수를 주입한 금붕어들은 C-스타트c-start(머리와 꼬리를 같은 방향으로 움직여 C자 모양을 만듦)와 꼬리떨기(머리와 몸통을 움직이지 않고 꼬리만 좌우로 흔듦) 등의 도피 반응을 보였다.

가너와 노르드그린의 연구 결과는 물고기가 초기의 예리한 통증과 그 이후의 지속성 둔통鈍痛을 모두 느낄 수 있다는 증거로 받아들여진다. 이는 우리가 뜨거운 난로에 손을 댔을 때 보이는 반응과 비슷하다. 우리는 먼저 즉각적인 반사반응을 보이는데, 잠깐 생각할 겨를도 없이 무의식적으로 난로에서 손을 떼는 것이다. 그리고 우리가 실제로 예리한 통증을 느끼는 것은 그로부터 1~2초 후다. 그 후 몇 시간에서 며칠 동안 불편함을 겪는데, 그러는 동안 우리의 신체는 다친 사지를 보호하며 '다시는 그런 짓을 하지 말라'고 상기시킨다. 앞에서 살펴본 바와 같이, 송어의 경우에는 C 섬유가 부족하지만, 금붕어는 C 섬유를 좀 더 많이 갖고 있어서 지속적인 박동성 둔통을 느끼는 것으로 보인다.

통증에서 정책까지

오늘날 물고기의 통증 인식에 대한 증거는 매우 강력하므로, 많은 기관과 단체들로부터 지지를 받고 있다. 그중에는 미국수의사협회가 포함되어 있는데, 협회는 2013년 발표한 동물의 안락사 지침에서 다음과 같이 말했다.

최근 '물고기의 전뇌前腦와 중뇌中腦가 자극에 반응하여 전기활성을 나타내고, 어떤 통각수용체를 자극하느냐에 따라 전기활성이 달라진다'라는 연구 결과들이 발표되면서, '조개류를 제외한 물고기가 통증에 반응하는 것은 단지 반사반응 때문이다'라는 통념이 흔들리고 있다. 물고기에게 유해자극를 회피하도록 교육시킨 후 학습 및 기억 공고화를 테스트한 연구를 통해, 물고기의 인식과 지각에 대한 과학자들의 생각이 많이 달라졌다. 수많은 증거들이 축적됨에 따라, '통증에 관한 한, 물고기를 다른 육상척추동물들과 동등하게 취급해야 한다'라는 입장이 힘을 얻고 있다.

2012년 한 무리의 과학자들이 케임브리지 대학교에 모여, 동물의 의식에 대한 현재의 생각들을 논의했다. 이들은 하루 동안의 진지한 논의를 거쳐 '의식에 관한 선언문'Declaration of Consciousness 초안을 작성한 후 서명했는데, 선언문 중 일부를 살펴보면 다음과 같다.

1. 곤충과 두족류 연체동물(예컨대 문어)에서 보는 바와 같이, 주의력, 수면, 의사결정과 관련된 행동 및 전기생리학적 상태를 담당하는 신경회로는 무척추동물이 방산放散되는 과정에서 진화된 것이 분명해 보인다.
2. 척추가 없어도 의식이 가능하다. 더욱이 감정과 관련된 신경기질neural substrate은 대뇌피질 구조에 국한되지 않는 것으로 보인다.

사실 인간의 정동 상태affective state에서 활성화되는 피질하 신경망은 동물의 정서행동을 유도하는 데 매우 중요하다.

3. 정서는 대뇌피질 이외의 부분에서 생겨날 수 있다. 그리고 신피질이 없다고 해서, 생물이 정서적 상태를 경험하는 것을 배제할 수는 없다.

4. 먹이를 보고 흥분하거나 포식자를 두려워하기 위해, 인간처럼 커다랗고 쭈글쭈글한 뇌를 가질 필요는 없다.

독자들은 이제 이렇게 말할 것이다. "브라보, 덜 떨어진 과학자들이여! 건전한 상식을 갖고 있는 사람이라면 누구나 알고 있었던 것을 이제야 증명하다니." 이는 의식이라는 현상이 기본적으로 사적私的인 문제임을 강조하는 말로, 인간 이외의 동물이 의식을 보유하고 있음을 인정하지 않으려는 과학자들의 자존심을 짓뭉갤 것이다. 선언문을 작성한 심리학자 게이 브래드쇼는 이렇게 실토했다. "이건 뉴스가 아니라, 과학의 기초상식이다."

물고기는 통증과 관련된 생리적·행동적 특징을 모두 드러낸다. 물고기들은 포유류와 조류가 유해자극을 탐지하기 위해 사용하는 특화된 신경섬유를 갖고 있어서, 전기충격이나 낚싯바늘과 같은 유해자극을 회피하는 방법을 학습할 수 있다. 이들의 몸에 유해자극을 가하면 인지기능이 손상되지만, 진통제를 투여하여 통증을 완화하면 손상이 회복된다.

이쯤 되면 물고기의 통증과 의식에 관한 논쟁을 잠재울 수 있을까? 아쉽게도 그렇지 않다. 불확실성을 빌미 삼아 '물고기는 통증을 느끼지 않는다'라고 주장하는 사람이 늘 있기 때문이다. 설사 일부 물고기들이 실험을 통해 진정한 통증을 느끼는 것으로 밝혀졌다고 해도, '실험기구(메스, 주사기, 소형 포일히터)를 사용할 수 없는 수많은 물고기들이 통증을 느낀다고 장담할 수 있느냐'라고 꼬투리를 잡는 사람이 꼭 한 명씩은 있기 마련이다.

하지만 한발 더 나아가, 척추동물 중에서 의식을 가장 먼저 진화시킨 것은 물고기일지도 모른다. 왜냐고? 첫째, 물고기는 최초의 척추동물이기 때문이다. 둘째, 현생 포유류와 조류의 조상들이 육지에 처음으로 발을 디디기 전, 물고기 조상들은 바닷속에서 1억 년이 훨씬 넘도록 진화해왔기 때문이다. 그리하여 완전히 새로운 서식환경에 정착할 때쯤, 포유류와 조류의 조상들은 (물고기에게서 물려받은) 약간의 의식을 이용하여 톡톡히 재미를 봤을 것이다. 셋째, 오늘날의 물고기들이 의식과 지각력에 해당하는 능력을 지니고 있는 것으로 볼 때 이들의 조상들은 의식을 진화시켰을 가능성이 매우 높다. 나중에 살펴보겠지만, 물고기들은 두뇌를 이용하여 제법 유용한 결과들을 많이 얻었다.

제 6 장
공포, 스트레스, 쾌감, 놀이, 호기심

물고기의 약점으로 소문난 것 중 하나는 얼굴이다.
척추동물 중에서 최고참임에도 불구하고,
입, 코, 눈, 이마가 제 자리에 있다는 것 말고는 딱히 내세울 게 없다.
얼굴을 찡그리거나 웃는 시늉을 해봤자 아무런 소용이 없다.
만약 그런 시늉을 할 수 있다면,
지금보다 훨씬 더 많은 공감을 얻을 수 있을 텐데.
_브라이언 커티스, 『물고기의 삶 이야기』 중에서

로리라는 여성이 내게 물고기 두 마리
에 대한 이야기를 해줬다. 2009년 말, 로리는 20리터짜리 수족관 하나
와 작은 금붕어 세 마리(오란다, 블랙무어, 팬테일)를 구입했다. 여느 초
보자들과 마찬가지로 물고기 돌보는 법을 거의 몰랐던 로리는 몇 달
동안 본의 아니게 금붕어를 여러 번 갈아치워야 했다. 그러나 그런 와
중에서도 팬테일과 블랙무어만큼은 계속 살아남았다. 로리는 팬테일
과 블랙무어에게 각각 시비스킷과 블래키라는 이름을 붙여줬다.

한번은 점심을 먹으러 잠깐 집에 들른 로리는 기겁을 했다. 수족
관 속에 놀이용 탑塔을 하나 넣어줬는데, 블래키가 어쩌다가 그 속에 갇
혀버린 거였다. 빠져나오려고 발버둥 치던 블래키는 탑의 벽과 창문에
여러 번 부딪쳐 탈진해 있었다.

로리가 마땅한 방법을 찾지 못해 갈팡질팡하는 동안, 시비스킷은

3부 물고기의 느낌

블래키를 향해 쏜살같이 헤엄쳐왔다. 그러고는 마치 블래키를 구조하려는 듯, 자기 몸으로 탑을 연신 들이받았다. 로리는 수족관 속의 탑에 어렵사리 손가락을 집어넣은 후, 최대한 부드러운 손가락질로 블래키를 꺼내줬다. 탑에서 빠져나온 블래키는 몰골이 말이 아니었다. 온 몸의 비늘과 한쪽 면의 부드러운 속살이 벗겨지고, 오른쪽 눈은 찰과상을 입어 통통 부어 있었다. 비실비실하며 수족관 아래로 헤엄쳐 내려간 블래키가 거의 움직이지 않자, 로리는 블래키가 곧 죽을 거라고 생각했다.

이후 며칠 동안 시비스킷은 블래키 곁에 머물며 친구를 보호했고, 그러는 동안 블래키는 점차 건강을 회복했다. 통통 부었던 눈은 가라앉고, 벗겨졌던 비늘과 속살도 점차 돋아났다.

이 일이 있은 후 로리는 블래키와 시비스킷의 관계가 눈에 띄게 달라진 것을 눈치챘다. "그 사건이 있기 전에는 시비스킷이 거만을 떨며, 블래키를 종종 사납게 밀어붙이곤 했어요. 하지만 이후로는 그런 일이 완전히 사라졌어요. 저는 물고기들을 감정과 개성을 지닌 개체로 인정하기 시작했어요." 로리가 말했다.

로리는 블래키와 시비스킷을 커다란 필터가 설치된 80리터짜리 수족관으로 옮기고, 자유로운 공간을 확보해주기 위해 살림살이를 최소화했다. 블래키는 2015년 6월 아홉 살의 나이로 세상을 떠났는데, 아마도 필터에 생긴 결함 때문인 것 같았다. 시비스킷은 투머치라는 친구와 함께 지금도 꿋꿋이 살고 있다(금붕어는 마흔 살까지 살 수 있다).

이번에는 25년 전 남아프리카공화국의 한 신문에 났던, 특이한 물고기 이야기를 소개한다. 주인공은 애완동물 가게에 사는 블랙무어 금붕어였는데, 이름이 공교롭게도 블래키였다. 블래키는 심각한 기형을 갖고 있어서 수영을 거의 하지 못했다. 하루는 주인이 블래키를 새로운 수족관으로 옮겼는데, 그 속에는 빅레드라는 이름의 커다란 오란다 금붕어가 살고 있었다. 빅레드는 몸이 불편한 새 친구에게 즉시 관심을 보이기 시작하더니, 이윽고 블래키 밑으로 들어가 몸으로 떠받치기에 이르렀다. 그 이후로 둘은 일심동체가 되어 수족관 속을 이리저리 헤엄치고, 주인이 먹이를 주면 함께 수면으로 부상하여 입을 크게 벌렸다. 주인은 빅레드의 행동을 동정심 때문이라고 생각했다.

물고기의 감정을 담당하는 하드웨어

로리나 남아프리카공화국 애완동물 가게 주인이 전한 이야기는 과학적 가치가 별로 없다. 왜냐하면 비전문가에 의한, 고립적이고 일화적인 관찰결과이기 때문이다. 더욱이 물고기의 행동이나 감정은 해석하기가 매우 어렵기로 악명이 높다. 시비스킷과 블래키의 경우만 해도 그렇다. 누군가가 '탑 속에 감금된 채 버둥거리는 블래키를 보고, 시비스킷이 공포나 스트레스를 느껴 탑을 들이받은 거 아니냐'고 이의를 제기해도 할 말이 없다. 하지만 로리의 말에 설득력이 있는 것은 특별한 사건을 계기로 하여 두 금붕어의 관계가 변했고, 바뀐 관계가 이후로 오랫동안 지속되었다는 점이다. 블래키에게 일어난 사고가 시비스킷에게 의미 있는 사건이었고, 그로 인해 둘 사이의 관계가 돈독해졌을 개연성은 충분해 보인다.

일화적 관찰은 논외로 하고, 과학계에서는 물고기의 감정에 대해

뭐라고 하는지 살펴보기로 하자. 가장 좋은 출발점은 물고기의 두뇌와 몸에 장착되어 있는 하드웨어를 조사해보는 것이다.

동물의 진화사에서 감정은 새로운 게 아니었다. 감정은 (오랜 진화의 세월 동안 보존되어 온) 비교적 구닥다리에 속하는 뇌회로와 관련되어 있으며, 모든 척추동물들이 이 회로를 공유하고 있다. 5장에서 언급했듯이, 공포나 분노와 같은 감정을 느끼는 데 굳이 신피질이 필요한 건 아니다. '감정은 의식과 나란히 생겨났'고 믿는 전문가들이 점점 더 늘어나고 있다. 때로는 생각보다 반응이 앞서는 법이다. 예컨대, 당신이 초기 해양동물인데 갑자기 포식자와 맞닥뜨렸다고 하자. 그런 상황에서는 공포감에 질려 즉시 도망치는 게 상책이며, 생각은 그 다음에 해도 늦지 않다. 만약 당신이 "제기랄, 여기서 도망치는 게 좋겠군"이라고 생각한다면, 당신은 그 순간 이미 포식자의 뱃속에 들어가 있을 것이다.

감정은 호르몬과 밀접하게 관련되어 있으며, 호르몬은 생리와 행동에 영향을 미치는 분비선에서 생성된다. 뇌가 생성하는 호르몬 패턴을 이른바 신경내분비반응neuroendocrine response이라고 하는데, 경골어류와 포유류의 신경내분비반응은 사실상 동일한 것으로 알려져 있다. 그렇다면 경골어류와 포유류의 의식 및 감정 영역에서 나타나는 호르몬 패턴이 유사하다고 추론할 수 있다. 다시 말해서, 포유류와 경골어류의 정신신경내분비학psychoneuroendocrinology이 비슷할지도 모른다는 것이다.

대표적 사례는 옥시토신이다. '사랑의 묘약'으로도 알려진 옥시토신은 유대관계, 오르가즘, 자궁 수축, 자녀 양육, 연애 감정과 관련되어 있다. 캐나다 맥마스터 대학교의 연구진은 "옥시토신의 물고기 버전인 이소토신isotocin이 다양한 사회적 상황에서 행동을 조절"한다는 사실을 발견했다. 연구진이 수컷 대퍼딜시클리드daffodil cichlid에게 이소토신과 생리식염수 중 하나를 주입했더니, 생리식염수를 주입한 시클리드는 유의한 행동 변화가 감지되지 않았다. 이와 대조적으로, 이소토신을 주입한 시클리드는 매우 감정적인 행동을 보이는 것으로 나타났다. 즉, 영토전쟁을 시뮬레이션 한 상황에서 덩치가 커 보이는 라이벌을 만나면 공격적인 행동을 보였다. 더욱 놀라운 것은 서열이 중간인 시클리드에게 이소토신을 주입했더니, 무리에 속한 다른 구성원들에게 고분고분하게 행동했다는 것이다. 연구진은 다음과 같이 결론지었다. "시클리드의 고분고분한 반응은 고도의 사회성을 지닌 그들로 하여금 단결력이 강하고 안정적인 집단을 유지하게 하는 것으로 보인다(시클리드는 새끼를 공동으로 양육하는데, 자세한 내용은 13장 "양육 스타일"을 참조하라). 그건 사랑은 아니지만, 우리가 아는 범위 내에서 친밀하고 우호적인 반응이라고 할 수 있다."

물고기의 감정을 조사하는 또 한 가지 방법은 포유류, 조류, 어류의 뇌에 똑같은 자극을 준 다음 결과를 비교함으로써 유사점을 찾아내는 것이다. 이 같은 비교를 하기에 적절한 표적은 편도체amygdala다. 편도체란 뇌의 오래된 변연계limbic system를 구성하는 한 쌍의 아몬드형 구조체를 말한다. 포유류의 경우에는 편도체가 감정 반응, 기억, 의사결정에 관여하며, 물고기의 뇌에서 편도체의 역할을 수행하는 것은 내측겉질medial pallium인 것으로 보인다. 물고기의 뇌신경을 절단하거나 전기적인 자극을 줌으로써 편도체를 불능화시키면 공격성이 변화하는데, 이는 육상동물의 편도체를 동일하게 처리한 결과와 유사하다. 금붕어를 대상으로 한 연구에서도 내측겉질은 공포 자극(전기충격)에 대한 감정 반응에 관여하는 것으로 밝혀졌다.

그렇다면 물고기는 공포감을 어떤 식으로 나타내는 걸까? 예컨대 포식자에게 공격을 당했을 때 어떻게 반응할까? 아마도 우리가 흔히 기대하는 '겁먹은 듯한 반응'을 나타낼 것이다. 즉, 가쁜 숨을 쉬거나 경고용 페로몬을 방출할 뿐 아니라, 육상동물들이 겁을 먹었을 때 보이는 고전적 행동(이를테면 달아나기, 얼어붙은 듯 멈춰서기, 덩치 큰 것처럼 보이기, 색깔 바꾸기)을 보일 것이다. 그리고 당분간 섭식행위를 중단하고 피습 장소에 얼씬도 하지 않을 것이다.

그럼 물고기를 항불안제anxiolytic에 노출시키면 공포감이 완화될까? 항불안제로는 옥사제팜oxazepam이 있는데, 불안증과 불면증 환자들에게 많이 사용되며 알코올 금단증상을 치료하는 데도 사용된다. 스웨덴 우메오 대학교의 요나탄 클라민더가 이끄는 연구진이 야생 유라시아퍼치Eurasian perch를 생포하여 옥사제팜에 노출시켜 봤더니, 그렇지 않은 물고기보다 활동성과 생존율이 증가하는 것으로 나타났다. 불안을 해소하는 약물에 노출된 물고기의 활동성이 증가한다는 것은 말이 된다. 왜냐하면 마음이 평온해진 물고기는 환경 탐색을 꺼리지 않기 때문이다. 포식자가 존재하지 않는 수족관을 전제로 할 때, 옥사제팜에 노출된 물고기들은 동료들과 어울리기보다 먹이를 찾는 데 더 열중하기 때문에 생존율이 증가할 수밖에 없다.

안전한 환경 속에 서식하는 한, 공포감이 완화되어 긴장이 풀려도 아무런 문제가 없다. 그러나 위험이 상존하는 환경에서는 이야기가 달라진다. 공포감이 진화한 데는 합당한 이유가 있다. 바로 '위험에서 벗어나 몸을 숨기는 것'이다. 물고기는 사회적 학습능력이 있어서, 동료의 반응을 관찰함으로써 뭔가에 대한 두려움을 쉽게 배울 수 있다. 예컨대, 어항 한가운데에 유리벽을 설치한 다음, 한쪽에는 순진무구한 (낯선 포식자를 두려워하지 않는) 팻헤드미노우를 넣고 다른 쪽에 철든 팻헤드미노우를 넣으니, 순진무구한 물고기는 철든 물고기의 공포반응을 보고 배움으로써 금세 포식자를 회피하게 되었다고 한다.

피라미는 다른 피라미가 분비한 슈렉슈토프에 노출될 때도 포식자를 회피하게 된다(3장에서 언급한 물고기의 경고용 페로몬을 상기하라). 그런데 궁금한 게 하나 있다. 잠재적 위험에 대한 후각 단서를 시각 단서만큼 심각하게 처리할까? 아마도 그렇지 않은 것 같다. 캐나다 서스캐처원 대학교의 과학자들은 한 집단의 순진한 피라미들을 훈련시켜 '낯선 냄새는 부정적 결과를 초래하지 않으므로 안전하다'고 믿도록 만들었다. 여기서 이른바 '낯선 냄새'란 강꼬치고기(피라미의 위험한 포식자)의 냄새였지만, 실험에 사용된 피라미들은 '강꼬치고기가 살지 않는 연못' 출신이었다. 따라서 강꼬치고기의 냄새를 모르며 그 의미가 뭔지도 모를 거라고 추정할 수 있다. 한편 과학자들은 대조군 피라미들을 맹물(강꼬치고기의 냄새가 나지 않는 물)이 들어 있는 수족관 속에 넣어뒀다.

테스트가 실시되는 날, 과학자들은 두 집단의 피라미들을 강꼬치고기 냄새에 노출시키되, ① 피라미의 슈렉슈토프를 함께 넣거나, ② 철든 피라미(강꼬치고기의 냄새에 반응하는 피라미)를 함께 넣었다. 그 결과, (강꼬치고기의 냄새에 노출된 경험이 없고, 아무런 훈련도 받지 않은) 대조군 피라미들은 슈렉스토프나 철든 피라미의 공포반응에 똑같이 강력하게 반응하는 것으로 나타났다. 그러나 (강꼬치고기의 냄새에 노출된 경험이 없으며, '강꼬치고기 냄새는 안전하다'고 믿도록 교육받은) 실험군 피라미들은 슈렉슈토프에 별로 반응을 보이지 않는 반면, 철든 피라미들의 공포반응에 반응하여 공포행동(운동이나 먹이 찾기를 덜하고, 피신처를 찾음)을 보이는 게 아닌가!

따라서 최소한 피라미의 경우, '공포와 관련된 후각'보다 '공포와 관련된 시각'을 더 신뢰하는 것으로 밝혀졌다. 이 논문의 제목을 인용해 이 논문이 시사하는 바를 말하면 다음과 같다. "포식자의 위험에 관한 정보들이 상충될 때, 피라미는 자기 자신의 정보보다 동료들의 정보를 더 신뢰한다." 나는 이 논문의 시사점을 '만사불여튼튼'으로 이해한다. 즉, 포식자에게 공격당할 가능성이 조금이라도 있을 경우, 나중에 후회하는 것보다 지금 조심하는 게 더 낫다는 것이다.

스트레스 완화

공포 상황에서 벗어나는 것은 생존에만 중요한 게 아니라, 장기적인 건강에도 도움이 된다. 쥐, 개, 원숭이 등을 대상으로 실시된 연구결과에 의하면, 공포감으로 인한 스트레스가 완화되지 않을 경우 불안증, 우울증, 면역력 저하 등 온갖 문제가 초래될 수 있다고 한다. 전쟁이나 장기적인 어려움에 희생된 사람들을 대상으로 한 연구 결과도 마찬가지다.

스트레스에 대한 인체의 반응 중 하나는 코르티솔, 즉 스트레스호르몬을 분비하는 것이다. 스트레스호르몬은 스트레스 수준을 조절하며, 물고기를 비롯한 다른 척추동물에서도 같은 기능을 수행한다.

막스플랑크 신경생물학연구소와 캘리포니아 대학교의 과학자들로 이루어진 연구팀은 제브라피시의 유전자에 돌연변이를 일으켜 코르티솔이 결핍되도록 만들었다. 그러자 이 돌연변이 물고기들은 스트레스 수준이 일관되게 증가했으며, 행동검사에서 우울증의 징후를 보였다. 정상적인 제브라피시의 경우, 새로운 수조 속에 들어가면 처음 몇 분 동안 의기소침해져서 헤엄쳐 다니기를 주저하지만, 곧 호기심이 발동하여 새로운 수조를 이곳저곳 탐색하기 시작한다. 그러나 돌연변이 물고기들은 새로운 환경에 적응하는 데 많은 어려움을 겪었으며, 특히 혼자 있을 때는 수조 밑바닥에 가라앉아 미동도 하지 않았다.

연구팀이 수조에 디아제팜diazepam(항불안제)이나 플루옥세틴fluoxetine(항우울제)을 투입하자, 돌연변이 물고기들은 정상으로 돌아왔다. 그리고 사회적 상호작용, 예컨대 아쿠아리움 벽을 통한 다른 제브라피시들과의 시각적 상호작용도 돌연변이 물고기들의 우울행동을 완화하는 데 도움이 되었다.

만약 물고기들이 우울증과 불안증에 취약해질 수 있다면, 때로 이를 완화하기 위해 능동적으로 행동할 수도 있지 않을까? 다시 말해, 물고기들이 종종 긴장을 푸는 방법을 스스로 모색하지 않을까? 2011년에 신문지상을 장식했던 "친구야 진정해, 내가 지느러미를 쓰다듬어 줄 테니"라는 헤드라인은 바로 그 점을 언급한 것이다. 스페인 마드리드 소재 응용심리학연구소의 마르타 소아레스가 이끄는 연구진은 '산호초 주변에 사는 물고기들이 청소부 물고기에게 서비스를 받으면 쾌감이 상승하고 스트레스가 완화된다'는 아이디어를 검증하기 위한 실험에 착수했다.

연구진은 호주 그레이트배리어리프의 한 지역에서 줄무늬서전피시_{striated surgeonfish} 32마리를 생포하여 수조 속에 넣었다. 물고기들이 수조 속에 적응하자, 연구진은 이들을 스트레스 그룹과 비스트레스 그룹으로 나눴다. 그리고 스트레스 그룹의 물고기들을 수조에서 꺼내어 (몸이 겨우 잠길 정도의) 얕은 수조 속에 30분 동안 방치했다. 그러자 이 물고기들은 혈중 코르티솔 농도가 유의하게 상승한 것으로 나타났다.

마지막으로, 연구진은 스트레스 그룹과 비스트레스 그룹 물고기들을 한 마리씩 별도의 수조 속에 넣고, 한 시간 동안 모형 청소부 물고기와 함께 지내게 했다. 모형 청소부 물고기의 모양과 색깔은 (산호초 주변에 살며 서전피시에게 청소 서비스를 제공하는) 청줄청소놀래기_{Cleaner Wrasse}와 비슷했다. 그런데 모형 청소부 물고기 중 절반은 움직이지 않았고, 나머지 절반은 청소하는 시늉을 하도록 기계적으로 조작되었다.

두 번에 걸친 실험 결과, 스트레스 그룹 물고기들은 움직이는 모형 청소부에게 다가가는 것으로 나타났다. 움직이는 모형 청소부에게 바짝 접근하여 몸을 기댔지만(평균 15번), 움직이지 않는 모형 청소부 근처에는 얼씬도 하지 않았다. 그리고 모형 청소부와 신체적으로 접촉한 스트레스 그룹 물고기들은 혈중 코르티솔 농도가 실제로 하락했으며, 하락률은 모형 청소부와 접촉한 시간에 비례하는 것으로 나타났다.

그에 반해 비스트레스 그룹 물고기들은 (모형 청소부가 청소하는 시늉을 하든 말든) 모형 청소부에게 가까이 다가가지 않으며, 혈중 코르티솔 농도도 변화하지 않는 것으로 나타났다. 이상의 연구 결과를 종합하여, 마르타 소아레스는 다음과 같이 신중한 결론을 내렸다. "우리는 물고기가 통증을 느낀다는 사실을 이미 알고 있다. 마찬가지로, 물고기는 쾌감도 느끼는 것 같다."

언론에서는 '물고기들끼리 서로 지느러미를 문지른다'고 요란을 떨었지만, 소아레스가 실시한 연구의 핵심적인 메시지는 '물고기도 사회생활을 하며, 삶의 질을 추구한다'는 것이다. 또한 소아레스의 연구는 '쾌감이 물고기에게 동기부여 요인으로 작용함으로써 청소부를 즐겨 찾게 한다'는 아이디어를 뒷받침한다. 왜냐하면 모형 청소부가 기생충을 제거하는 등의 실질적 역할을 수행하지 않음에도 불구하고, 서전피시들이 여전히 반복적으로 모형 청소부를 찾기 때문이다.

쾌감이란 '좋은 행동', 즉 개체의 번영과 유전자의 영속을 촉진하는 행동을 보상하기 위해 진화한 것이다. 우리가 먹고, 놀고, 안락하게 생활하고, 성생활을 할 때 '좋은 느낌'을 경험하는 것은 바로 그 때문이다. 물고기가 감정을 느낄 수 있다는 생각은 최근까지도 비과학적인 것으로 간주되었기 때문에 대부분의 논의들은 이른바 보상시스템의 생리학에 국한되어 왔다. 보상$_{reward}$에 대한 우아하고 간단한 정의는 '동물로 하여금 긍정적 행동을 취하도록 유도하는 모든 것'이라고 할 수 있다.

포유류의 경우, 보상생리학의 핵심요소는 도파민 시스템이다. 쥐가 놀이를 할 때, 쥐의 뇌에서는 대량의 도파민과 아편유사제가 분비된다. 이에 반해 쥐들에게 도파민이나 아편유사제의 수용체를 차단하는 약물을 투여하면, (평소에 좋아하던) 단 음식에 대한 식욕을 상실한다. 그런데 물고기도 도파민 시스템을 보유하고 있다. 따라서 금붕어에게 뇌의 도파민 분비를 촉진하는 화합물(이를테면 암페타민$_{amphetamine,}$

아포모르핀_{apomorphine})을 투여하면, 금붕어는 그 화합물을 더 많이 섭취하기 위해 무슨 짓이든 하게 된다. 암페타민을 투여한 금붕어는 암페타민이 녹아 있는 방에서 헤엄치는 것을 선호하는 데 반해, 페노바르비탈_{phenobarbital}(도파민 억제제, 즉 쾌감을 떨어뜨리는 약물)을 투여한 금붕어는 페노바르비탈이 녹아 있는 방을 회피한다.

암페타민은 원숭이, 쥐, 인간에게 보상효과를 일으키며, 중추신경의 보상계에 존재하는 도파민 수용체가 늘어날수록 보상효과는 증가한다. 금붕어의 뇌에는 도파민을 포함하는 세포가 존재하므로, 금붕어의 보상효과에 관여하는 메커니즘은 원숭이, 쥐, 인간과 동일한 것으로 보인다. 일부 포유류와 마찬가지로, 물고기들은 암페타민과 코카인을 남용하는 경향이 있으므로, 마음껏 암페타민과 코카인을 섭취하도록 허용하면 자제력을 상실하게 된다. 그러나 다행스럽게도 모형 청소부에게 다가간 서전피시들의 경우에는 탐닉성이 없는 것으로 밝혀졌다. 따라서 이들은 단지 서비스의 효용(쾌감, 치료 효과)을 추구하기 위해 행동한 것으로 보인다.*

물고기들의 놀이

여러분은 어떤 상을 받거나 농구에서 3점슛을 성공시키면 기쁨을 느낄 것이다. 이제 막 걸음마를 시작한 아기는 부모와 쫓고 쫓기기 놀

---

* 또 한 가지 다행스러운 점은 실험이 끝난 후 연구진이 서전피시들을 고향인 그레이트배리어리프로 되돌려 보냈다는 것이다.

이를 하며 즐거운 비명을 지른다. 인간에게 이 같은 즐거움을 선사하는 행동 중 하나는 놀이다.

놀이는 동물에게도 유용한데, 특히 어린 동물들의 경우 놀이를 통해 체력과 협응 능력이 발달하고 생존기술과 사회적 기술을 배울 수 있다. 놀이에는 재미라는 심리적 요소도 포함되어 있다. 과학자들은 오랫동안 동물의 놀이를 연구해 왔는데, 독일의 철학자 칼 그로스가 1898년 『동물의 놀이』라는 책을 출판한 후, 흥미로운 주제를 다룬 책들이 우르르 쏟아져 나왔다.

동물의 놀이는 연구하기가 쉽지 않다. 왜냐하면 놀이는 자발적 행동으로서 참가자들이 편안함이나 행복감을 느껴야 하기 때문이다. 대부분의 관찰은 우연이며, 과학 연구의 대상이 되는 경우가 드물다.

그러나 찰스 다윈과 비슷한 용모를 지닌 테네시 대학교의 동물행동학자 고든 버가트의 사전에 불가능이란 없었다. 버가트는 지난 60년간 수백 편의 과학논문을 쓰면서 온갖 도발적인 주제를 마다하지 않았다. 그중에는 (우리의 예상을 깨는) 기상천외한 장소에서 관찰한 동물의 놀이도 포함되어 있는데, 버가트는 자신의 웹사이트에서 이러한 놀이를 '비#놀이 분류군에 포함되는 놀이행동'이라고 부른다.

버가트는 2005년, 동물의 놀이를 가장 포괄적으로 다룬 것으로 유명한 『동물의 놀이의 탄생』을 발간했다. 책의 표지에는 흰점박이시클리드Tropheus duboisi라는 열대어 수컷이 등장하는데, 수중온도계를 콧등으로 앙증맞게 떠밀고 있다. 참고로 수중온도계는 길이 15센티미터의 유리관인데, 무게중심이 맨 아래에 있어서 물속에 수직으로 떠 있을 수 있다. 이후 버가트는 동료 두 명과 함께 세 마리의 수컷 흰점박이시클리드가 수중온도계를 갖고 노는 광경을 묘사한 연구 결과를 발표했다. 이들은 12개의 비디오테이프에 물고기가 수중온도계를 살살 미는 장면을 1,400개 이상 녹화했다(물고기는 한 번에 한 마리씩만 수조에 투입되었다).

세 마리의 물고기는 스타일이 제각기 독특했다. 1번 물고기는 온도계의 꼭대기를 집중적으로 공략해 수직 위치로 복귀할 때까지 계속 흔들리게 만들었다. 2번 물고기는 온도계 주변을 빠르게 맴돌며 온도계와 지속적으로 접촉했다. 3번 물고기는 온도계의 아래, 중간, 윗부분을 마구잡이로 두드려, 수조의 이곳저곳을 떠돌아다니다 가끔 구석에 부딪치게 했다. 온도계와 유리벽이 부딪치는 소리가 너무 커서, 심지어 옆방에서도 들릴 정도였다.

그런데 그게 과연 놀이였을까? 버가트에 의하면, 다음과 같은 다섯 가지 조건을 충족해야만 놀이라고 할 수 있다고 한다.

1. 짝짓기, 섭식, 싸움과 같은 생존목적을 달성하기 위한 행동이 아니어야 한다.
2. 자발적이고 즉흥적이며 만족을 추구하는 행동이어야 한다.
3. 형태나 표적이나 타이밍을 고려할 때, 전형적인 기능적 행동(성性, 영토 관리, 포식, 방어, 먹이 채취)이 아니어야 한다.
4. 반복적이어야 하지만, 강박적이어서는 안 된다.
5. 스트레스 요인(예를 들어 배고픔, 질병, 붐빔, 포식)이 없는 상태에서 일어나는 행동이어야 한다.

시클리드의 행동은 위의 다섯 가지 조건을 모두 충족했다. 시클리드는 포식성이 아니었고, 온도계를 밀거나 두드리는 행동은 전형적인 섭식행위와 달랐다. 먹이가 있거나 없는 것은 온도계를 갖고 노는 행동에 일관된 영향을 미치지 않았으며, 성행위의 가능성은 원천적으로 배제되었다. 시클리드의 동작은 라이벌에게 날리는 빠른 잽과 매우 흡사했지만, 마치 복서가 샌드백을 두드리는 것처럼 좀 더 반복적이었다. 게다가 혼자 있고, 스트레스가 없고, 자극을 받지 않았을 때만 그런 동작을 보였다.

수조에는 막대기나 식물이나 자갈과 같은 다른 물체들이 있었는데, 물고기들이 유독 온도계에만 끌린 이유는 뭘까? 버가트의 추측에 따르면 물체의 반응성(되튐) 때문일 거라고 한다. 동물행동학자들은 동물 자신의 관점에서 바라보려고 노력하는데, 버가트는 되튐 현상을 '상대방의 반격'으로 해석하며 어디까지나 시늉에 불과하다고 말한다.

지금까지 설명한 것은 한 개체가 사물을 갖고 장난치는 사물事物놀이의 사례였다. 이에 반해 두 개체가 장난을 주고받는 것을 생물학자들은 사회적 놀이라고 부른다. 버지니아의 한 동물보호소에서 일했던 여성의 이야기를 소개한다. 이 여성은 한때 남편, 고양이 여러 마리, 그리고 (어항 속의) 줄무늬시클리드와 함께 한집에 살았다. 시클리드는 고양이와 노는 법을 개발했는데, 고양이는 가끔 책장 위에 까치발로 올라서서 어항의 물을 마시곤 했다. 영토의 지배자인 시클리드는 어항 한 구석의 갈대 밑에 숨어, '털북숭이 침입자' 한 마리가 나타나기를 기다리는 게 상례였다. 고양이는 경험을 통해, 어항 속 깊은 곳에 물고기가 매복해 있는지를 염탐하는 방법을 터득했다. 그러나 물고기는 그 사실을 간파하고 쥐 죽은 듯 조용히 지내다가, 고양이의 혓바닥이 수심 깊숙이 내려왔을 때만 행동을 개시했다. 물고기는 갈대 속에서 갑자기 튀어나와 고양이의 혓바닥을 향해 (마치 살점을 떼어내려는 듯) 어뢰처럼 돌진했다. 물속에서 뭔가가 분출하는 것을 감지한 고양이는 혀와 물고기가 맞닿기 전에 한 발을 물속에 들여놓고 날카로운 발톱을 드러냈다.

장군 멍군을 주고받고 난 고양이와 물고기는 이윽고, 이런 행동이 조용한 실내생활의 권태에서 벗어나기 위한 기분전환용 게임이었음을 알리는 사인을 보냈다. 양쪽 모두 피를 흘린 적이 없었으므로, 고양이는 잠시 후 게임을 한판 더 할 요량으로 머리를 높이 들고 실눈을 뜬 채 어항 주변을 다시 기웃거리곤 했다.

엄밀히 말하면, 방금 소개한 물고기와 고양이의 놀이는 단순한 사회적 놀이가 아니라, 상이한 종 사이에서 일어나는 종간種間 사회적 놀이라고 할 수 있다. 이번에는 세 번째 놀이인 혼자놀이를 소개한다. 혼자놀이란 문자 그대로 개체가 혼자서 노는 것을 말한다. 2006년 독일의 언어치료사 알렉산드라 라이힐레는 슈투트가르트 미술관에서 열린 미술전람회에 갔다가 혼자놀이의 진수를 목격했다. 전람회의 제목은 "미술은 살아있다Kunst Lebt"였는데, 알렉산드라는 전람회를 "독일의 모든 미술관에 숨겨진 보물들을 모아 환상적으로 섞어놓았다"고 묘사했다. 그중에는 칼스루에Karlsruhe 자연사박물관에서 출품한 작품으로, 약 3,700리터짜리 대형 아쿠아리움 속에 각양각색의 이국적인 물고기들을 정성들여 모아놓은 것이 있었다.

물고기 애호가 알렉산드라는 오랫동안 아쿠아리움 앞에 서서, 유리벽 뒤에서 왔다 갔다 하는 물고기들을 관찰했다. 그러다 이윽고 작고 우아한 아몬드 모양의 물고기 한 마리를 발견했는데, 아늑한 연보라색 바탕에 노란색과 검푸른색이 가미되어 있었다. (나중에, 물고기는 아시아산 퍼플퀸앤티어스인 것으로 밝혀졌다.) 그 물고기는 지향성이 있는 것처럼 보였다. 즉, 아쿠아리움 바닥을 따라 한 방향으로만 헤엄쳐 가장자리에 도달한 다음 기수를 위로 돌려 수면까지 헤엄쳐 올라갔다. 수면에 도달한 후에는 물 펌프에서 뿜어 나오는 물살에 휩쓸려 순식간에 반대쪽 끝까지 밀려갔다. 물고기는 그곳에서 바닥까지 잠수한 다음, 왕복운동을 다시 시작했다. 알렉산드라는 나와의 인터뷰에서 이렇게 말했다. "저는 비관적인 사람으로서, 처음에는 그 물고기가 답답한 아쿠아리움에 갇힌 나머지 상동증^{常同症}(무의미하고 반복적인 노이로제 행동)을 보인다고 생각했어요. 하지만 자세히 살펴보니, 그 물고기는 매우 재미있어 하는 것 같았어요."

물고기가 왜 재미있어 한다고 생각했느냐는 질문에, 알렉산드라는 이렇게 대답했다. "대부분의 다른 물고기들은 특별한 목적지 없이 이리저리 헤엄쳐 다녔지만, 그 물고기는 즐기려고 작심한 듯 일정한 방향으로만 헤엄쳤으니까요. 저는 인간이 만들어낸 물결을 마음껏 즐기는 물고기의 모습을 다른 사람들에게도 보여주고 싶었어요."

비단 줄무늬시클리드뿐만이 아니다. 버가트는 커다란 원주형 아쿠아리움에서 해양어류를 관찰한 적이 있는데, 밑바닥의 에어스톤에서 보글보글 솟아오르는 물방울을 타고 꼭대기까지 수도 없이 올라가는 모습을 봤다. 버가트는 물고기들이 물방울의 감촉을 좋아할 거라고 생각했다. 우리가 그런 것처럼 말이다.

재미삼아 하는 점프?

만약에 물방울 타기를 좋아하는 물고기가 있다면, 재미삼아 공중으로 솟구치는 물고기도 있지 않을까? 호수나 강에서 보트타기, 낚시, 새 관찰을 조금이라도 해본 사람이라면, 물고기가 물 밖으로 튀어 오르는 것을 최소한 한두 번쯤은 봤을 게 분명하다. 나는 여러 번 보긴 했지만, 딴 데를 쳐다보다 입수하기 직전의 물고기를 포착하는 경우가 대부분이었다. 하지만 간혹 운 좋게 물고기의 종류를 확인하는 경우도 있었는데, 1인치 또는 1피트(약 30.5센티미터)짜리 물고기가 자기 몸길이만큼 물 위로 점프하는 것을 보며 회심의 미소를 짓기도 했다.

포식자에게 쫓기는 물고기가 포식자에게서 벗어나기 위해 필사적으로 점프할 거라는 데는 의심의 여지가 없다. 돌고래들은 이러한 점을 이용하여, 물고기 떼를 빙 둘러 에워싼 다음 공포에 질려 공중에 솟아오른 물고기들을 잡아먹는다. 그러나 우리 인간이 재미로 또는 겁에 질려 뜀박질을 하듯, 물고기들도 다양한 감정들이 점프의 동기로 작용할 수 있을 것이다.

거대한 몸집(날개 폭 5미터, 몸무게 1톤)을 가진 모불라가오리mobula ray의 경우, 물 위로 자그마치 3미터까지 솟구쳐 올랐다가 커다란 소리를 내며 물속에 첨벙 빠진다. 모불라가오리는 10가지 종이 있으며, 멋진 공중곡예 솜씨 덕분에 플라잉모불라라는 별명을 얻었다. 수백 마리씩 떼를 지어 공중곡예를 하는데, 대부분 배로 입수하지만, 가끔 앞으로 한 바퀴를 돈 후 등으로 입수하기도 한다. 수컷이 선봉에 서는 경향이 있는 것으로 보아, 일부 과학자들은 모불라가오리의 공중곡예를 일종의 구애행동일 거라고 추측한다. 그러나 (동물의 행동에 적응이라는 배지를 붙이고 싶어 안달이 난) 다른 과학자들은 이런 행동이 기생충 제거 전략일지도 모른다고 주장한다. 점프의 기능이 뭐든 간에 모불라가오리가 겁에 질려 물 위로 뛰어오를 리 만무하며, 점프를 즐긴다는 건 분명해 보인다.

플로리다 주에 있는 차사초위츠카Chassahowitzka 국립 야생생물 보호지역의 수정같이 맑은 물에서 카약을 타던 나는 50마리 이상의 멀릿mullet(숭어과의 물고기) 떼들이 우아한 대형을 이루어 이동하는 것을 보았다. 그곳에 흔히 서식하는 멀릿은 매우 아름답다. 멀릿들이 물 위로 도약할 때 젖빛 꼬리와 뒷지느러미, 금속광택이 나는 등과 흰 배 사이의 노란색 경계가 두드러지는데, 이것은 멀릿 특유의 행동으로 유명하다. 멀릿 한 마리가 한 번에 한두 번만 점프하는 게 보통이지만, 나는 일곱 번 연속 점프하는 멀릿을 본 적이 있다. 점프 높이는 약 30센티미터, 거리는 60~90센티미터 정도였다.

전 세계에 80종의 멀릿이 있지만, 점프를 하는 이유를 아는 사람은 아무도 없다. 멀릿들은 보통 측면으로 입수하는데, 이를 근거로 피부의 기생충을 제거하기 위한 전략이라는 이론이 등장했다. 산소를 흡입하기 위해서라는 아이디어도 있는데, 이를 이른바 공기호흡가설이라고 한다. '물의 산소농도가 낮을 때 멀릿의 도약 빈도가 증가한다'는 사실이 공기호흡가설을 뒷받침한다. 그러나 '점프에 소요되는 에너지가 공기를 흡입함으로써 얻는 에너지보다 많을 수 있다'는 가능성이 공기호흡가설을 위태롭게 하기도 한다.

이러한 물고기들의 점프가 재미삼아 하는 행동, 즉 일종의 놀이라고 할 수 있을까? 고든 버가트는 『동물의 놀이의 탄생』에서 10페이지를 할애하여, 열두 가지 물고기들의 점프와 공중제비 행동을 설명했다. 물고기들은 떠다니는 물체(막대기, 갈대, 일광욕하는 거북, 심지어 죽은 물고기 등)를 뛰어넘기도 하는데, 엔터테인먼트 외에는 특별한 이유를 댈 수가 없다고 한다.

'물고기가 재미삼아 점프를 할지 모른다'는 흥미로운 주제를 과학적으로 실험한 사람들은 지금껏 한 명도 없었다. 그러려면 누군가가 총대를 메고, 똑똑한 물고기 몇 마리를 잡아 멋진 수조 속에 입주시키고, 생활편의시설 일체(이를테면 낭만적인 음악, 모형 청소부 물고기)를 제공한 다음 떠다니는 물체를 넣어주어 뛰어넘게 해야 할 것이다.

반신 수영복

3부를 마치기 전에, 우리가 잘 아는 감각에 대한 짤막한 이야기를 하나 소개할까 한다. 우리가 사고 현장을 지나치거나, 포장된 선물을 받거나, 레스토랑에서 남의 이야기를 얼핏 들을 때 느끼는 감각, 바로 호기심이다.

알래스카의 한 여성과학자는 신혼여행으로 간 자메이카의 텅 빈 모래사장에서 수영을 할 때 마주쳤던 호기심 많은 물고기들에 대한 이야기를 내게 들려주었다. 신랑과 함께 산호초를 따라 스노클링을 하던 중이었다고 한다. 뛰어난 수영실력을 갖고 있던 신랑은 신부가 해수면 밑으로 잠수할 수 없다는 사실을 알고 깜짝 놀랐다. 아무리 가르쳐도 잠수를 하지 못하자, 신랑은 좀 더 과감한 계책을 세웠다.

신랑은 물속에서 끙끙대며 제 수영복의 반쪽을 벗기더니, 바닷속으로 잠수해 4미터 50센티미터 아래에 있는 산호초에 걸어놓았어요. 그러고는 큰 소리로 웃으며, '수영복을 찾으려면 저기까지 잠수해봐'라고 하지 않겠어요?

설사 우리 둘밖에 없다고 해도, 저는 본래 나체주의자가 아니었기 때문에 너무 민망했어요. 수영복을 찾아오기 위해 몇 번이나 잠수를 시도했지만, 아무 소용이 없었어요. 그런데 저의 광기어린 행동이 산호초 주변에 사는 물고기들에게 예기치 않은 영향을 미친 것 같았어요. 물고기들은 우리를 보고도 도망치지 않고, 우리 주변에 몰려들기 시작했어요.

그런데 제 몸짓을 옆에서 지켜보던 신랑도 (매우 개인적인 방식으로) 영향을 받은 것 같았어요. 갑자기 제게로 헤엄쳐오더니, 애정을 표시하려고 갖은 애를 쓰는 거예요. 맙소사! 저의 부력 때문에 신랑의 행동은 실패로 돌아갔어요. 그러나 우리 둘은 물고기들의 반응에 깜짝 놀랐어요. 작은 블루피시, 에인절피시, 그밖에 산호초 주변에 사는 형형색색의 물고기들이 모두 모여들어, 동그랗게 원을 그리고 우리의 일거수일투족을 빤히 지켜보는 거예요. 몸과 꼬리를 가볍게 떠는 모습이 마치 희미하게 일렁이는 파도 같았어요.

마침내 신부를 측은하게 여긴 남편이 바닷속으로 잠수해 순식간에 수영복을 찾아다 줬다. 그리하여 잠깐 동안의 열정이 가라앉자, 신혼부부를 에워쌌던 물고기들도 흥미를 잃으면서 뿔뿔이 흩어졌다. 한

　　　　　　　　　　　　　　　3부 물고기의 느낌

신혼부부가 어설프게 애정행각을 벌이다 물고기들에게 빙 둘러싸였던 경험은 오래도록 추억거리로 남았다. 그녀는 지금도 '물고기들이 무슨 생각을 했을까?'라는 궁금증에서 벗어나지 못하고 있다. 혹시 젊은 남녀가 발산하는 에너지를 감지했던 것은 아닐까?

물고기가 수성매질 속에서 감각신호에 예민하다는 점을 감안할 때, 물고기들을 관음증窺淫症 환자로 만든 이유는 여러 가지로 생각해볼 수 있다. 첫째, 시각지향적 동물인 인간과 마찬가지로 물고기들도 젊은 남녀의 격렬한 움직임에 시선이 사로잡혔다고 생각할 수 있다. 둘째, 어쩌면 물고기들은 단순한 호기심에 이끌려 바라본 게 아니라, 한 쌍의 성인 남녀를 잠재적인 포식자로 간주하고 예의주시하고 있었는지도 모른다. 왜냐하면 이들은 낯익은 침입자가 아니었기 때문이다. 셋째, 수영하는 사람에게서 나오는 전기장이나 생화학물질이 물고기의 호기심을 자극했다고 생각할 수도 있다.

물고기가 우리를 주시할 때, 우리는 다른 존재의 의식세계 속으로 들어가게 된다. 물고기의 의식세계에는 뭔가 신나는 게 있다. '물고기의 감정을 연구한다'는 것은 과학자의 도전정신을 자극하는 주제임에 틀림없기 때문이다. 지금은 반쯤 은퇴한 독일 레겐스부르크 대학교의 어류학자 베른트 크라머는 내게 이렇게 말한 적이 있다. "'물고기의 감정'은 연구하기가 매우 어려운 분야입니다. 물고기들은 얼굴 표정만 제외하고, 우리가 갖고 있는 해부학적 구조와 생리학적 시스템을 모두 갖고 있습니다." 그러나 앞서 언급했던 대로 오늘날에는 물고기의 감정을 탐지하는 도구들이 많이 개발되어 있다. 또한 지금껏 축적된 증거들에 의하면, 최소한 일부 물고기들의 경우 공포, 스트레스, 재미, 즐거움, 호기심 등 다양한 감정을 느끼는 게 분명해 보인다.

지금까지 3부에서는 물고기의 느낌과 감정에 대해 알아보았다. 그런데 '물고기가 무엇을, 어떻게 생각하는지'를 탐구하는 것은 이들의 감정을 연구하는 것보다 어렵지 않다. 4부에서 살펴보겠지만, '물고기의 인지능력'을 연구하는 분야에는 가시적 결과를 도출할 수 있는 주제들이 많다.

물고기의 생각

아무리 신비로운 일을 목격하더라도 진위를 의심하지 마라,

자연의 법칙에 어긋나지만 않는다면.

_마이클 패러데이

제 7 장
지능과 학습

멍청하고 재미없다고 여겨지는 동물들은 모두 나름의 비밀을 갖고 있다.
단지 지금까지 아무도 발견하지 못했을 뿐.
_브라디미르 디네츠, 『용龍의 노래』 중에서

시간이 경과함에 따라, 동물들은 자신에게 중요한 일에 능통하도록 진화한다. 침팬지는 상체의 힘이 우리보다 네다섯 배나 강하므로 나무 위로 쉽게 기어 올라간다. 치타는 우리보다 빨리 달리고, 캥거루는 우리보다 깡충깡충 뛰기를 잘하며, 청새치는 마이클 펠프스가 돌핀킥을 마친 후 숨을 쉬기 위해 머리를 물 밖으로 내밀기도 전에 100미터 결승선을 통과한다. 이 동물들은 생존을 위해 우리보다 더 빨리 움직여야 하기 때문에 빠른 개체들일수록 자연선택에서 합격점을 받아 자신의 유전자를 다음 세대에 전달할 가능성이 높다.

정신능력에도 동일한 원칙이 적용된다. 자연이 정신능력을 요하는 문제를 출제한다면, 그 문제를 풀 수 있는 개체는 큰 비교우위를 누릴 것이다. 따라서 동물들은 시간이 경과함에 따라 뛰어난 인지능력을 갖도록 진화할 수 있다. 체구가 매우 작거나 인간과 촌수가 먼 동물 중에도 우리의 상상을 초월하는 인지능력을 보유한 것들이 얼마든지 있다. 현대에 생겨난 인지생태학이라는 학문분야의 연구 결과에 따르면, 일상생활에서 요구되는 생존조건이 동물의 지능을 형성한다고 한다. 예컨대, 어떤 새들은 수만 개의 견과류와 씨앗을 숨겨놓은 곳을 기억하고 있다가, 긴 겨울을 지내는 동안 그곳으로 찾아가 꺼내먹는다. 땅굴을 파는 설치류는 수백 개의 터널로 이루어진 복잡한 지하미로를 단이틀 만에 학습한다. 어떤 악어는 머리 위에 나뭇가지를 올려놓고 헤엄쳐 다니다가 왜가리가 둥지를 트는 곳 아래에 정박한다. 그 후 멋모르는 왜가리가 건축자재를 구하려고 저공비행을 하다가 막대기를 움켜쥐면, 눈 깜짝할 사이에 요절을 낸다. 혹시 파충류가 계획도 수립하고 도구도 사용한다는 사실을 지금껏 몰랐다면, 너무 쑥스러워하지 말기 바란다. 2015년에 이 사실이 널리 알려지기 전에는 과학자들도 까맣게 모르고 있었으니까 말이다.

그렇다면 물고기의 정신능력은 어떨까? 〈인어공주〉나 〈니모를 찾아서〉, 그리고 〈니모를 찾아서〉의 속편 격인 〈도리를 찾아서〉 같은 영화의 제작자들이 발휘했던 상상력은 좀 심했다 치더라도, 물고기도 어느 정도 생각은 할 수 있지 않을까? 1963년까지만 해도 물고기의 학습과 인지능력에 관한 출판물은 고작 70권 정도밖에 없었다. 그러나 2003년에는 500권을 넘어섰고, 지금은 세어보지는 않았지만 줄잡아 1,500권은 될 것으로 보인다. 게다가 전 세계에서 수십 명의 과학자들이 물고기의 정신능력을 연구하고 있다. 이러한 현상을 어떻게 해석해야 할까? 단지 물고기의 정신능력에 대한 대중의 관심이 증가한 것으로만 봐야 할까, 아니면 물고기가 정말로 생각을 할 수 있음을 입증하는 증거로 받아들여야 할까?

물고기들이 머리를 얼마나 잘 쓰는지 한번 알아보기로 하자. 총명한 물고기 중 프릴핀고비frillfin goby(*Bathygobius soporator*)라는 이름을 가진 것이 있는데, 대서양 동쪽과 서쪽 해안의 조간대潮間帶(만조 때의 해안선과 간조 때의 해안선 사이의 부분_옮긴이)에서 사는 조그만 물고기다. 썰물 때가 되면 프릴핀고비는 해안가에 머물며 따뜻한 바닷물이 담긴 조수웅덩이에 둥지를 틀고, 맛있는 먹이들을 많이 먹는다. 그러나 조수웅덩이가 항상 안전한 피난처인 것은 아니다. 문어나 왜가리 같은 포식자들이 침입할 수 있기 때문에, 재빨리 도망칠 수 있는 능력이 있다면 살아남는 데 큰 도움이 된다. 하지만 조그만 웅덩이 속에서 뛰어봐야 벼룩이지, 갈 데가 어디 있단 말인가! 그러나 놀라지 마시라. 프릴핀고비는 도저히 불가능할 것 같은 작전을 감행하는데, 바로 '근처의 다른 웅덩이로 점프하는 것'이다. 그런데 그게 과연 가능할까? 혹시 엉뚱하게 바위 위에 착지해 햇볕에 말라죽기라도 하면 어떻게 하지?

돌출한 눈, 약간 부풀어 올라 뾰족한 주둥이를 무색하게 하는 뺨, 둥근 꼬리, 8센티미터짜리 어뢰를 닮은 몸을 뒤덮은 황갈색·회색·갈색의 반점, …… 프릴핀고비를 아무리 살펴봐도 동물올림픽에서 우승할 만한 자질은 눈곱만큼도 없어 보인다. 그러나 이 프릴핀고비의 뇌는 기대 이상의 성능을 발휘한다. 왜냐하면 조그만 프릴핀고비가 조간대의 지형을 모조리 암기하고 있기 때문이다. 이는 만조 때 헤엄치는 동안 움푹한 곳(간조 때 웅덩이가 생길 만한 곳)들의 레이아웃을 작성하여 머릿속에 넣어뒀기 때문에 가능한 일이다.

이것은 인지 지도地圖 작성의 한 사례다. 인지 지도는 인간의 길찾기에 사용되는 것으로 유명한데, 오랫동안 인간만이 보유한 것으로 여겨져 왔다. 그러나 1940년대 후반 쥐에서도 인지 지도가 발견된 이후, 많은 종류의 동물들이 길을 찾는 과정에서 이것을 사용하는 것으로 보고되고 있다.

고비의 능력을 증명한 사람은 뉴욕에 있는 미국자연사박물관에 근무하던 생물학자 레스터 애런슨(1911~1996)이었다. 쥐가 인지 지도 작성능력으로 우리를 열광시키던 시절, 애런슨은 자신의 연구실에 설치된 수조에 인공 암초와 웅덩이를 만들었다. 그러고는 (만조 때를 시뮬레이션하기 위해) 수조에 물을 가득 채운 후, 고비를 두 그룹으로 나눠 한 그룹에게만 수조 속을 헤엄치게 했다. 나중에 (간조 때를 시뮬레이션하기 위해) 수조에서 물을 빼고, (마치 포식자가 공격하는 것처럼) 고비를 꼬챙이로 건드려 다른 웅덩이로 점프하게 만들었다. 그 결과 만조 때 헤엄친 경험이 있는 고비들은 97퍼센트가 안전한 웅덩이로 점프하는 것으로 나타났다. 그에 반해 만조 때 헤엄친 경험이 없는 고비들은 겨우 15퍼센트만 점프에 성공했다. 그런데 더욱 놀라운 점은 고비들이 단 한 번 만조를 경험하며 인지 지도를 만들었을 뿐인데, 40일 이후에도 안전한 도피경로를 기억하고 있었다는 것이다.

그런데 우리가 기억해둘 게 하나 있다. 애런슨이 사용한 고비들은 실험이 진행되는 동안 스트레스를 받았을 게 거의 확실하다. 왜냐하면 해안의 서식지에서 잡혀와 외계 환경 속에 갇혀 있었기 때문이다. 애런슨이 실험을 하는 동안 많은 물고기들이 병사病死했는데, 이는 야생 물고기가 수조 속에서 생활하기가 녹록치 않았음을 짐작하게 한다.

애런슨의 실험 이후 실시된 연구에서 개체들의 점프실력은 자연계에서의 경험을 반영하는 것으로 밝혀졌다. 즉, 썰물 때 조수웅덩이가 부족한 해안에서 잡은 물고기들은 경험이 부족하므로, 노련한 물고기(썰물 때 조수웅덩이가 풍부한 해안에서 수집한 물고기)보다 실력이 떨어지는 것으로 나타났다. 그리고 최근에 실시된 연구 결과, 조수웅덩이에 서식하는 고비의 뇌는 모래 속에 숨어 사는 고비의 뇌와 다른 것으로 밝혀졌다. 웅덩이에 사는 고비의 뇌는 (공간기억을 담당하는) 회색질이 풍부한 데 반해, 모래 속에 사는 고비의 뇌는 시각처리 영역이 발달한 것으로 나타난 것이다. 그도 그럴 것이 모래 속에 사는 고비들은 안전지대로 점프할 필요가 없기 때문이다.

프릴핀고비가 인지 지도를 만들고, 이를 이용하여 조수웅덩이 사이를 정확하게 점프하는 능력은 '필요에 의해 예민하게 발달된 정신능력'의 고전적 사례라고 할 수 있다. 생물학자겸 저술가로서, 악어의 행동과 인지능력에 관한 전문가인 블라디미르 디네츠는 이렇게 말한다. "사람들은 동물의 지능을 언급할 때, 암묵적으로 '인간과 똑같은 방식으로 생각하는 능력'을 가정한다." 그러나 이는 '지능'이라는 개념을 지극히 자기중심적으로 바라보는 사고방식이다. 만일 프릴핀고비가 지능의 개념을 정의할 수 있다면, '조수웅덩이에 대한 심상心象 지도를 형성하고 기억하는 능력'도 지능의 범위에 포함시킬 것이다.

도피경로 기억하기

프릴핀고비가 인지 지도를 작성하고 몇 주 후에 불러낼 수 있다는 것은 프릴핀고비가 '막무가내식 점프'를 피하는 재능을 가졌다는 것만을 의미하지 않는다. 이는 인간의 편견(생물을 잘 모르면서, 무턱대고 과소평가함)을 여실히 드러내기도 한다. 고비가 그런 능력을 어떻게 획득했는지도 모르면서, '금붕어의 3초 기억력'이라는 미신이 아직도 대중문화의 밑바탕에 깊숙이 깔려 있다(정 못 믿겠으면, 지금 당장 구글링을 해보라). 아직도 공항에 가면, 금붕어의 3초 기억력을 언급하며 비즈니스의 거래관계를 오랫동안 유지하는 게 얼마나 중요한지를 설명하는 광고를 볼 수 있다. (창피함을 무릅쓰고 솔직히 고백하면, 내 기억력도 가끔 3초를 넘지 못하는 경우가 있다. 휴대폰이나 안경을 넋 놓고 아무 데나 놓은 다음 그것을 찾기 위해 온 집안을 샅샅이 뒤지곤 하니 말이다.)

뭔가를 기억할 수 있다는 것은 핀치나 페럿에게도 유용하지만, 물고기에게도 유용하다. 캐나다 브리티시컬럼비아 대학교의 생물학 교수인 토니 피처는 여러 해 전 대학에서 동물행동학을 가르치던 중 일어난 에피소드를 기억한다. 당시 학생들은 실험실에서 금붕어의 색각色覺을 탐구하고 있었는데, 각각의 금붕어에게 색깔이 약간 다른 급식관feeding tube을 이용해 먹이를 줘보고, 금붕어들이 자기에게 할당된 급식관의 색깔을 기억한다는 사실을 알게 되었다. 학생들은 금붕어의 색각이 우수하다는 결론을 내린 후, 실험에 사용된 금붕어들을 모두 아쿠아리움으로 돌려보냈다. 이듬해에 1년 전 실험했던 물고기와 새로운 물고기들을 섞어 동일한 실험을 해봤더니, 1년 전의 물고기들은 자신에게 할당되었던 급식관을 여전히 기억하고 있는 것으로 나타났다.

물고기의 기억력에 대한 실험은 오래전부터 시작되었다. 1908년 미시간 대학교의 동물학 교수인 제이콥 레이아드는 죽은 정어리를 도미에게 먹이로 주는 실험을 실시했다. 정어리 중 일부를 빨간색으로 염색하고 나머지는 염색하지 않았는데, 도미는 색깔을 가리지 않고 게걸스럽게 먹는 것으로 나타났다. 그러나 레이아드가 빨간 정어리의 입 주변에 말미잘의 촉수를 부착하여 공포감을 조성했더니, 도미는 곧 빨간 정어리를 먹지 않게 되었을 뿐 아니라 20일이 지난 후에도 빨간 정어리 근처에 얼씬도 하지 않았다. 이 실험은 도미의 기억력은 물론 통증감각과 학습능력까지도 증명했다.

내가 선호하는 물고기의 기억력에 관한 연구는 생물학자 컬럼 브라운의 것이다. 브라운은 동물이 생각하는 방법을 연구했는데, 특히 물고기를 집중적으로 연구했다. 브라운은 2006년 발간된 『물고기의 인지와 행동』을 공동으로 편집했는데, 이 책은 물고기의 생각에 대한 우리의 고정관념을 깨는 기폭제가 되었다.

브라운은 호주 퀸즐랜드의 시냇물에서 진홍색반점이 그려진 레인보우피시를 채집하여 연구실로 가져왔다. 레인보우피시라는 이름은 좌우에 줄무늬를 그리며 늘어선 화려한 무지갯빛 비늘에서 유래한다. 다 큰 레인보우피시는 길이가 약 5센티미터인데, 브라운은 자신이 잡은 물고기들의 나이가 한 살부터 세 살 사이일 거라고 추정했다. 그는 물고기들을 세 개의 커다란 수조 속에 각각 40마리씩 넣고, 한 달 동안 방치하면서 새로운 환경에 적응하도록 했다.

실험 당일 브라운은 세 마리의 수컷과 두 마리의 암컷을 무작위로 꺼내 실험용 수조로 옮겼다. 실험용 수조에는 트롤망과 도르래를 설치해 트롤망을 수평으로 잡아당길 수 있도록 했다. 그물눈의 크기는 0.5인치 미만이어서, 물고기가 구멍을 빠져나가지 않고서도 그물 밖을 또

렷하게 내다볼 수 있었다. 트롤망의 중앙에는 0.75인치 정도의 약간 큰 구멍이 있어서, 트롤망이 수조의 왼쪽 끝에서 오른쪽 끝까지 훑고 지나갈 때 물고기에게 도피경로를 제공했다.

물고기들이 새로운 환경에 적응하도록 15분 동안 시간 여유를 준 다음, 수조의 한쪽 끝에서 다른 쪽 끝까지 30초 동안 트롤망을 끌다가 종착점을 1인치 앞두고 트롤망 끌기를 멈췄다. 그러고는 트롤망을 거둬내어 출발점으로 옮긴 다음 2분 동안 쉬었다가 다시 시작하는 방법으로 총 다섯 번에 걸쳐 실험을 실시했다. 다섯 마리로 구성된 다섯 개 그룹을 대상으로 1997년 처음 실험을 실시한 다음, 11개월이 지난 1998년에 똑같은 실험을 다시 한 번 실시했다.

1997년 실험의 첫 번째 실험에서는 패닉에 빠진 레인보우피시들이 빠른 속도로 좌충우돌하다가, 결국에는 수조의 모서리 근처에 바짝 달라붙어 꼼짝도 하지 않았다. 물고기들은 다가오는 트롤망을 어떻게 피할 것인지 대책이 서지 않은 것 같았고, 대부분 유리벽과 트롤망 사이에 끼어 오도 가도 못 하는 사태가 발생했다. 하지만 이후 횟수를 거듭할수록 물고기들의 대응능력이 점차 향상되어, 다섯 번째 실험에서는 다섯 마리 모두 커다란 구멍을 통해 트롤망을 탈출하는 것으로 나타났다.

똑같은 물고기들을 대상으로 11개월 후에 똑같은 실험을 반복해보니(그동안 브라운은 물고기들에게 실험용 수조나 트롤망을 전혀 보여주지 않았다), 물고기들은 11개월 전에 비해 공포감을 훨씬 덜 느끼는 것으로 나타났다. 그리고 도피경로를 찾아 트롤망을 빠져나가는 데 걸리는 시간은 1997년의 다섯 번째 실험 때와 비슷했다. 브라운은 이렇게 말했다. "레이보우피시들은 다섯 번 모두 거의 주저하는 기색 없이 구멍을 빠져나갔어요."

그런데 11개월이라면, 레인보우피시의 수명인 3년의 거의 3분의 1에 해당한다. 이들에게 11개월은 인간에게는 약 25년이라고 할 수 있다. 일생에 단 한 번 경험한 것을 그렇게 오랫동안 기억하다니, 정말 대단하다.

물고기가 사물을 오랫동안 기억한다는 것을 보여주는 사례는 그 외에도 얼마든지 있다. 잉어가 1년 이상 '갈고리 기피증'을 겪는다든가(5장 참조), 패러다이스피시가 포식자에게 피습당한 지역을 여러 달 동안 피한다는 연구 결과가 나와 있다. 그밖에도 수많은 일화들이 전해지는데, 그중에서 가장 유명한 것은 벤틀리라는 이름을 가진 나폴레옹피시humphead wrasse에 관한 이야기다. 내용인즉, 사육사들이 먹이(오징어, 새우)를 줄 때 사용하던 종鐘을 오랫동안 사용하지 않다가 다시 사용했더니, 종소리를 들은 벤틀리가 쏜살같이 배식장소로 이동했다는 것이다.

살며 배우며

기억은 학습과 밀접하게 연관되어 있다. 왜냐하면 뭔가를 기억하려면, 먼저 그것에 대해 알아야 하기 때문이다. 어류학자 스테판 립스는 『수족관과 야생에서 물고기의 행동』이라는 흥미로운 저서에서 다음과 같이 말했다. "포유류나 조류가 학습 과정에서 보여주는 묘기들 중 이들만의 특출한 재주는 거의 없다. 물고기들에게서도 그와 비슷한 사례들을 얼마든지 찾아볼 수 있다." 만약 누군가에게 물고기에 관한 고급지식을 은근히 자랑하고 싶다면, 다음과 같은 물고기의 학습능력을 줄줄이 읊어주기 바란다. 비#연관학습, 습관화, 민감화, 거짓 조건화, 고전적 조건화, 조작 조건화, 회피 학습, 제어 전환transfer of control, 연속 역전 학습successive reversal learning, 상호작용 학습. 그러나 조심할 것이 하나 있으니, 듣는 이에게 자장가를 불러주는 꼴이 되지 않으려면 목청을 높여야 한다는 것이다.

독자들은 유튜브의 동영상에서, 딱따기훈련clicker training을 통해 굴렁쇠를 통과하거나 미니 축구골대에 공을 밀어 넣는 금붕어를 볼 수 있을 것이다. 이는 조건화 또는 연관학습을 통해 이루어진 것인데, 과정을 간단히 살펴보면 이렇다. 훈련자는 물고기가 바람직한 행동을 했을 때 특정한 자극(예를 들어 플래시 불빛)을 주고, 즉시 먹이를 보상으로 제공한다. 그러면 물고기는 곧 '굴렁쇠 통과하기+플래시 불빛'을 보상과 연관시키게 된다. 이윽고, 물고기는 플래시 불빛만 보고도 굴렁쇠를 통과할 것이며, 바라건대 먹이를 주지 않더라도 과제를 수행하게 될 것이다. 지금까지 설명한 방법은 개, 고양이, 토끼, 쥐의 딱따기훈련에 사용되는 접근방법과 완전히 똑같다.

(물론 물고기는 우리의 포로이며, 우리는 실험조건을 관리하는 사람이다. 물고기들은 답답하고 황량한 수조 속에서 나날을 보내야 하고, 동종 친구들과 어울리지도 못하며, 숨을 곳도 별로 없다. 만약 우리가 물고기와 같은 상황에 처해 있다면, 먹이를 얻어먹기 위해 엉금엉금 기어 굴렁쇠를 통과하고 코로 공을 미는 수밖에 없을 것이다. 하지만 나는 수조 속의 물고기들이 먹이를 얻어먹으며 유리벽 밖에서 일어나는 일을 멀뚱멀뚱 구경하느니, 이런 흥미진진한 활동을 하는 게 훨씬 더 낫다고 생각한다.)

아쿠아리움의 물고기 사육사들은 '물고기들이 정해진 식사시간을 아는 것 같다'라고 말하는데, 이 말이 사실인지 아닌지는 간단한 실험을 통해 확인할 수 있다. 예컨대 내 친구 컬럼 브라운이 이끄는 연구진은 브라키르하피스 에피스코피Brachyrhaphis episcopi라는 물고기(원산지에서는 비숍bishop이라고 부른다)를 수조에서 기르면서, 아침에는 한쪽 끝에서 먹이를 주고 저녁에는 반대쪽 끝에서 먹이를 줬다. 그러자 2주도 채 지나지 않아 물고기는 적절한 시간에 적절한 장소에서 먹이를 기다리는 것으로 나타났다.

이 현상을 '시간-장소 학습'이라고 하는데, 골든샤이너golden shiner와 에인절피시는 시간-장소 학습을 완료하는 데 3~4주가 걸린다고 한다. 이와 대조적으로 쥐는 이보다 약간 짧은 19일이 걸리며, 정원솔새의 경우에는 이보다 약간 더 복잡한 과제(4개의 장소와 4개의 시간)를 단11일 만에 학습하는 것으로 알려져 있다. 그러나 동물의 학습능력을 비교할 때, 이런 숫자들이 갖는 의미는 별로 중요하지 않다. 왜냐하면 동물들은 섭식 패턴(먹이를 먹는 빈도)이 제각기 달라, 학습시간만을 기준으로 학습능력을 비교할 수가 없기 때문이다. 즉, 물고기들은 하루에 두 번씩 먹이를 먹는 게 보통인 데 반해, 작은 새들은 몇 분마다 한 번씩 먹이를 먹는다. 따라서 먹이를 동기부여 요인으로 이용한 학습실험에서, (느긋한) 물고기는 (조급한) 새보다 학습속도가 느리게 나타날수밖에 없다. 따라서 물고기의 시간-장소 학습 속도가 느리다고 해서 학습능력이 모자란다고 속단하면 안 된다. 먹이를 먹는 빈도를 감안하면, 물고기의 학습 속도는 새보다 결코 느리지 않다.

물고기의 **빠른** 학습 속도를 이용하면, 부화장에서 사육되어 야생에 방출된 물고기들의 생존율을 향상시킬 수 있다. 제자리를 맴돌며 수영하고, 정해진 시간에 사료를 받아먹고, 위험한 포식자에 노출되지 않으면서 양식장이라는 제한된 공간에서 성장하는 것은 야생에서 생존하는 것과 전혀 색다른 경험이다. 야생 연어들과 달리 생존기술이 부족한 양식 연어 새끼들의 경우, 매년 전 세계에서 방출된 약 50억 마리 중 겨우 5퍼센트만 살아서 성어成魚가 된다고 한다. 많은 연구에 의하면, 양식장이나 축사에서 여러 세대 동안 사육되는 동물들은 포식자를 인식하는 능력을 상실한다고 한다. 왜냐하면 이런 환경에서는 포식자를 인식하는 능력이 생존우위를 부여하지 않기 때문이다.

하지만 브라질 폰티피시아 가톨릭 대학교의 생물학자 플라비아 메스퀴타와 로버트 영은 양식한 물고기의 생존율을 상승시킬 수 있음을 증명했다. 이들은 나일틸라피아Nile tilapia의 치어를 박제된 피라냐에 노출시킨 후, 수조에 설치되어 있던 그물로 즉시 생포했다. 그물에 잡히는 순간, 틸라피아는 '그물에 걸린 불쾌한 느낌'을 피라냐의 모습과 연관시켰다(피라냐는 투명한 비닐로 감싸였으므로, 형체는 볼 수 있어도 냄새는 맡을 수 없었다). 이런 훈련을 세 번 실시하자, 틸라피아는 박제된 피라냐를 목격하자마자 신속히 사방팔방으로 달아났다. 이 같은 산포효과scatter effect는 포식자를 헷갈리게 하는 효과가 있다. 훈련을 열두 번 실시하자, 순진했던 치어들은 항포식자반응anti-predator response을 전면 수정하여, 수면으로 부상한 다음 꼼짝 않고 머물러 있는 행동을 취했다. 이에 반하여 (훈련을 받지 않은) 대조군에게 박제된 피라냐를 보여줬더니, 처음에는 피라냐에게 접근하지 않다가(이것은 낯선 물체를 처음 본 물고기들이 보이는 전형적인 회피반응이다), 이윽고 피라냐를 깡그리 무시했다. 열두 번째 훈련이 끝난 지 75일 후에 훈련을 다시 실시했더니, 훈련받은 틸라피아 중 절반 이상이 학습한 내용을 기억하고 있는 것으로 나타났다.

물고기의 인식능력에 관한 연구가 대부분 그렇듯, 메스퀴타와 영의 연구는 경골어류를 대상으로 실시되었다. 그렇다면 연골어류는 학습능력 테스트에서 몇 점이나 받을까? 1960년대 초반, 수염상어nurse shark는 흑백을 구별하는 문제에서 쥐와 막상막하의 성적을 거뒀으며, 5일 후 벌인 재대결에서 둘 다 80퍼센트의 성공률을 보였다. 해양보존과학연구소의 데미안 채프먼은 비디오를 보여주는 실험을 통해 장완흉상어oceanic whitetip shark가 '엔진을 끈 어선'을 탐지하는 방법을 학습했음을 확인했다. 그 이유는 뭘까? 어선이 엔진을 껐다는 것은 고기를 잡았다는 것을 의미한다. 따라서 이때를 틈타 재빨리 어선에 접근하면, 어부들이 물고기를 거둬들이기 전에 가로챌 기회가 생기기 때문이다. 장완흉상어의 행동은 상어가 '생각을 가진 동물'이라는 것을 시사한다.

이스라엘, 오스트리아, 미국의 생물학자들로 구성된 연구진은 연골어류의 문제해결 능력에 관한 연구에서, 남아메리카에 사는 민물가오리인 포타모트리곤 카스텍시Potamotrygon castexi에게 까다로운 먹이(이들의 섭식방법을 감안할 때 먹기 어려운 먹이_옮긴이)를 줬다. 이 가오리는 야생에서는 모래 속에 사는 조개를 끄집어내어, 뚜껑을 연 다음 입으로 후루룩 빨아먹는다.

연구에 사용된 다섯 마리의 어린 가오리들은 20센티미터짜리 PVC 파이프 속에 작은 먹이가 들어 있음을 금세 알아채고, 물을 빨아들임으로써 먹이를 꺼내는 데 성공했다. 두 마리의 암컷 중 한 마리는

4부 물고기의 생각

100퍼센트의 성공률을 보였는데, 아마도 다른 가오리들이 먼저 하는 것을 눈여겨봤기 때문인 것으로 보인다. 이틀 후에는 다섯 마리 전원이 먹이 먹는 방법을 마스터했는데, 그 전략이 서로 달랐다. 두 마리의 암컷들은 지느러미를 이용하여 파이프 속에 물결을 일으켜, 먹이가 밖으로 빠져나오게 만들었다. 세 마리의 수컷들도 가끔 암컷과 같은 기술을 사용했지만, 그보다는 원판 모양의 몸을 흡입 컵suction cup으로 이용하여 먹이를 빨아들이는 기술을 주로 사용했으며, 때로는 두 가지 기술을 병행하기도 했다. (이 같은 성차性差가 우연의 일치인지, 아니면 섭식방법의 성차를 실제로 반영한 것인지는 분명치 않다.)

연구진은 실험의 난이도를 높여, 파이프의 양쪽 끝에 각각 까만색 연결구와 하얀색 연결구를 부착했다. 까만색 연결구에는 그물망이 있어서 먹이가 통과할 수 없었고, 하얀색 연결구에는 아무것도 없었다. 다섯 마리의 가오리를 대상으로 각각 여덟 번씩 테스트한 결과 마지막 테스트에서는 다섯 마리 전원이 하얀색 연결구 쪽에서 먹이를 꺼내는 데 성공했다. 흥미롭게도 다섯 마리는 1차 실험과 2차 실험에서 전략을 바꾸는 것으로 나타났다. 암컷과 수컷 공히, 물결 만들기 또는 흡입하기 일변도에서 두 가지 방법을 병행하는 쪽으로 전략을 수정한 것이다. 한 수컷은 입으로 파이프 속에 물을 분사함으로써 먹이를 밀어내는 전술을 구사하기도 했다.

포타모트리곤 카스텍시를 대상으로 한 연구 결과를 살펴보면, 가오리는 그저 학습만 하는 것이 아니라 문제를 풀기 위해 혁신도 수행하는 것으로 보인다. 또한 물을 도구로 사용하여 물체를 조작한다고 볼 수 있다. 더구나 도저히 저항할 수 없는 신호(즉, 까만색 연결구에서 나는 먹이 냄새)를 마다하고 하얀색 연결구로 헤엄쳐 가 과제를 수행한다는 것은 결코 예삿일이 아니다. 이는 '화학신호를 쫓는다'는 원초적 본능에 거역하는 것으로, 가오리가 유연성, 인식능력, 그리고 결단력을 보유하고 있음을 시사한다.

마지막으로, 긍정적 강화훈련에 대해 생각해보기로 하자. 학습능력이 뛰어난 물고기를 훈련하면, 바람직하지 않은 행동을 교정할 수 있다. 이는 물고기를 사육하는 상황에 유용할 수 있다. 디즈니 동물프로그램에서 행동학적 문제를 담당하는 동물사육사 리사 데이비스는 나에게 날쌔기 cobia라는 대형 해수어를 다루는 과정에서 발생하는 행동학적 문제를 교정하는 방법을 소개한 바 있다. 커다랗고 매끈한 날쌔기는 길이 180센티미터에 몸무게가 80킬로그램 이상으로 자랄 수 있는데, 워낙 대식가인 관계로 아쿠아리움에서 과체중이 되기 십상이다. 데이비스가 관리하는 날쌔기도 예외는 아니었다. 날쌔기들은 식사시간에 다른 물고기들의 먹이를 모두 빼앗아 먹었다. 그래서 데이비스가 이끄는 팀은 날쌔기를 훈련시켜, 특정한 장소에서 사육사가 건네주는 먹이만 받아먹도록 만들었다. 이윽고 날쌔기들은 (물고기들이 뷔페식 식사를 하는) 경쟁 환경에서 멀찌감치 벗어났다. 그러자 그동안 식사량이 부족했던 물고기들이 넉넉한 양을 먹을 수 있게 되었고, 과식을 했던 날쌔기들도 정량定量을 회복하자 정상체중에 가깝게 되었다. 한마디로 윈윈게임이었던 셈이다. "심지어 불거져 나왔던 눈도 제자리로 돌아갔답니다"라고 데이비스는 말했다.

아쿠아리움의 물고기들을 의학적으로 관찰해야 할 때도 학습능력을 이용한 훈련이 최선이다. 홍콩에 있는 오션파크, 애틀랜타에 있는 조지아 아쿠아리움, 올랜도에 있는 엡콧센터에 가면 만타가오리와 그루퍼를 볼 수 있는데, 이들은 모두 긍정적 강화훈련을 통해 (운반용) 들것 속으로 헤엄쳐 들어오는 방법을 배웠다. 긍정적 강화를 이용하여 물고기를 훈련시키면 배식과 치료에 기꺼이 협조하므로, 물고기들이 훨씬 더 흥미롭고 보람된 삶을 영위하게 할 수 있다. 또한 물고기의 지능에 대한 고정관념을 깨는 데도 도움이 될 수 있다.

상황적합적 지능

방금 전에 언급한 사례에서 쥐와 수염상어의 성공률이 80퍼센트였다는 것에 대해, 이렇게 말하는 독자들이 있을지 모르겠다. "그럼 실패율이 20퍼센트라는 말이로군. 20퍼센트라는 건 상당한 수치야." 이들은 동물이 똑똑하다는 소리를 들으려면, 학습능력 테스트에서 100점을 맞아야 한다고 생각하는 모양이다. 그러나 다른 동물들과 마찬가지로 물고기들 역시 자신의 테스트 점수에는 관심이 없다. 정해진 패턴을 로봇처럼 따른다고 해서 성공이 보장되는 것은 아니기 때문이다. 물고기들은 유연하고 호기심이 많은데, 그 이유는 새로운 각도에서 바라보고, 새로운 사고를 하도록 진화했기 때문이다. 설사 고도의 훈련을 받은 물고기들도 늘 대안을 탐색하는데, 역동적인 현실세계에서 생산성을 유지하려면 그렇게 행동해야 한다. 유사 이래 폭풍우, 지진, 홍수의 위협에 늘 시달려오다가 최근에는 인간까지 가세하는 바람에 물고기에게는 더욱 유연한 생각과 행동이 요구된다.

하지만 빠릿빠릿한 개체와 어리바리한 개체는 어디에나 존재하기 마련이기 때문에, 다양한 물고기들의 지능이 모두 똑같은 건 아니다. 그리고 종種의 자연사에도 차이가 있어서, 변화무쌍한 서식환경은 그곳에 사는 종에게 더욱 날카로운 지능을 요구한다. 이 같은 차이는 종 사이에만 존재하는 게 아니다. 다양한 해안환경에 서식하는 프릴핀고비의 사례에서 살펴본 것처럼, 같은 종에 속하는 개체군 사이에서도 서식지에 따라 특정 뇌 영역의 크기나 그와 관련된 지능의 차이가 나타난다.

인도 케랄라 주에 있는 세이크리드하트 칼리지의 K. K. 쉬나자와 K. 존 토머스는 생태계에서 직면하는 도전이 물고기의 지능에 미치는 영향을 연구했다. 야생에서 사는 등목어climbing perch는 잔잔한 물과 흐르는 물에 모두 서식한다. 쉬나자와 토머스는 인도의 두 시냇물(흐르는 서식지)에 사는 등목어를 수집하여, 인근의 두 연못(잔잔한 서식지)에서 수집한 등목어와 학습능력을 비교했다. 등목어들은 수조 속의 미로를 통과하는 데 성공하면 맛있는 먹이로 보상받았다.

두 종류의 등목어 중 어느 쪽이 더 빨리 미로를 통과했을 거라 생각하는가? 두말할 것도 없이 시냇물에 사는 등목어였다. 이들은 약 네 번 만에 미로를 통과한 데 반해, 연못에 사는 등목어는 평균적으로 여섯 번 만에 미로를 통과했다. 이 차이를 이해하는 것은 어렵지 않다. 변화하는 환경(흐르는 물)에 서식하는 등목어가 안정된 환경(잔잔한 물)에 서식하는 등목어보다 길을 더 잘 찾는 건 당연하기 때문이다. 그러나 연구진이 각각의 경로에 작은 식물을 심어 이정표를 만들자 사정이 달라졌다. 연못에 사는 등목어는 성과가 급격하게 상승하여 네 번 만에 미로를 통과한 데 반해, 시냇물에 사는 등목어는 성과가 향상되지 않왔다. 다시 말해서, 연못에 사는 등목어는 이정표를 유용하게 사용한 반면 시냇물에 사는 등목어는 그것을 무시한 것이다. 이유가 뭘까?

쉬나자와 토머스는 이 같은 행동패턴을 명쾌하게 해석했다. 시냇물에서는 끊임없이 물이 흐르고 주기적으로 홍수가 들이닥치기 때문에 연못보다 역동적인 서식환경이라고 할 수 있다. 따라서 시냇물에 서식하는 등목어의 입장에서 볼 때, 돌이나 식물 등의 이정표는 여행 경로를 학습하는 데 도움이 되지 않는다. 그러다 보니 믿을 거라고는 자기 자신밖에 없어, 변화무쌍한 경로를 찾아가는 자신만의 노하우를 터득했다. 따라서 1차 실험에서 시냇물에 사는 등목어가 높은 성과를 거둔 이유는 시각신호보다 자기중심적egocentric 신호에 의존했기 때문이다. 이와 대조적으로 연못처럼 비교적 안정된 서식지에서는 이정표가 신뢰할 만한 내비게이션 수단이므로, 이정표에 익숙해지는 데는 분명한 메리트가 있다. 따라서 2차 실험에서 연못에 사는 등목어가 약진할 수 있었던 것은 자기중심적 신호보다 시각신호에 의존했기 때문이다.

같은 종 내에서도 개체군별로 형질이 달라질 수 있다는 것은 또 다른 면에서 중요한 의미가 있다. 만약 형질이 다른 두 개체군들이 오랫동안 상호교배를 하지 않는다면, 궁극적으로 새끼를 낳을 수 없는 지경에 이를 수 있다. 그렇게 된다면 두 개체군은 각각 별도의 종으로 진화할 것이다. 이것은 피터 그랜트와 로즈메리 그랜트 부부가 『핀치의 부리』에서 말했던 것처럼, 진화가 현재진행형이라는 것을 의미한다.

지금까지 물고기들이 지진아가 아니고, 마음을 갖고 있으며, 정신생활을 한다는 증거를 제시했다. 그러나 좀 더 축복받은 지능 형태, 예컨대 계획을 수립하거나 도구를 사용하는 능력은 어떨까? 이 점에 대해서는 다음 장에서 설명하기로 한다.

제 8 장
도구사용, 계획수립

2009년 7월 12일 팔라우의 퍼시픽 섬에서 다이빙을 하다 뭔가 특이한 장면을 발견한 지아코모 베르나디는 이를 운 좋게 카메라에 담았다. 코이로돈 앙코라고$_{Choerodon\ anchorago}$라는 주홍점박이 양놀래깃과 물고기가 입으로 물을 뿜어 모래 속의 조개를 캐내더니, 얼른 주워 물고 약 30미터 떨어진 곳에 있는 큰 바위로 운반하는 것이었다. 그러더니 머리를 재빠르게 좌우로 흔들며 타이밍을 잘 맞추어 입을 벌리는 게 아닌가! 그것도 한두 번이 아니라 수차례 반복해서 말이다. 물고기의 입에서 벗어나 바위에 부딪히기를 여러 번, 마침내 조개는 보드라운 속살을 물고기에게 헌납하고 말았다. 이후 20분 동안 물고기는 동일한 방식으로 조개 세 마리를 거뜬히 먹어치웠다.

이로써 UC 산타크루즈에서 진화생물학을 가르치는 베르나디 교수는 도구를 사용하는 물고기를 비디오로 촬영한 최초의 과학자가 되었다. 물고기가 수단과 방법을 불문하고 도구를 사용한다는 것은 주목할 만한 행동이었다. 도구 사용은 오랫동안 인간 특유의 행동으로 여겨져 왔으며, 과학자들이 '포유류와 조류, 심지어 그 밖의 동물들이 도구를 사용한다'고 인정하기 시작한 것은 겨우 10년 전부터였다. 예컨대 2013년에는 악어가 나뭇가지를 머리 위에 얹고 헤엄쳐 다니다가, 왜가리 둥지를 발견하면 그 밑에 나뭇가지를 띄워 놓고 왜가리를 유인하는 장면이 관찰되었다.

베르나디 교수의 비디오를 볼 때마다 보석 같은 사실을 하나씩 발견한다. 처음에는 진취적인 물고기가 조개를 캐내는 방법을 눈치 채지 못했다. 우리의 예상과 달리 입으로 물을 뿜어 모래를 파헤치지 않고, 표적에서 잠깐 비켜난 후 아가미뚜껑을 닫음으로써 물결을 일으켰던 것이다(책장을 덮으면 바람이 나오는 것과 마찬가지 원리다). 이 물고기가 사용한 방법은 도구 사용보다 한 차원 높은 방법이다. 시간 및 공간적으로 떨어진 일련의 유연한 행동들을 논리적으로 연결한다는 점에서, 진정한 설계자라고 할 수 있다. 이는 침팬지가 나뭇가지나 풀줄기를 이용하여 흰개미를 둥지에서 끌어내는 것에 비견된다. 딱딱한 견과류를 평평한 바위(모루 역할을 한다고 보면 된다) 위에 올려놓고, 무거운 돌멩이로 내려쳐 깨는 브라질산 카푸친원숭이도 막상막하다. 견과류를 복잡한 교차로에 떨어뜨린 다음, 빨간 신호등이 켜진 동안 급강하하여 (차바퀴에 깔려 부스러진) 견과류 조각을 챙기는 까마귀도 마찬가지다.

마치 바다의 유명인사인 것처럼, 코이로돈 앙코라고는 바닷속의 관중들을 끌어 모은다. 다양한 종류의 물고기들이 헤엄쳐 와서는 모래를 휘날리며 조개를 캐내는 장관을 구경한다. 그리고 다른 물고기들은

(마치 인터뷰를 하려는 기자들처럼) 조개를 물고 큰 바위를 향해 헤엄쳐 가는 코이로돈 앙코라고를 수행한다. 조개를 물고 가던 물고기는 도중에 약간 작은 바위 앞에 멈춰 선다. 조개를 한두 번 바위에 내팽개쳐 보더니, 안되겠다 싶은지 다시 조개를 주워 물고 다른 바위를 찾아 나선다.

이 정도의 솜씨를 빌휘한다면, 어떤 동물이라도 큰 인상을 남길 것이다. 그러나 물고기가 그런 일을 했다면 더욱 특별하다. '물고기는 동물의 지능 스펙트럼에서 맨 왼쪽에 있다'는 고정관념을 완전히 무너뜨릴 테니 말이다. 혹자는 코이로돈 앙코라고를 '물고기계의 아인슈타인'이라고 부르며, 예외적인 존재로 몰아세울지도 모른다. 그러나 코이로돈 앙코라고는 결코 특출한 물고기가 아니다. 베르나디 교수를 비롯한 여러 과학자들이 연구한 바에 따르면, 양놀래깃과 물고기 중에는 코이로돈 앙코라고에 버금가는 물고기들이 많다고 한다. 그리고 이 책에서 지금껏 언급한 물고기들 중에도 못지않은 지능을 보유한 물고기들이 수두룩하다.

아니나 다를까, 뒤이어 호주의 그레이트배리어리프에서 발견된 코이로돈 스코인레이니이Choerodon schoenleinii, 플로리다 해안에서 발견된 할리코이레스 가르노티Halichoeres garnoti, 그리고 한 아쿠아리움에서 관찰된 탈라소마 하르드비케Thalassoma hardwicke도 코이로돈 앙코라고와 유사한 행동을 보이는 것으로 확인되었다. 예컨대 탈라소마 하르드비케의 경우 (삼킬 수 없을 정도로) 크고 (턱으로 부술 수 없을 정도로) 딱딱한 먹이를 줬더니, (코이로돈 앙코라고가 조개껍질을 깨부수던 것처럼) 수조 속에 있는 바위에 부딪쳐 산산조각을 냈다고 한다. 그 장면을 관찰한 폴란드 브로츠와프 대학교의 우카시 파스코는 "탈라소마 하르드비케를 여러 주 동안 관찰한 결과 열다섯 번에 걸쳐 동일한 행동을 목격했는데, 매우 일관된 행동을 보였으며 실패하는 경우가 별로 없었다"라고 보고했다.

지독한 회의론자들은 양놀래깃과 물고기들의 행동을 가리켜 "하나의 도구를 휘둘러 다른 물체를 조작하는 것이 아니므로, 진정한 도구 사용으로 볼 수 없다"라고 지적한다. 예컨대 인간의 경우에는 도끼를 휘둘러 장작을 쪼개고, 침팬지의 경우에는 막대기를 이용하여 흰개미를 끄집어내지만, 양놀래깃과 물고기들은 조개나 사료 알갱이를 주워 물어 바위에 팽개치는 데 불과하다는 것이다. 파스코는 탈라소마 하르드비케의 행동을 '도구 사용과 유사한 행위'라고 부르면서도 의미를 결코 과소평가해서는 안 된다고 강조한다. 왜냐하면 물고기의 경우에는 사지四肢가 없어서 별도의 도구를 조작하는 것이 불가능하기 때문이다. 더구나 물의 점도와 밀도를 감안할 때, 별도의 도구를 휘둘러 충분한 모멘텀을 얻기는 매우 어렵다. (물속에 들어가 돌멩이를 조개에게 던져보라. 그게 그리 쉽게 깨질 것 같은가?) 마지막으로, 설사 물고기가 근처를 샅샅이 뒤져 별도의 도구를 찾아내어 입으로 물었다고 치자. 그러면 그 사이에 먹이가 다른 곳으로 떠내려가 남 좋은 일 시키는 것밖에 더 되겠는가.

양놀래깃과 물고기들은 물결을 일으켜 모래를 움직이는 반면, 물총고기는 물을 발사체로 이용한다. 물총고기는 길이 10센티미터의 열대 명사수로, 은빛 옆구리를 따라 멋진 흑색반점이 한 줄로 늘어서 있다. 대부분 하구와 맹그로브 나무숲(열대와 아열대의 갯벌이나 하구에서 자라는 목본식물의 집단_옮긴이)의 짠 물, 또는 시냇물에 살며, 서식지 분포는 인도에서부터, 필리핀, 호주, 폴리네시아에 이르기까지 광범위하다. 물총고기의 눈은 넓고 크며, 눈알이 움직이므로 양안시가 가능하다. 또한 인상적인 주걱턱을 갖고 있어서, 일종의 총신銃身을 만드는 데 사용할 수 있다. 이들은 혓바닥을 입 안의 홈에 대고 누르며 순식간에 목구멍과 입을 압박함으로써, 무려 3미터 높이까지 날카로운 물줄기를 발사할 수 있다. 나뭇잎에 앉아 있는 딱정벌레나 메뚜기를 겨냥하는데, 일부 개체들은 1미터 거리에서 거의 100퍼센트 명중률을 자랑한다.

물총고기는 단발사격과 (기관총 비슷한) 연속사격이 모두 가능하며, 곤충, 거미, 새끼 도마뱀, 날고기 조각을 겨냥하지만, 과학자들이 만든 모형 사냥감은 물론 관찰자의 눈까지도 맞힐 수 있다. 심지어 담뱃불도 명중시킨다. 물총고기는 사냥감의 크기에 따라 탄알을 조절하는데, 표적이 커다랗고 무거울수록 많은 물을 사용한다. 노련한 물총고기들은 일부러 표적의 아랫부분을 맞혀 수면에 수직으로 낙하시킨다. 왜냐하면 표적이 정타로 맞을 경우 뒤로 밀려나 땅바닥에 떨어질 수 있기 때문이다.

하지만 물을 발사체로 사용하는 것은 물총고기가 보유한 다양한 옵션 중 하나일 뿐이다. 평소에는 여느 물고기들과 마찬가지로 물속에서 먹이를 사냥한다. 만약 먹이가 수면에서 30센티미터 정도 거리에 있다면, 굳이 물총을 발사하지 않고 좀 더 직접적인 경로를 택한다. 물 위로 점프하여 먹이를 입으로 낚아채는 것이다.

물총고기는 떼 지어 사는데, 동료들의 기술을 눈썰미로 배우는 환상적인 관찰학습 능력을 갖고 있다. 이들의 탁월한 사냥 실력은 선천적으로 타고나는 게 아니어서, 초보자들이 빠른 표적을 맞히려면 오랜 훈련기간을 거쳐야 한다. 독일 에를랑엔-뉘른베르크 대학교에서 물총고기를 연구하는 생물학자들에 따르면 비숙련 물총고기들은 초당 0.5 인치의 속도로 꾸물거리는 표적도 제대로 맞히지 못한다고 한다. 그러나 다른 물고기들이 움직이는 표적을 향해 (맞히든 못 맞히든) 사격하는 것을 1,000번 정도 견학하고 나면, 초보자들도 빠르게 움직이는 표적을 성공적으로 맞힐 수 있다고 한다. 따라서 연구자들은 "물총고기들은 어려운 원거리 사격 기술을 연마하기 위해 동료들의 관점을 상정想定할 수 있다"라고 결론지었는데, 생물학자들은 이것을 조망 수용perspective taking이라고 부른다. 물론 물총고기의 조망 수용이 침팬지와 같은 수준의 인지능력을 요하지는 않는다. 어떤 침팬지는 다친 찌르레기를 데리고 나무 위로 올라가 혼자 힘으로 날아갈 수 있도록 도와줬다고 하니 말이다. 그러나 조망 수용이 타자他者의 관점에서 뭔가를 배우는 능력의 일종이라는 것만은 분명하다.

비디오로 고속 촬영한 결과에 따르면 물총고기는 날아가는 표적의 속도와 위치에 따라 다양한 발사 전략을 구사한다고 한다. 예컨대 예측선도 전략은 날아가는 곤충의 속도를 감안하여 날카로운 물줄기의 궤적을 조절하는 전략을 말한다. 즉, 곤충의 속도가 빠를 경우 물총고기는 곤충의 예상경로를 계산하여 약간 앞부분을 겨냥한다. 한편 표적이 저공비행(수면에서 20센티미터 미만)을 할 경우 물총고기들은 종종 다른 전략을 사용하는데, 생물학자들은 이것을 회전사격이라고 부른다. 회전사격이란 표적의 측면 이동에 맞춰 몸을 회전시키며 물총을 발사하는 것을 말한다. 물총을 측면으로 움직이며 물줄기를 발사할 경우 물줄기의 궤적도 측면으로 움직이며 이동하는 표적을 명중시키게 된다. 물총고기의 이 같은 회전사격 능력은 웬만한 미식축구 쿼터백을

4부 물고기의 생각

무색케 한다.

물총고기는 물-공기 계면界面 통과에 따른 시각왜곡을 보정할 수도 있다. 이는 '표적의 겉보기 크기'와 '표적과 물고기의 상대 위치'에 대한 물리법칙을 학습함으로써 가능하지만, 물총고기는 눈대중을 통해 낯선 각도와 거리에 있는 사물의 절대적인 크기를 비교적 정확히 측정한다. 나는 물총고기가 상당한 수준의 곤충학 지식도 갖고 있을 거라고 생각한다. 왜냐하면 멀리서 보고 곤충의 맛과 크기, 심지어 독침이 있는지 여부까지 척척 알아차리기 때문이다.

장담컨대, 물총고기가 물총을 사용한 역사는 인간이 돌을 던진 역사보다 길 것이다. 그리고 우리 조상들이 철기시대에 뜨거운 금속을 모루 위에 놓고 두드리기 시작한 것보다 훨씬 전부터 양놀래깃과 물고기들은 돌멩이를 이용하여 조개껍질을 깨고 있었을 것이다. 그렇다면 우리가 뜻하지 않은 환경을 만나 자발적으로 도구 사용을 시작했던 것처럼, 물고기들도 자발적으로 도구 사용을 시작했을까?

2014년 5월《동물의 인지Animal Cognition》에 실린 논문을 보면 그에 대한 단서를 얻을 수 있을 것이다. 아쿠아리움에서 연구용으로 사육하는 대서양대구를 이용한 실험에서 혁신적인 도구를 사용한 사례가 발견된 것이다. 먼저, 연구자들은 개체들을 구별하기 위해 대구의 등지느러미 근처에 다양한 색깔의 플라스틱 태그를 부착했다. 그리고 수조의 한 구석에 자동 사료 공급장치(장치의 한쪽 끝에 있는 고리를 잡아당기면 사료 알갱이가 방출되는 장치)를 설치했다. 잠시 후 실험을 시작하자 물고기들은 고리로 다가가 입으로 물어 당기는 법을 별로 어렵지 않게 터득했다. 그런데 뜻하지 않은 사건이 발생했다. 일부 대구들이 태그를 고리에 끼우고 그대로 직진함으로써 사료 알갱이를 방출시키는 방법을 알아낸 것이다. 이들은 우연히 그 방법을 시도했다가 효과가 괜찮아 보이자 수백 번의 테스트를 거쳐 기술을 더욱 갈고닦았다. 그 결과 그 기술은 더욱 미세하게 조정된 목적지향적 협응운동으로 거듭났고, 혁신적 물고기들은 입을 사용하는 물고기들보다 몇 분의 일 초 빠르게 사료 알갱이를 입에 넣는 것으로 밝혀졌다. 물고기가 주둥이를 이용해 외부 장치를 조작하는 것만도 충분히 인상적인데, 다른 방법(이 경우에는 태그)을 사용하여 외부 장치를 조작했다는 것은 물고기가 유연성과 독창성을 지니고 있음을 여실히 보여주는 것이다.

물고기의 도구 사용은 지금껏 일부 제한된 그룹에만 국한된 것으로 보였다. 컬럼 브라운에 의하면, 특정 양놀래깃과 물고기들은 평균치 이상의 도구 사용 빈도를 보이는 물고기로서 포유류로 말하면 영장류, 조류로 말하면 까마귓과(까마귀, 레이븐_{raven}, 까치, 어치)에 해당한다고 한다. 물속에 사는 동물들은 육지에 사는 동물들보다 도구 사용 기회가 적다는 핸디캡이 있다. 그러나 양놀래깃과 물고기와 물총고기들은 창의적 문제해결 능력이 무한히 진화될 수 있음을 보여주는 대표적 사례일 뿐이다. 나는 이들 외에 더 많은 물고기들이 도구 사용 능력을 보유하고 있을 거라고 믿는다.

타이거피시도 그런 물고기들 중 하나가 아닐까?

판세 뒤집기

새들은 수천 년 동안 물고기를 사냥하기 위해 물속으로 다이빙해

왔다. 펠리컨, 물수리, 부비새, 제비갈매기, 호반새는 막강한 '깃털 군단'의 대표선수들이다. 부비새는 길이가 1미터이고 몸무게가 3.6킬로그램이며, 15~30미터 상공에서 급강하해 수면에 닿기 직전의 순간속도는 시속 100킬로미터다. 그리고 마치 어뢰처럼 수심 4.5미터(좀 더 빨리 헤엄치면 약 20미터)까지 쾌속 잠수하여 뾰족한 부리로 멋모르는 물고기를 낚아챈다.

그러나 가끔 전세가 역전되기도 한다.

2014년 1월, 남아프리카공화국 림포포 주에 있는 쉬로다 댐이라는 인공호수에서 네 명의 생태학자들은 (현지인들이 전에 봤다고 주장한) 뭔가를 필름에 담았다. 제비 세 마리가 수면을 스치고 지나갈 즈음, 타이거피시Hydrocynus vattatus 한 마리가 난데없이 물 위로 뛰어올라 그중 한 마리를 공중에서 덥석 물어버린 것이다.

타이거피시는 아프리카의 민물에 사는 은빛 비늘을 가진 달걀 모양의 포식자다. 이들은 다양한 종으로 구성되어 있는데, 그중에서 가장 큰 것은 몸무게가 70킬로그램에 달한다. 측면에 새겨진 수평 띠와 입 속에 있는 크고 날카로운 이빨 때문에 타이거피시라는 이름을 얻었으며, 낚시꾼들 사이에서 '최고의 월척'이라는 극찬을 받는다.

타이거피시가 제비를 사냥한 건 그때뿐만이 아니었다. 이 사건을 보고한 연구팀에 따르면 하루에 약 20건의 사례가 목격되었으며, 15일간 조사하는 동안 300마리나 되는 제비들이 타이거피시의 입으로 들어갔다고 한다.

여기서 잠시 멈추고 생각해보자. 제비는 날아가는 곤충들을 잡아먹을 만큼 빠르고 민첩하기로 정평이 나 있다. 졸지에 물고기의 밥이

된 순간 제비들은 최소한 시속 30킬로미터의 속도로 비행하고 있었을 것이다. 그렇다면 별 생각 없는 물고기가 날아가는 제비를 잡는다는 게 말이 된다고 생각하는가? 아무런 계획이 없었다면, 덩치 큰 킬러피시가 100만 번을 점프해봤자 제비의 깃털 하나도 건드리지 못했을 것이다. 설사 제비가 수면 가까이 접근했을 때, 타이거피시가 운 좋게 그 밑에서 기다리고 있었다고 치자. 그 순간 타이거피시가 (해수면에서 헤엄치는 바다표범을 습격하려고 바닷속에서 용솟음치는 백상아리처럼) 수직으로 점프했더라도 이미 제비가 지나가버린 허공에 헛입질을 하고 말았을 것이다.

비록 선명하지는 않지만 타이거피시를 촬영한 비디오 영상을 유심히 살펴보면, 제비 사냥에 성공한 타이거피시는 수직 점프를 하지 않고 제비를 후미에서 공격했음을 알 수 있다. 따라서 타이거피시는 수면 바로 아래에서 제비의 뒤를 쫓다가 결정적인 순간에 광속으로 뛰어올라 제비를 낚아챈 후 첨벙 하며 물속으로 복귀한 것이다.

그러나 관찰 결과를 논문으로 발표한 생태학자들은 15일 동안 현장에서 지켜본 끝에 타이거피시가 두 가지 공격방법을 사용한다는 것을 알게 되었다. 한 가지 방법은 수면에서 제비의 바로 뒤를 쫓다가 결정적인 순간에 기민하게 점프하는 것이다. 또 한 가지 방법은 최소한 수심 40센티미터 지점에서 곧바로 수직으로 점프하는 것이다. 첫 번째 방법의 장점은 수면에서 일어나는 굴절 현상으로 인한 시각 왜곡을 보정할 필요가 없다는 것이다. 물속에서 바라볼 경우 제비는 실제 위치보다 뒤에 있는 것처럼 보이지만, 수면에서는 그럴 염려가 없기 때문이다. 그러나 첫 번째 방법의 단점은 기습 효과가 부족하다는 것이다.

두 번째 방법은 기습효과는 만점이지만, 시각 왜곡이 심하다는 단점이 있다. 그렇다면 일부 타이거피시들이 시각 왜곡을 감수하면서까지 두 번째 방법을 고집하는 이유는 뭘까? 이는 타이거피시가 굴절로 인한 시각 왜곡을 스스로 보정하는 법을 학습했기 때문일 것이다. 그렇지 않고서야 어떻게 사냥에 성공할 수 있었겠는가?

타이거피시의 특이한 행동은 몇 가지 의문을 제기한다. 첫째, 타이거피시는 얼마나 오랫동안 새 사냥을 해왔을까? 둘째, 새 사냥은 맨 처음 어떻게 시작되었을까? 셋째, 새 사냥 행동은 어떻게 타이거피시 개체군 전체에 퍼져나갔을까? 넷째, 제비들이 그에 대응하여 회피행동(예를 들어 수면에서 멀찌감치 떨어져 비행하는 것)을 하지 않는 이유는 뭘까?

「타이거피시의 새 사냥 연구」를 지휘한 남아프리카공화국 크와줄루나탈 대학교 생명과학 대학원의 고든 오브라이언 교수(담수행태학)는 이렇게 말했다. "쉬로다 댐에서 타이거피시의 개체군이 확립된 것은 매우 최근의 일입니다. 1990년대 후반쯤, 림포포 강의 하류에서 이주해왔죠. 따라서 쉬로다 댐에 사는 타이거피시들의 나이는 매우 어립니다. 이들은 대부분의 지역에서 잘 살고 있지만, 유독 남아프리카공화국에서만 인간의 영향 때문에 개체수가 감소하고 있습니다. 이에 타이거피시를 남아프리카공화국의 보호종 목록에 등재해 인공서식지로 이동시키는 작업이 진행되고 있습니다."

오브라이언에게 타이거피시의 새 사냥이 어떻게 시작되었느냐고 묻자 이렇게 설명했다. "타이거피시의 관점에서 볼 때, 댐은 규모가 매우 작습니다. 그래서 이들은 적응과 소멸 중 하나를 선택해야 하는

기로에 섰던 것 같습니다. 타이거피시의 새 사냥이 처음 관찰되었던 2009년을 전후하여, 저와 동료들은 수많은 대형 타이거피시들이 열악한 환경에서 서식하는 것을 목격했습니다."

오브라이언은 새 사냥 행동이 타이거피시 개체군에 퍼져나간 방법에 대해서도 할 말이 많았다. "일종의 학습행동인 것 같습니다. 덩치가 작은 타이거피시들은 힘이 달리므로 '수면에서 추격하는 방법'을 선호합니다. 이에 반해 덩치 큰 타이거피시들은 '수면 아래에 깊이 매복했다가 기습하는 방법'을 선호하죠. 후자를 선택하는 경우 빛의 굴절로 인한 시각 왜곡을 보정해야 합니다. 우리가 알기로 타이거피시는 매우 기회주의적이어서 다른 개체들의 돋보이는 행동에 쉽게 이끌리는 것 같습니다. 먹을 것만 보면 환장을 하고 몰려들거든요. 해마다 제비가 이동하는 시즌이 되면, 댐 주변에서 장관이 펼쳐집니다. 아마 어린 타이거피시들이 새 사냥을 배우는 시기는 바로 그 즈음인 듯합니다."

사실 새 사냥은 타이거피시에만 국한되지 않는다. 드문 경우지만 큰입배스, 강꼬치고기 등의 포식어류가 수면에서 가까운 암초 위에 앉아 있는 작은 새들을 덮치는 장면도 목격되었다. 최근 프랑스 남부의 타른 강가에서 물을 마시려고 내려앉은 비둘기가 대형 메기에게 습격당하는 장면이 카메라에 포착되었다. 메기들은 범고래가 바다사자를 사냥할 때와 같은 전술을 사용한다(범고래들은 매복했다가 돌진하며 일시적으로 바닷가까지 진출한다).

물고기들은 단순한 과시용으로 새를 사냥하는 게 아니라 필사적으로 사냥하는 모습이 역력하다. 쉬로다 댐은 1993년에 건설된 인공서식지이며, 타이거피시는 남아프리카공화국의 다른 지역에서 쇠퇴하고 있던 중, 2000년~2003년 어족자원의 보호 및 육성을 위해 이곳에 옮겨졌다. 초기연구에 따르면, 쉬로다 댐의 타이거피시들은 다른 지역의 타이거피시들보다 새 사냥에 투자하는 시간이 세 배나 많았다고 하는데, 이는 아마도 호수에 식량이 부족했기 때문인 것 같다. 이러한 행동은 인근에 흔히 서식하는 아프리카물수리에게 좋은 표적이 되었지만, 타이거피시들은 물불을 가릴 처지가 아니었다.

프랑스의 타른 강가에서 비둘기를 사냥하는 메기들도 타이거피시와 비슷한 동기로 새 사냥을 시작했다. 이들은 1983년 강에 이주하여 살아남았지만, 비둘기는 원래 먹이가 아니었다. 그러나 주식이었던 작은 물고기와 가재가 부족해지자 궁여지책으로 비둘기를 메뉴에 포함시키기 시작했다. '필요는 발명의 어머니'라는 말은 물고기에게도 적용된다.

쉬로다 댐에서 타이거피시의 새 사냥을 관찰한 저자들은 한 편의 보고서를 인용했는데, 내용인즉 1945년과 1960년 남아메리카의 다른 지역에서 타이거피시가 공중에서 새를 잡는 광경을 목격했다는 것이었다. 그렇다면 한 가지 시나리오가 가능하다. 아마도 1940년대 중반에 진취적인 타이거피시 한 마리가 멋모르는 제비 한 마리를 요행수로 잡고 나서 요령이 생겨, 피나는 노력을 통해 새 사냥 기술을 갈고닦은게 아닐까? 이후 수많은 관찰학습을 통해 새 사냥 기술이 타이거피시 개체군 전체에 퍼져나가지 않았을까? 나름 근거가 있는 이야기다. 물총고기의 예에서 살펴본 것처럼 물고기들은 관찰학습에 능하기 때문이다.

어떻게 시작되었든 간에 타이거피시의 새 사냥은 유연한 인지행동의 전형적 사례다. 첫째, 새 사냥은 우발적으로 생겨났을 것이다. 왜냐하면 일부 종에게서 나타난 색다른 행동이기 때문이다. 둘째, 새 사냥에는 수많은 연습과 상당한 기술이 필요하다. 따라서 타이거피시들은 이 기술을 개발하고 연마하는 과정에서 수많은 시행착오를 거쳤을 것이다. 셋째, 기술은 수많은 관찰학습을 통해 퍼져나갔을 게 분명하다.

이쯤 되면 방금 전 타이거피시의 새 사냥에 대해 제기했던 의문은 대부분 해소된 듯하다. 마지막으로, 제비들이 타이거피시의 공격을 회피하기 위해 고공비행 등의 전략을 개발하지 않은 이유를 생각해보자. 이 점에 대해서는 과학적 근거를 제시한 문헌이 없고 몇 가지 추측이 무성할 뿐이다. ① 제비들이 타이거피시를 별로 신경 쓰지 않는다. ② 제비들은 수면 바로 위에서 비행할 때 에너지가 가장 적게 소모된다. ③ 대부분의 곤충들은 수면 가까이에 산다. 그러나 제비들이 타이거피시에게 신경을 쓰지 않는다는 주장은 설득력이 없어 보인다. 어마어마하게 큰 물고기가 물속에서 튀어나와 옆에 있던 동료를 낚아채는 것을 뻔히 보고서도 제비가 경계심을 늦춘다는 건 말이 안 되기 때문이다. 다만, 타이거피시의 새 사냥이 매우 드문 사건이라면 이해할 수 있다. 그럴 경우, 수면 가까이에 먹이가 가장 많다는 이점 때문에 제비는 위험을 무릅쓰더라도 저공비행을 포기할 수 없을 테니 말이다.

물고기와 영장류의 대결

물고기가 먹이를 얻기 위해 혁신을 추진하고 위험한 작전을 수행할 수 있다면, 인간이 설계한 시공간 수수께끼도 풀 수 있지 않을까?

당신이 배가 몹시 고픈데, 내가 당신에게 똑같은 피자 조각 두 개를 내밀며 이렇게 말한다고 하자. "왼쪽 것은 앞으로 2분 동안만 먹을 수 있고, 오른쪽 것은 언제나 먹을 수 있습니다." 당신은 어떤 것을 먼저 먹겠는가? 너무 배가 고파서 두 조각을 모두 먹어야 한다면, 왼쪽 것을 먼저 먹을 게 거의 확실하다. 오른쪽 것을 먼저 먹는다면, 왼쪽 것을 먹을 수 없기 때문이다.

이제 당신이 물고기(청소놀래기cleaner wrasse)이고, 위와 비슷한 상황에 직면했다고 가정하자. 즉, 내용은 똑같고 색깔만 다른 먹이 두 개(파란색과 빨간색)를 받는데, 만약 당신이 파란 먹이를 먼저 먹는다면 빨간 먹이를 치울 것이고, 빨간 먹이를 먼저 먹으면 잠시 후 파란 먹이도 먹을 수 있다. 그러나 물고기는 '빨간 먹이는 곧 사라질 것이다'라는 설명을 알아들을 수 없으므로, 경험을 통해 그 사실을 학습해야 한다.

독일, 스위스, 미국의 과학자들로 구성된 다국적 연구팀은 청소놀래기와 세 가지 영리한 영장류(카푸친원숭이 여덟 마리, 오랑우탄 네 마리, 침팬지 네 마리)를 대상으로 이와 비슷한 실험을 실시한 적이 있다. 이제 피자 한 판을 걸고 독자들에게 질문하겠다. 영장류 세 종과 청소놀래기 중에서 누가 문제를 제일 빨리 풀었을 거라고 생각하는가? 영장류 중 하나를 선택한다면, 당신은 피자 한 조각도 얻어먹지 못할 것이다. 왜냐하면 청소놀래기가 어떤 영장류보다도 문제를 빨리 풀었기 때문이다. 여섯 마리의 청소놀래기 전원이 빨간 먹이를 먼저 먹어야 한다는 사실을 학습했으며, 그때까지 실시된 실험횟수는 평균 45번이었다. 이와 대조적으로 침팬지는 두 마리만 학습에 성공했으며, 실시된 실험횟수는 60번과 70번이었다. 다른 침팬지 두 마리, 오랑우탄 전원,

카푸친원숭이 전원은 학습에 실패했다. 지진아들에게 보충학습을 시킨 후 다시 실험해보니, 카푸친원숭이 전원, 오랑우탄 세 마리가 100번 이내에 학습에 성공했으며, 침팬지 두 마리는 여전히 학습에 실패했다.

연구팀은 성공한 동물들에게 정반대 실험(빨간색과 파란색에 적용되는 규칙을 바꾼 실험)을 실시해보았다. 실험 결과 색깔이 바뀐 것에 금세 적응하는 동물들은 없었지만, 청소놀래기와 카푸친원숭이들은 100번 이내에 바뀐 규칙에 적응하는 저력을 보였다.

지금까지 설명한 청소놀래기는 어른 물고기였지만, 다국적 연구팀이 실시한 실험에는 어린 청소놀래기도 여러 마리 포함되었다. 어린 물고기들의 성적은 어른 물고기들의 성적에 훨씬 못 미치는 것으로 나타났는데, 이는 정신능력이 학습을 필요로 한다는 것을 시사한다. 이에 저자 중 한 명인 레두안 비샤리는 자신의 네 살배기 딸을 실험에 투입했는데, 동물의 먹이 대신 M&M 초콜릿을 사용했다. 실험 결과, 비샤리의 딸은 100번이 넘도록 올바른 순서('곧 사라질 M&M 초콜릿을 먼저 먹는다')를 학습하지 못했다.

연구팀은 다음과 같은 핵심 결론에 도달했다. "청소놀래기는 정교한 의사결정 능력을 보유하고 있으며, 이는 청소놀래기보다 크고 복잡한 뇌를 가진 동물들도 쉽게 습득할 수 없는 것으로 나타났다." 여기서 우리는 뇌의 크기가 중요하지 않다는 사실을 알 수 있다. 만약 뇌의 크기가 종의 생존에 유리하다면, 큰 뇌를 가진 영장류가 이 실험에서 물고기를 능가했어야 하지 않겠는가?

어떤 독자들은 영장류가 청소부 물고기와의 대결에서 참패한 것에 크게 실망할 것이다. 내로라하는 정신능력을 가진 영장류인데, 이래서는 체면이 영 말이 아니기 때문이다. 그러나 저자들의 생각은 좀 다르다. "유인원의 성공률이 의외로 저조하게 나타난 것은 과제를 수행하는 과정에서 받은 좌절감 때문이었을 것"이라고 그들은 말한다. 다시 말해, 영장류가 청소물고기에게 진 것은 멍청해서가 아니라, 그럴 만한 이유가 있어서였을 거라는 이야기다.

이와 관련해 짚고 넘어가야 할 게 하나 있다. 실험에 사용된 청소부 물고기와 영장류의 생활환경이 다르다는 것이다. 먼저 청소부 물고기부터 생각해보자. 청소부 물고기들은 고객(다른 물고기)들의 몸에 다닥다닥 붙어 있는 찌꺼기를 떼어먹으며 산다. 한가한 날에도 200마리 이상의 고객들을 맞이하며, 바쁜 날에는 2,000마리 이상의 다양한 고객들을 상대해야 한다. 그런데 고객들은 크게 두 그룹으로 분류된다. 말하자면 그중에는 산호초 주변에 사는 단골손님도 있지만, 잠시 스쳐가는 뜨내기손님도 있다. 청소부 물고기는 단골손님과 뜨내기손님을 구별하여 뜨내기손님에게 우선적으로 서비스를 제공한다. 즉시 서비스를 해주지 않으면 대번에 다른 청소부 물고기를 찾아갈 것이기 때문이다. 그에 반해 단골손님들은 서비스가 좀 늦더라도 진득하게 기다릴 것이다. 어떤가! 단골손님은 파란 먹이, 뜨내기손님은 빨간 먹이와 똑같지 않은가? 그러니 청소부 물고기들은 이 분야의 베테랑일 수밖에.

이번에는 영장류, 특히 유인원을 생각해보자. 유인원들은 수수께끼를 잘 풀기로 유명하며, 그중 어떤 문제는 인간보다 더 잘 풀 수 있다. 예컨대 침팬지는 인간보다 공간기억 능력이 뛰어나 컴퓨터 화면에 무작위로 흩어져 있는 숫자들을 더 잘 기억한다. 또한 침팬지들은 아르키메데스의 원리를 즉흥적으로 응용한다. 좁고 긴 유리관 바닥에 땅콩을 하나 집어넣으면 (손가락을 집어넣을 수 없는) 침팬지는 가까운 곳에서 물을 찾는다. 그러고는 물을 입으로 운반해 와서는 유리관 속에 뿜어 넣는다. 손이 닿는 높이로 땅콩이 떠오를 때까지 말이다. 일부 창의적인 침팬지들은 유리관 속에 오줌을 누기도 한다. 숲속에 사는 오랑우탄은 수백 그루의 과일나무 위치가 수록된 심상 지도를 만들며, 나무별로 열매가 달리는 시기를 기록한 스케줄도 작성한다. 한 동물원에 수용된 오랑우탄은 탈출 기술이 뛰어나기로 소문이 자자했는데, 스스로 우리의 자물쇠를 여는가 하면, 열쇠를 몸에 숨겨 사육사들을 따돌리기도 했다고 한다.

하지만 이상과 같은 영장류의 기술들은 실험에서 먹이를 선택하는 데 요구되는 기술과 질적으로 다르다. 또한 실험에 사용된 영장류들은 동물원에서 태어났기 때문에 하루에 몇 번씩 일상적으로 먹이를 공급받았으며, 먹이를 줬다가 도로 빼앗아가는 일은 절대로 없었다. 이와 달리 실험에 사용된 청소놀래기들은 야생에서 생포된 것으로 야생적인 습성을 그대로 지니고 있었다. 게다가 이들이 실험에서 직면한 의사결정 상황은 야생에서 맞닥뜨리는 의사결정 상황('산호초 주변에 사는 고객 물고기 중 누구에게 먼저 서비스를 제공할 것인가')과 매우 비슷하다. 그리고 실험의 논리도 청소놀래기의 야생 상황을 시뮬레이션하기 위해 신중하게 설계된 것이었다. 따라서 이 실험은 애초부터 청소놀래기에게 일방적으로 유리하도록 설계된 실험이었고, 청소놀래기가 우수한 성적을 거두었던 것은 괜한 일이 아니라고 할 수 있다.

그러나 이유여하를 불문하고, 물고기가 정신능력 테스트에서 영장류를 이겼다는 것은 시사하는 바가 크다. 첫째, 뇌의 크기, 몸집, 모피나 비늘의 존재, 인간과의 진화적 근접성 등은 지능을 평가하는 올바른 기준이 아니다. 둘째, 지능이란 한 가지 속성이 아니라 다차원적인 속성들을 포함하는 개념이며, 다양한 맥락을 고려하는 것도 중요하다. 역사적으로 볼 때, 지능은 인간의 몇 가지 능력에 국한된 편협한 개념으로 정의되어 왔다. 다중지능이라는 개념이 관심을 끄는 이유 중 하나는 탁월한 예술가나 운동선수가 수학이나 논리적 과제를 해결하는 데 서툴 수 있기 때문이다.

지금까지 살펴본 내용들은 물고기를 개체로 간주한 것이 대부분이었다. 그러나 무리와 떨어져 혼자 사는 물고기는 거의 없으며, 대부분의 물고기들은 사회적 존재다. 5부에서는 물고기의 사회를 들여다봄으로써, 물고기들의 삶의 새로운 측면을 드러내려고 한다.

5부

물고기의 사회생활

먹이가 구멍 속에 있는데 막대기가 없다면,

곰치를 이용하라.

_에드 용

제 9 장
뭉쳐야 산다

낯선 얼굴과 언어를 가진 우리는 똘똘 뭉쳐야 한다.
_C. J. 샘슨

산호초 주변을 맴도는 물고기들을 한 번 획 훑어보라. 여러분은 물고기들이 뒤죽박죽 섞인 피조물의 집합체일 뿐이라고 생각할 것이다. 그러나 자세히 들여다보면 어떤 짜임새를 발견할 수 있다. 말하자면 누가 누구를 수영 파트너로 선택했는지를 알게 될 것이다. 동물행동학자로서 전 세계를 여행하는 동안 다양한 환경(야생과 수족관)에서 물고기들을 관찰해왔다. 플로리다에서부터 워싱턴 D.C., 푸에르토리코에 이르기까지, 나는 물고기들이 다양한 방식으로 뭉쳐 이리저리 돌아다니는 것을 확인할 수 있었다. 플로리다주 남부의 비스케인 만과 키라고 섬 해안에서 스노클링을 하던 중 수십 종의 물고기들을 발견했다. (해변의 얕은 물에서 나를 피해 멀찌감치 달아난) 노랑가오리와 (산호초 밖에서 바삐 돌아다니던) 블루헤드놀래기는 독불장군이었다. 그러나 대부분의 물고기들은 동종同種의 다른 물고기들과 어울려 헤엄쳤다. 예컨대 대서양동갈치들은 해안 근처의 해수면 바로 아래에서 소그룹을 이루어 노닥거리고 있었다. 프렌치그런트_{French grunt}들은 똘똘 뭉쳐 일렁이는 파도 속에서 군무群舞를 췄다. 열여덟 마리의 미드나잇패럿피시_{midnight parrotfish}는 무심코 해저에서 어슬렁거리며, 산호바위를 물어뜯어 오도독 오도록 소리를 냈다. 노랑꼬리돔은 별로 사교적이지 않지만, 혼자 있는 것을 한 번도 본 적이 없다. 여러 종들이 뒤섞여 무리를 형성하는 경우는 흔하지만, 물고기들은 동종을 정확히 인식하여 끼리끼리 어울리는 것을 선호하는 것이 일반적이다.

아쿠아리움에서는 '끼리끼리 헤엄치기'의 효과가 약화된다. 왜냐하면 각 종별로 개체수가 절대적으로 부족하기 때문이다. 스미소니언 협회에서 운영하는 워싱턴 D.C.의 자연사박물관을 방문했을 때, 살아 있는 산호 전시관 앞에서 몇 분 동안 머물렀다. 수조 안에는 약 20종의 물고기와 약간의 무척추동물들(새우, 성게, 불가사리, 말미잘)이 들어 있었다. 한 쌍의 옐로우탱(뾰족한 입을 가진 원반형의 레몬빛 물고기로 영화 〈니모를 찾아서〉에는 버블스_{Bubbles}가 대표선수로 출연한다)은 5센티미터 이상 떨어지는 적이 거의 없었다. 자리돔은 두 쌍이 있었는데, 첫 번째 커플은 번갈아가며 수면으로 돌진하여 공기를 꿀꺽 삼킨 후 왔던 길로 되돌아갔다. 두 번째 커플은 주변에서 조용히 헤엄치며 몇 센티미터의 간격을 유지했는데, 마치 상대방의 행동을 똑같이 흉내 내려고 애쓰는 것 같았다. 흰동가리도 두 집단이 있었는데, 한 집단(두 마리)은 수조 바닥에 있는 말미잘의 촉수 속에 둥지를 틀고, 다른 집단(세 마리)은 수면 근처에서 헤엄을 쳤다. 다른 물고기들도 사정은 비슷해서 동종의 개체 한두 마리와 가까운 거리를 유지하며 헤엄을 쳤다. 나는 사회생활을 하는 자율적 존재들이 조직화된 공동체를 이루고 있음을 알고는 감탄을 금할 수 없었다. 비록 수조 속의 물고기들은 파트너를 선택할 권한이 없지만, 어떻게든 조화로운 관계를 형성하고 있었던 것이다.

아쿠아리움은 '물고기는 사회생활을 한다'라는 과학자들의 주장을 실제로 증명해준다. 물고기들은 함께 수영하고, 다른 개체들을 시각·후각·청각 등의 감각경로를 통해 인식하고, 서로 협동하며, 배우자를 신중하게 선택한다.

물고기들의 사회생활 기본 단위를 떼shoal 또는 무리school라고 한다. '떼'란 물고기들이 쌍방향적·사회적으로 모여들어 형성한 그룹을 말한다. 떼를 이룬 물고기들은 상대방들의 존재를 알고 그룹 안에 머물려고 노력하지만, 각자 독립적으로 헤엄을 치며 언제든지 다른 방향을 바라볼 수 있다. '무리'는 떼지음shoaling의 특별한 케이스로, 물고기들이 좀 더 정연한 방식(같은 속도, 같은 방향, 상당히 일정한 간격)으로 수영하는 것을 말한다. '떼'는 (앞에서 언급한 미드나잇패럿피시처럼) 단체로 수렵채취foraging를 하는 반면, '무리'는 단체로 이동을 한다. '무리'는 '떼'보다 규모가 크고 오래 지속되는 경향이 있으므로, 아드리아 해안을 따라 이동하는 백만 마리의 정어리 그룹을 '무리'라고 할지언정 '떼'라고 하지는 않는다.

2015년 4월 푸에르토리코의 서해안에서 여자 친구와 스노클링을 하던 나는 눈앞에서 대규모 물고기 무리를 만났다. 몇 미터 아래에 있는 산호초의 화려한 빛깔에 잠시 시선을 빼앗기고 있다가, 문득 작은 은회색 물고기 무리가 해안을 따라 북쪽으로 구름처럼 몰려가는 것을 발견했다. 물고기 하나의 크기와 모양은 금속제 손톱줄과 비슷했으며, 앞뒤로 8센티미터 간격을 유지하며 헤엄치고 있었다. 물고기들은 커다란 눈망울 때문에 약간 걱정스러운 듯 보였지만, 빠르고 일사불란하게 흔드는 꼬리에서는 씩씩한 기백과 진지함이 엿보였다. 바람 때문에 바닷속 시계視界가 평소보다 불량한 데다 물고기의 개체수가 많고 밀도가 높아 무리 뒤에 무엇이 있는지 전혀 알 수가 없었다. 물고기들에게 완전히 휩싸인 느낌이 든 나는 몇 초 동안 손발을 휘저으며 이들과 함께 수영을 해보려고 했다. 그러나 내 속도가 주변의 속도를 따라가지 못하자 왠지 오싹한 기분이 들었다. 이들은 무리의 한복판에서 갈팡질팡하는 유인원 두 마리의 존재를 전혀 개의치 않는 듯 보였다. 그 순간 바다 쪽 방향에서 은빛 섬광이 번쩍이는 것이 보였다. 바다를 가득 메운 물고기들이 집단적으로 뿜어내는 광채였다. 그로부터 1분 후, 물고기 무리는 우리 두 사람을 대수롭지 않게 지나쳐 북쪽으로 행진을 계속했다.

물고기들이 이렇게 큰 무리를 형성하는 이유는 뭘까? 무리 짓기와 떼 짓기의 이점으로는 이동의 용이함, 포식자 탐지, 정보공유, 숫자의 힘 등을 들 수 있다. 수많은 물고기들이 같은 방향으로 이동하면 해류가 생기므로, 무리의 구성원들은 에너지를 절약할 수 있다. 사이클 선수들이 무리를 지어 바람의 저항을 줄이는 것과 똑같은 원리라고 할 수 있다. 이동하는 물고기의 몸에서 방출된 미량의 점액이 마찰항력을 줄인다는 연구 결과도 나와 있다. 대서양의 나비고기 무리를 연구한 결과에 따르면, 무리를 지을 경우 수영의 효율이 60퍼센트 증가한다고 한다. 대서양에서 생포한 은줄멸을 분석한 연구에서는 '무리 짓기가 항력을 감소시킨다'는 가설에 약간의 의문을 제기했다. 연구자들이 합성 항력감소제 폴리옥스Polyox를 과량(은줄멸 1만 마리가 자연상태에서 분비하는 것보다 훨씬 많은 양) 투여했음에도 물고기들의 꼬리흔들기 속도가 전혀 증가하지 않았다고 한다.

대규모 무리가 이동하는 경우, 동료들 사이에는 익명성이 존재하는 것처럼 보인다. 그러나 물고기 떼 중에는 친밀한 동료가 포함되어 있기 마련이며, 실제로 연구해보니 친밀한 물고기 떼가 그렇지 않은 (구성원들끼리 서로 모르는) 물고기 떼보다 더 효율적으로 행동하는 것으로 나타났다고 한다. 예를 들어, 친밀한 팻헤드미노우 떼는 응집력이 더욱 강하고 더 늠름하게 행동하며, 덜 위축된다고 한다. 또한 친밀한 물고기 떼는 포식자를 탐지하는 속도가 빠른데, 그 이유는 인근의 포식자를 가장 먼저 발견한 한두 마리의 구성원들이 동료들에게 '주변에 포식자가 있으니 조심하라'고 통보해주기 때문이다.

하지만 아무리 동료들에게 둘러싸여 있더라도 떼나 무리에서 특정 위치가 다른 위치보다 유리할 수 있다. 케임브리지 대학교의 어류학자 옌스 크라우제(현재 베를린 홈볼트 대학교 재직)가 수행한 실험에서, 20마리의 처브chub(잉어과 물고기) 떼에 속한 구성원들은 평온한 상태에서는 특정한 위치를 차지하려고 노력하지 않았다고 한다. 그러나 크라우제가 슈렉스토프라는 경고 물질을 수조 속에 넣었더니 처브들이 갑자기 덩치가 비슷한 구성원들 곁으로 접근하는 것을 강력히 선호했다고 한다. 그뿐만 아니라 덩치 큰 처브들은 떼의 중심부에 자리잡고, 덩치가 작은 처브들은 위험성 높은(포식자의 공격을 받기 쉬운) 변두리로 밀려났다고 한다. 구성원들 사이에서 '좋은 자리'를 둘러싼 알력의 징후는 보이지 않았고, 각자 알아서 자기 자리를 찾아가는 것 같았다.

하지만 그룹 내에서 좋은 자리를 차지해야만 절대적으로 안전한 것은 아니다. 그룹에 속했다는 사실만으로도 혼동 효과confusion effect가 일어나고 포식의 위험이 감소할 수 있다. 예컨대 포식성을 가진 농어, 강꼬치고기, 은줄멸은 커다란 물고기 무리를 만날 경우 그 속에서 먹잇감을 떼어내기가 어려워진다. 혼동 효과가 어떻게 일어나는지는 확실하지 않지만, 한 생물학자는 당황한 포식자를 '사탕가게에 서 있는 어린이'에 비유했다. 즉, 너무 많은 레퍼토리에 압도된 나머지 어떤 것을 골라야 할지 결정하지 못한다는 것이다.

단일 종으로 구성된 물고기 떼의 경우, 시각적 동질성 때문에 혼동 효과가 강화되는 측면도 있다. 연구자들이 송사리 떼의 일부 개체들에게 먹물을 묻혔더니, 강꼬치고기의 공격에 희생될 가능성이 높아지는 것으로 나타났다. 까만색 몰리molly와 하얀색 몰리에게 떼 짓기 선택권을 부여하면, 까만색은 까만색을 하얀색은 하얀색을 선택하는 경향이 있는 것도 전혀 이상할 게 없다. 물고기 무리는 눈에 확 띄는 동료들이 합류하는 것을 기피하는데, 이런 현상은 기생충과도 관련이 있다. 왜냐하면 물고기의 피부에 기생하는 기생충은 까만 점으로 보이기 때문이다.

다수의 물고기들이 집단행동을 벌임으로써 모든 구성원이 적에게서 받는 위협을 줄일 수 있는 것은 단지 머릿수가 많기 때문만이 아니라 보다 능동적인 의미도 있다. 도망치는 무리는 분수 효과fountain effect

라는 작전을 구사하는데, 분수 효과란 두 갈래로 나뉘어 포식자의 양옆을 스치고 지나간 다음 포식자의 뒤에서 다시 합치는 것을 말한다. 만약 포식자가 기수를 돌려 다시 추격해 오면, 똑같은 작전을 반복하여 수행한다. 포식자의 속도가 빠를 경우, 피식자 무리는 더욱 기민하게 행동함으로써 포식자를 더욱 멀찌감치 따돌린다. 분수 효과가 성공하려면 개체들 간의 신속한 행동 조율이 필요한데, 공중을 나는 커다란 새 떼가 순식간에 방향을 전환하는 것도 같은 맥락에서 볼 수 있다 (그러나 4장 "압력 감지"에서 언급했던 것처럼, 개체들 사이에 미세한 반응 지연이 나타날 수 있다).

분수 효과의 변형 중 장관으로 손꼽히는 것은 순간 확장flash expansion 인데, 순간 확장이란 포식자가 공격해왔을 때 모든 구성원들이 (마치 스프레이가 분사되는 것처럼) 중심부에서부터 잽싸게 퍼져나가는 것이다. 구성원들은 불과 0.2초 만에 몸길이의 10~20배 거리를 이동하는데, 이처럼 빠른 속도에도 불구하고 추돌 사고는 전혀 발생하지 않는다. 그래서 일부 생물학자들은 "자세한 내막은 모르겠지만, 이들이 확장 직전에 각자의 진행 방향을 미리 알고 있음에 틀림없다"라고 추론하고 있다.

떼 짓기 · 무리 짓기에 대한 연구 결과에 따르면, 줄무늬킬리피시의 경우 상황에 따라 그룹의 규모를 조절한다고 한다. 행동생태학자들이 제시한 가설은 '대규모 무리는 포식자의 공격을 방어하는 데 유리하고, 소규모 떼는 (경쟁이 덜하므로) 수렵채집에 유리하다'는 것이다. 실험에 따르면 "킬리피시에게 먹이와 경고 신호를 동시에 제공했더니, 먹이만 줬을 경우보다는 크고, 경고 신호만 줬을 경우보다는 작은 그

5부 물고기의 사회생활

룹을 형성했다"고 한다.*

물고기의 개체 인식

피상적으로 보기에 단일 종으로 이루어진 물고기 무리의 구성원들은 다 똑같은 것 같다. 그러므로 우리가 '쟤네들은 서로 알아볼 수 있을까?'라는 의문을 갖는 것도 무리는 아니다. 그러나 같은 종에 속하는 물고기들은 서로 알아보는 정도에 그치지 않는다. 어류행동학 분야의 선두주자인 스위스 뇌샤텔 대학교의 레두안 비샤리에 의하면, "지금껏 발표된 물고기의 사회생활에 관한 논문 중에서 '물고기의 개체 인식 능력을 확인하는 데 실패했다'라고 보고한 논문을 한 편도 본 적이 없다"고 한다. 물고기들은 예리한 감각기관을 여럿 갖고 있으며, 이들 감각기관이 개별적 또는 복합적으로 작용하여 동종同種과 이종異種의 개체들을 구별할 수 있다. (생물학자들은 유럽산 피라미들을 수조에서 훈련시켜 냄새 하나만으로 이종 물고기들을 구별하도록 만드는 데 성공했는데, 야생 피라미들은 후각 말고도 다른 감각을 추가로 이용하는 것으로 보인다.) 이후 '영토 관리' 부분에서 곧 보게 되겠지만, 청소부 물고기들은 각종 물고기들의 신상을 상세히 파악하여 고객 명부를 만들 수 있을 정도라고 한다.

---

* 불행하게도 인간은 '대규모 무리 짓기가 포식자의 공격을 방어하는 데 유리하다'는 점을 이용해 물고기를 싹쓸이하는 장비를 개발했다. 인간은 이 장비를 이용하여 거의 모든 물고기들을 탐지한 다음 경고 신호를 보내 하나로 뭉치게 해 일망타진한다. 7부에서 물고기와 인간의 관계를 다루며 이 문제를 자세히 설명할 것이다.

호주의 어류 전문가인 컬럼 브라운은 박사학위 논문을 쓰는 과정에서 물고기 사회의 개체 인식을 연구했다. 브라운은 물고기가 구성원의 면면面面을 중요하게 여기는지 알고 싶어 했는데, 연구 결과 사실인 것으로 밝혀졌다. 구피는 10~12일 만에 새로 들어온 구피와 친해졌고, 최소한 열다섯 마리의 동료를 구별할 수 있는 것으로 밝혀졌다. 동료와 친분을 쌓는다는 게 구피에게 무슨 소용이 있는 걸까? 한 가지 이유는 늑대, 닭, 침팬지의 경우와 마찬가지다. 말하자면 구피에게는 사회적 위계질서가 있어서, 자신의 사회적 위치를 아는 게 유용하다는 걸 알고 있기 때문이다. 자신의 꼬라지를 아는 똑똑한 구피는 '하급자에게 우월적 지위를 행사해야 할 때'와 '상급자에게 꼬리를 내려야 할 때'를 안다는 것이다.

더욱이 구피는 제3자적 관점에서 입수한 정보를 활용하는 것 같다. 즉, 다른 두 마리의 구피들이 싸우는 걸 목격하면 잘 눈여겨봐뒀다가 패자를 만만하게 보고 모질게 대하는 경향이 있다는 것이다. 이와 동시에 싸우는 수컷들은 구경꾼들의 신원(또는 최소한 성별)을 파악하여 구경꾼들이 암컷인 경우 공격을 중단한다. 왜냐하면 암컷 구피는 공격적인 수컷과 짝짓기 하기를 꺼리기 때문이다. 그러나 구경꾼이 제3의 수컷이라면, 싸우는 수컷들은 사생결단을 내려고 덤벼든다.

이러한 관중 효과audience effect가 존재하는 데는 다 그럴 만한 이유가 있다. 구성원 상호 간의 서열관계를 확립하려면 1대 1로 다 겨뤄봐야겠지만, 제3자들이 싸우는 걸 구경꾼들이 지켜봄으로써 상대적 서열이 매겨져 그런 수고를 덜 수 있기 때문이다. 예컨대 아프리카의 민물에 사는 시클리드의 일종인 아스타토틸라피아 부르토니Astatotilapia burtoni를 이용한 실험을 보면 이들 물고기는 삼단논법에 의거하여 상대적 서열을 매기는 것으로 밝혀졌다. 즉, A가 B를 이기고, B가 C를 이긴다면, A가 C를 이긴다는 것이다.

물고기들은 신원에 관한 정보를 다른 용도로 사용하기도 한다. 생물학자들이 수조에서 실시한 실험에서, 유럽산 송사리들은 동료들의 사냥 실력을 평가한 후 실력이 부족한 동료들과 어울리는 것을 선호하는 것으로 밝혀졌다. 즉, 기존의 사냥집단에서 떨어져 나온 송사리는 '능숙한 사냥집단'과 '미숙한 사냥집단' 중에서 미숙한 집단에 새로 가담했다고 한다. 블루길선피시_{bluegill sunfish}를 비롯하여 많은 물고기들도 이 같은 차별 선택을 하는 것으로 알려져 있다.

물고기가 다른 물고기를 알아보는 것과 인간을 알아보는 것은 별개의 문제다. 아쿠아리움에 열광하는 팬들이 수도 없이 증언한 바에 따르면 물고기는 자기를 좋아하는 사람의 신원을 안다고 한다. 캘리포니아 주 리버사이드에 있는 생물학적 모니터링 프로그램에서 일하는 생태학자 로자몬드 쿡은 참으로 가슴 찡한 사례를 보고했다.

1996년부터 1999년까지 콜로라도 주립대학교의 어류·야생동물학과에서 박사후과정을 이수했다. 학생들은 내 연구실 근처에 수조를 설치하고 어린 작은입배스를 기르고 있었다. 여름방학 때 학생들이 모두 학교를 떠나 먹이 줄 사람이 없자 나는 자원해서 물고기들에게 먹이를 줬다. 그로부터 몇 주 후, 이상한 일이 벌어졌다. 내가 수조에 접근할 때마다 작은입배스 한 마리가 부리나케 다가와 수면으로 부상하는 게 아닌가! 나는 그 물고기가 나를 알아본다고 생각했다. 그래서 어류학 교수 중 한 명에게 이 사실을 말했더니, 교수는 "물고기는 사람의 신원을 알아보지 못한다네"라고 딱 잘라 말했다.

가을에 학생들이 돌아온 후에도 그 물고기의 행동을 계속 관찰했다. 가끔씩 몰래 숨어서 행동을 엿보기도 했는데, 다른 학생들에게는 아무런 반응도 보이지 않았다. 그러나 내가 수조 근처로 다가가기만 하면, 어김없이 쪼르르 헤엄쳐 와 아는 체를 했다. 심지어 3미터쯤 떨어진 곳에서 학생들에게 둘러싸여 있어도 말이다. 나는 그 물고기의 행동을 설명할 수 없다. 그러나 그 물고기가 나를 알아보며, 군중 속에 섞여 있는 나를 찾아낸다는 것만은 분명하다.

쿡은 나중에 그 물고기를 대학 당국이 소유한 커다란 연못에 놓아주었다고 한다(그 연못은 낚시가 금지된 곳이었다).

2014년 4월, 나는 미국 어류·야생동물관리국USFWS에 근무했던 사람과 우연히 대화를 나눴다. 그는 포토맥 강의 후미진 곳에서 뜰채로 송사리를 잡고 있었는데, 양동이에 넣은 다음 집으로 가져가 어항에 넣을 거라고 했다. 그런데 다음 말이 걸작이었다. "몇 년 동안 어항에서 큰입배스 한 마리를 기르고 있는데, 가끔 펫스마트(애완용품점_옮긴이)에서 먹이용 금붕어를 사다가 먹이로 주죠. 그런데 그것보다 포토맥 강에서 송사리를 잡는 게 비용이 싸게 먹혀요."

그렇잖아도 로자몬드 쿡과 수많은 물고기 애호가들에게 들은 이야기도 있고 해서 이렇게 물었다. "그 배스가 당신을 알아보던가요?"

5부 물고기의 사회생활

"당연하죠." 전혀 망설임 없이 대답이 나왔다. "먹이를 주는 사람은 저밖에 없거든요. 아내나 딸이 방 안에 있을 때, 그 큰입배스는 미동도 하지 않아요. 하지만 제가 방에 들어가기만 하면 어항의 가장자리로 헤엄쳐 와 바둑이처럼 꼬리를 흔들죠."

과학자들은 '물고기가 인간을 알아보는 능력이 있다'는 주장에 동의할까? 그렇다. 2013년 발표된 물총고기에 관한 연구 결과에 따르면, 물총고기에게 두 사람의 얼굴을 보여줬더니 자기에게 먹이를 주는 사람의 얼굴을 금세 알아봤다고 한다.

영토 관리

다른 개체를 인식할 수 있으면, 침입자들에 대항하여 영토를 유지하고 방어하는 데 유리하다. 영유권을 주장하는 물고기들은 텃세가 강하므로, 다양한 방법을 이용하여 무단출입자들에게 "꺼져!"라는 신호를 보낸다. 덩치가 커 보이게 하려고 지느러미와 아가미뚜껑을 펼친다든지, 제자리에서 과장된 몸짓으로 수영을 한다든지, 입으로 '펑' 소리를 낸다든지, 색깔을 바꾼다든지 하는 것이다. 이것도 저것도 안 되면 최후의 수단으로 침입자들에게 달려들어 물어뜯는다.

지금껏 내가 수강한 생물학 강의 중 최고는 몇 년 전 개최된 동물행동학회 연례회의에서 르네 고다르라는 여성과학자가 한 것이었다. 정열적이고 매력적인 태도도 좋았지만, 강의의 주제인 미국산 휘파람새가 너무 흥미로워 마치 러디어드 키플링의 『아빠가 읽어주는 신기한 이야기』를 연상케 했다. 고다르의 흑두건휘파람새hooded warbler 연구 결과는《네이처》에 실릴 정도로 굉장했으며, 작은 새에 관한 나의 사고 방식을 송두리째 바꿔놓았다. 무게가 30그램도 채 안 되는 흑두건휘파람새는 최고의 내비게이션 기술을 갖고 있다. 매년 미국 동부와 중앙 아메리카를 오가는데 여기서 살아남은 휘파람새들은 전년前年에 살았던 작은 숲속으로 돌아온다. 그리고 이 '작고 화려한 요정들'은 노래와 적극적인 경계선 순찰을 이용해 자신들의 영토를 재점유한다.

그런데 놀랍게도 고다르는 수컷 점유자들이 친숙한 이웃사촌들의 노랫소리를 매년 알아듣는다는 사실을 발견했다. 하지만 정작 놀라운 건 그 다음이었다. 고다르가 이웃사촌들의 노랫소리를 녹음하여 한 점유자에게 들려준 결과, 새는 이웃 수컷들의 노랫소리가 특정한 장소에서 들려오는 경우에만 잠자코 있는 것으로 밝혀졌다. 고다르가 스피커를 옮겨 똑같은 노랫소리를 반대편에서 들려줬더니, 점유자는 갑자기 기겁을 했다고 한다. 뭐가 잘못됐냐고? 입장을 바꿔 생각해보라. 당신이 어느 날 직장에서 귀가하여 현관문을 여는데, 이웃 남자의 음성이 거실 쪽이 아니라 침실 쪽에서 들려온다면 기분이 어떻겠는가?

그렇게 조그만 새가 8개월의 공백 기간을 거친 후 이웃들의 노랫소리를 전부 구분하는 것도 대단하지만, 그 소리들을 각각 특정 장소와 연관 짓는다니 그저 놀랍고 신기할 따름이다. 이쯤 되면 이렇게 묻는 독자들이 있을 것이다. "다 좋은데, 그게 물고기와 무슨 관계가 있죠?" 지금부터 세점박이자리돔 이야기를 시작하니 잘 들어보기 바란다.

자리돔damselfish은 대서양과 인도양의 열대바다에 살며, 약 250종의 조그맣고 다채로운 종으로 구성되어 있다. 그중에는 디즈니의 〈니모를 찾아서〉에 등장하는 유명한 캐릭터 흰동가리도 포함되어 있다. '시집

안 간 처녀_{damsel}'라는 다소곳한 이름에도 불구하고, 자리돔은 산호초 속에 있는 자기의 은신처를 지키는 데 물불을 안 가리기로 유명하다. 푸에르토리코의 산호초 지역에서 다이빙을 하는 동안, 노랑꼬리자리돔들이 은신처에서 나와 인근에 얼씬거리는 덩치 큰 물고기들에게 겁 없이 덤벼드는 광경을 수도 없이 봤다.

그렇다면 세점박이자리돔이 앞에서 언급한 고다르의 흑두건휘파람새처럼 이웃을 알아보는 게 가능할까? 고다르가 흑두건휘파람새를 연구하기 몇 년 전부터 로널드 트레셔는 이 의문을 해결하기 위해 연구를 수행하고 있었다. 당시 마이애미 대학교 해양학과에서 박사후과정을 밟고 있던 트레셔는 파나마 해안의 산호초 지역에 사는 세점박이자리돔을 연구대상으로 선택했다.

트레셔는 영토를 점유한 세점박이자리돔이 다른 세점박이자리돔의 침입을 받았을 때 어떻게 반응하는지를 알아보기 위해 간단하고 효과적인 실험방법을 생각해냈다. 첫 번째 단계로, 영토를 점유한 세점박이자리돔을 찾아냈다. 두 번째 단계로, (영토 점유자와 활동범위가 겹치는) 이웃사촌과 (점유자와 15미터 이상 떨어진 곳에 사는) 이방인을 찾아내 이웃사촌과 이방인을 각각 다른 유리병에 넣었다. 마지막 단계로, 이웃사촌과 이방인이 들어 있는 유리병을 양손에 각각 하나씩 잡고 점유자의 영토 쪽으로 서서히 움직였다.

트레셔는 '점유자가 공격을 시작하는 지점'과 '점유자가 이웃사촌과 이방인을 똑같은 방식으로 공격하는지 여부'를 확인하기 위해, 상이한 수컷 자리돔들을 대상으로 열다섯 번 이상의 실험을 실시했다. 또한 두 가지 다른 종의 이방인을 점유자에게 접근시켰는데, 하나는 촌수가 가까운(같은 속屬에 속하는) 더스키댐절피시dusky damselfish이고, 다른 하나는 촌수가 먼 블루탱서전피시blue tang surgeonfish였다.

실험 결과, 점유자가 (병 속에 들어 있는) 이방인과 이웃사촌에 대해 보인 반응은 현저하게 다른 것으로 나타났다. 점유자는 이방인에게 격렬한 반응을 보였는데, 구체적으로 유리병을 들이받으며 안에 있는 이방인을 물어뜯으려고 입을 크게 벌렸다. 이와 대조적으로 이웃사촌은 보는 둥 마는 둥 하며 사실상 무시했다. 한편 '촌수가 가까운 이방인'과 '촌수가 먼 이방인'에게 보이는 반응은 차이가 없었다.

트레서는 세점박이자리돔이 이웃을 어떻게 구분하는지를 알아보기 위해 후속실험을 실시했다. 그 결과 크기와 색깔, 특히 색상 패턴의 미세한 차이를 이용하여 이웃을 알아보는 것으로 밝혀졌다. 모든 세점박이자리돔들은 산호초 속을 주의 깊게 살펴보며, 그동안 애써 마련한 자신의 영토와 이웃관계를 잘 유지하려고 노력하는 것으로 보인다.

마지막으로, 흑두건휘파람새의 탁월한 능력, 즉 오랜 공백 기간을 거친 후 이웃사촌을 기억해내는 능력은 어떨까? 세점박이자리돔이 그런 능력을 가졌는지를 테스트한 연구자는 아직 한 명도 없다. 아마 그런 연구를 시도할 필요가 없었을지도 모른다. 왜냐하면 세점박이자리돔은 이동하는 종이 아니기 때문이다. 그러나 설사 세점박이자리돔이 그런 능력을 가진 것으로 밝혀지더라도 나는 전혀 놀라지 않을 것 같다.

영유권을 주장하는 물고기에는 자리돔 말고도 범프헤드패럿피시 bumphead parrotfish가 있다. 아마도 '박치기bumphead'를 연상시키는 둥글납작하고 딱딱한 이마 때문에 그런 이름을 얻은 것 같다. 범프헤드패럿피시는 산호초에 사는 거구의 물고기로 길이가 150센티미터이고 몸무게가

75킬로그램이나 나간다. 영토분쟁을 벌이는 동안 두 마리의 수컷은 수 미터 떨어진 곳에서 서로 노려보다가 쏜살같이 헤엄쳐 큰 소리로 박치기를 한다. 이 행동은 큰뿔야생양의 박치기를 연상시키는데, 사실 목적도 서로 비슷하다. 논문의 저자들이 제공한 동영상을 보면, 두 수컷은 격투기 선수들처럼 눈싸움을 한 후 박치기를 두 번 하며, 삼합三合을 겨루기 직전에 한 놈이 기수를 돌려 멀리 달아나버린다. 비록 폭력성이 내재되어 있기는 하지만, 의례화된 결투를 통해 양측 모두 치명상이나 죽음만은 면할 수 있다. 따라서 승자는 영토를 차지하고, 패자는 좀 더 푸른 목장을 찾아 줄행랑을 친다. 결투에서 상처를 입은 베테랑들은 그 부위가 함몰되는데, 후에 비늘과 피부가 떨어져나가며 하얗게 변한다. 놀랍게도 범프헤드패럿피시의 박치기 대결이 처음 보고된 것은 2012년이었으며, 그때까지 다른 바닷고기의 박치기 사례도 전혀 보고된 적이 없었다. 그 이유는 뭘까? 과학자들에 의하면, 박치기 행동의 사례가 점점 더 드물어지기 때문인 것 같다고 한다. 즉 범프헤드패럿피시가 남획으로 인해 씨가 마르면서, 일전을 불사하는 수컷들의 수도 감소했을 거라는 이야기다.

물고기도 개성이 있다

물고기 사회에 개체 인식과 겨루기가 존재한다는 것은 또 다른 차원의 요소가 존재할 수 있음을 의미한다. 바로 개성personality이다. 육상동물의 경우에는 개성이 잘 확립되어 있는데, 물고기의 경우는 어떨까?

몇 년 전 이웃에 있는 아시아계 레스토랑에서 종종 테이크아웃을 주문하곤 했다. 주문한 음식이 나오기를 기다리는 동안 입구 근처를 서성이며 어항 속의 물고기들을 구경했는데, 물고기는 가리발디스 세 마리였다. 가리발디스는 태평양 원산의 선홍색 물고기로 길이가 약 20 센티미터인데, 이탈리아의 유명한 군인이자 정치가인 가리발디를 빗 대 이름이 붙었다(가리발디의 추종자들은 종종 진홍색이나 빨간색 셔츠를 입곤 했다). 어항 속의 인테리어 소품은 모조암석 하나, 플라스틱 식물 두 개, 색깔 있는 자갈이 전부여서, (거주 기간이 최대 15년인) 원산지의 산호초 주변 서식지와 비교하면 황량하고 단조롭기 이를 데 없었다.

레스토랑에 갈 때마다 유심히 관찰한 바에 의하면, 세 마리 물고 기들은 각자 독립된 개체로서 독특한 행동패턴을 가진 사회적 단위social unit였다. 덩치가 약간 큰 두 마리 중 한 마리는 어항 한쪽에서 늘 외톨 이로 지냈고, 다른 한 마리는 (1미터쯤 떨어진) 반대쪽에 놓인 모조암석 주변에서 덩치 작은 물고기와 커플을 이루었다. 커플의 행동과 자세는 친근하고 적극적이고 다정해 보였다. 한번은 외톨이와 커플 중의 한 마 리가 어항의 한가운데서 마주쳐 옥신각신하다가 서로를 향해 돌진했 다. 둘은 쿡 찌르거나 할퀴기는 했지만 본격적으로 싸우지는 않았다.

언젠가는 커플 중 하나가 바닥에 모로 눕고, 다른 하나가 주둥이 로 상대방의 몸을 애무했다(참고로 야생에서는 수컷 가리발디스가 암컷을 위해 둥지를 깨끗이 청소한다. 어항 바닥에 깔린 작고 파란 돌멩이에는 움푹 파인 부분이 있었는데, 나는 '거기에 둥지를 틀려는가 보다'라고 생각했다.) 수컷 가리발디스는 영토욕이 강해서, 둥지 근처에 접근하는 잠수부들 을 깨물기도 한다. 아마도 이 세 마리는 '짝짓기한 암수 한 쌍'과 '홀아 비 수컷'의 조합일 것이라고 생각했다. 짝짓기에 성공한 수컷은 암컷에게 얼마나 잘했기에 신랑 자리를 차지했을까? 하지만 승부는 아직 끝난 게 아니었다. 가리발디스는 생활주기를 거치며 여러 번 성전환을 할 수 있는 물고기 중 하나이기 때문이다(12장 "성생활" 참조).

이 가리발디스 트리오를 관찰한 시간은 다 합해봐야 고작 12분 정도인데, 이 정도라면 이들 물고기들의 일생을 그린 벽화 중 극히 일부분에 불과하다. 하지만 이 짧은 시간에도 나는 오래도록 기억에 남는 뭔가를 목격했다. 이들이 그저 아무 상관없는 무작위적인 세 마리가 아니라, 자율적이고 독립적인 삶을 영위하는 세 마리의 개체임을 깨달았던 것이다. 물고기들은 그냥 살아있는 게 아니라 삶의 주인으로서 약 4년간 일정한 공간을 점유했다. 그런데 어느 날 레스토랑에 들러보니, 물고기들은 온데간데없이 사라지고 각양각색의 작은 물고기 여러 마리가 새로운 삶을 영위하고 있었다.

세 마리의 가리발디스는 각각 개성을 가진 개체들이었는데, 사실 그들뿐만이 아니라 (평범한 청어에서부터 중국 식당의 수족관에서 헤엄치는 도미, 그리고 그랜마Grandma라는 이름의 암초상어에 이르기까지) 모든 물고기들이 그렇다. 크리스티나 제나토가 그랜마를 설명하는 것을 들으면 단순한 물고기가 아니라 어떤 인격체를 묘사하고 있다는 생각이 들 것이다. "그랜마는 성격이 부드러우며, 어루만지고 쓰다듬어 주기를 바라는 마음으로 제게 다가와요. 늘 저에게 가까이 오고 싶어 해요. 다른 사람이 먹이를 들고 다가가도 그를 제쳐놓고 멀리 있는 저에게 헤엄쳐 와요. 어쩌다가 제가 '저리 가라'는 시늉을 하며 손으로 밀치면, 금세 방향을 바꿔 제 무릎으로 다시 돌아와요."

그랜마는 카리브 해에 사는 나이든 암초상어이며, 그녀의 광팬인 제나토는 해양탐험가이자 환경보호활동가 겸 공인 잠수교육자다. 탄탄한 몸매에 패기만만하고 겁 없는 제나토는 20년 동안 바하마의 근거지와 전 세계에서 상어들과 함께 헤엄쳤다. 제나토에게 상어는 사물이 아니라 인격체이며 독특한 취향과 태도와 개성을 지닌 개체다.

크리스티나가 암초상어에게 그랜마라는 이름을 붙인 이유는 할머니의 회색 머리칼처럼 색깔이 하얗기 때문이었다. 둘은 5년 동안 서로 알고 지냈다. 그랜마는 카리브 해의 암초상어 그룹 중에서 몸집이 가장 컸으며, 동료들과 함께 크리스티나가 다이빙하는 곳을 규칙적으로 방문했다. 코에서부터 꼬리까지 길이가 2미터 40센티미터임을 감안할 때, 그랜마의 나이는 스무 살쯤 되어 보였다.

제나토와 그랜마는 서로 좋아하는 것 같다. "온순한 성격이에요. 제게 가까이 다가오는 걸 좋아하며, 쓰다듬는 걸 허락하죠. 저와 그랜마의 상호신뢰와 유대관계가 깊어지면서, 볼 만한 구경거리가 많이 생겼어요."

그랜마는 2014년 초에 일주일 동안 자취를 감췄는데, 제나토는 그랜마가 임신한 사실을 알고 있었기 때문에 은밀한 장소로 출산을 하러 갔을 거라고 짐작했다. 상어들은 번식 속도가 느린 편으로 카리브 해의 암초상어들은 2년마다 대여섯 마리의 한배새끼를 낳았다. 그런데 며칠이 지나도 그랜마가 모습을 드러내지 않자 제나토는 점점 더 초조해졌다. 일주일이 더 지난 후 다시 나타났을 때 몸이 눈에 띄게 날씬해진 걸로 보아 바다의 요람에 새끼를 낳은 게 확실해 보였다. "그랜마는 부지런히 헤엄쳤는데, 아마도 출산 후에 영양을 보충하려고 그러는 것 같았어요. 몸짓이나 자세를 보니 그랜마의 의중을 알 수 있었어요." 그랜마와 재회한 제나토는 마냥 행복해 보였다.

상어들을 오랫동안 주변에서 지켜보면서 제나토는 이 상어들의 독립심이 매우 강하다는 사실을 깨달았다. "상어와 관계를 맺으면, '조건 없는 사랑'의 진정한 의미를 깨닫게 될 거예요. 그건 인간의 기대와 다를 뿐만 아니라 훨씬 더 아름다워요. 저는 그랜마를 진심으로 위해 준답니다. 그랜마를 바라볼 때마다 웃음이 나오며, 그녀는 제게 기쁨을 주죠. 그녀도 저와의 관계를 즐기는 것처럼 보여요."

제나토는 종종 마주치는 경골어류들에게도 매혹되어 간혹 먹이를 주기도 한다. 제나토는 자주 다이빙하는 지역에서 세 마리의 까만 그루퍼들과 친구가 되었는데, 이름은 땅콩, 휘파람쟁이, 비밀요원으로 모두 암컷이었다. 제나토에 의하면 그루퍼 삼총사는 매우 영리하고, 호기심이 많으며, 자신을 배려했다고 한다.

그루퍼들을 어떻게 구별하느냐고 묻자 제나토의 대답이 걸작이었다. "그건 당신의 수학 선생님을 엄마와 구별하는 것보다 어렵지 않아요. 걔네들은 색깔, 모양, 신체적 특징, 행동이 제각기 다르거든요."

셋 중에서 제일 큰 땅콩은 길이가 약 1.5미터로 올리브회색 몸에 까만 얼룩과 황동색 점이 있었다. 땅콩은 어떤 상어의 입에 매달린 생선 조각을 가로채려다 상어에게 물린 적이 있는데, 그때 입은 상처가 큰 흉터로 남아 오른쪽 얼굴색이 변하지 않았다. 긴장이 풀렸을 때 몸이 하얗게 변하는 특성이 있는데, 오른쪽 얼굴은 여전히 까만색이어서 마치 오페라의 유령을 연상케 했다.

나머지 두 마리 중에서는 비밀요원이 더 컸으며, 둘 다 독특한 용모를 갖고 있었다. 제나토는 비밀요원이 제일 예쁘다고 생각했는데,

이유는 피부가 (잡티나 변색이 전혀 없이) 깨끗하고 얼굴이 갸름하기 때문이었다.

그러나 설사 크기와 색깔이 똑같더라도, 그루퍼 세 마리는 (마치 파이의 세 조각처럼) 각각 달랐다. 땅콩은 장애를 가졌음에도 불구하고 셋 중에서 가장 외향적인 성격이어서, 먹이를 갖고 있는 제나토를 보면 부리나케 헤엄쳐와 얼굴에 코를 들이댔다. 그러나 제나토는 훈련을 통해 땅콩에게 순서를 알려줬는데, PVC 파이프를 손에 들고 있으면 "네 차례가 아니야"라는 뜻이었고, PVC 파이프를 감추면 "네 차례야"라는 뜻이었다.

제나토는 미소를 지으며 이렇게 말했다. "먹이를 주지 않을 때도 땅콩은 저에게 접근하여 손을 툭툭 건드리면서 자기를 쓰다듬어 달라고 보챘어요. 제 체인메일chain-mail 잠수복이 자기 피부에 닿는 느낌을 좋아했나 봐요."

비밀요원은 제나토의 시야에서 벗어나는 습관 때문에 그런 이름을 얻었다. 그녀는 제나토의 등 뒤나 좌우에서 서성였지만, 땅콩과 마찬가지로 학습을 통해 '상어의 식사 시간'과 '그루퍼의 식사 시간'을 구분했다.

휘파람쟁이는 셋 중에서 가장 수줍음을 많이 탔다. 휘파람쟁이라는 이름을 얻은 이유는 마치 휘파람을 불며 딴청을 부리는 듯한 태도로 제나토의 언저리를 맴돌았기 때문이다. 하지만 (길고양이처럼) 제나토에게 가까이 다가오지 않았고, 어쩌다 다가오더라도 스킨십을 쉽게 허락하지 않았다. "제가 몸을 돌리거나 움직이면 휘파람쟁이도 따라하며, 늘 시야 밖에서 머물렀어요. 제가 갑자기 머리를 돌려 쳐다보면 기겁을 했어요"라고 제나토는 말했다.

그랜마와 휘파람쟁이는 '상어는 테러리스트다'라든가 '경골어류는 원시적이고 따분하다'라는 일반적 편견에 도전장을 던진다. 자연선택은 개체 변이에 작용하며, 마음을 갖고서 사회생활을 하는 고등동물에게 개성은 그 변이의 표현형 중 하나라고 할 수 있다. 물고기가 개성을 갖기 위해 모피나 깃털을 가질 필요는 없다. 왜냐하면 이들에게는 이미 훌륭한 비늘과 지느러미가 있기 때문이다.

물고기의 유대관계

물고기는 얼굴 표정이 없기 때문에, 우리는 이들이 누구와 동질감을 갖거나 누구를 동정하기 어려울 거라고 생각하는 경향이 있다. (그러나 돌고래를 생각해보라. 돌고래는 얼굴표정을 바꿀 수 없지만 우리는 그들에게 동정심이 없을 거라는 편견을 품지 않는데, 그 이유는 둘 중 하나일 것이다. 돌고래들이 항상 행복한 표정을 짓고 있기 때문에, 또는 커다란 뇌를 갖고 있는 포유동물이라는 걸 알기 때문에.) 그러나 진화사적으로 볼 때, '물고기들 간의 끈끈한 유대관계 형성'에 대한 확고한 증거는 얼마든지 있다. 바로 짝짓기, 양육, 협동, 안보와 같은 집단행동이다. 그리고 물고기들이 단순한 면식관계를 넘어서 사회적 관계를 맺는다는 것을 보여주는 사례는 무수히 많다.

사브리나 골마시안은 뉴멕시코 주에서 대학원에 다니던 시절, 물고기 몇 마리를 키웠다. 사브리나는 원래 물고기에 대해 아는 게 별로 없었다. 그래서 처음에 2.5센티미터짜리 골드바브 한 마리를 얻었을 때 '물고기는 공동생활에 별로 관심이 없겠지'라고 생각했다. 골드바브의 이름은 프랭키였고, 달팽이 한 마리, 개구리 한 마리와 함께 어항 속에서 살았다. 프랭키는 어쩌다 한 번씩 달팽이와 개구리를 쿡쿡 찔렀지만, 별다른 반응이 없자 심심해하는 것 같았다. 사브리나는 안 되겠다 싶어 두 번째 골드바브를 구입하여, 이름을 주이라고 붙였다. 새 친구가 들어오자 프랭키의 행동은 돌변했다. 주이를 보자마자 흥분하여 파문을 일으키는 프랭키의 모습을 사브리나는 이렇게 묘사했다. "새 친구를 만나는 순간 본능적으로 사랑을 느낀 것 같았어요. 오랫동안 혼자 살아왔다는 점을 감안할 때, 매우 놀라운 사건이었어요. 저는 프랭키가 동거자들을 두려워하거나 못 본체 할 거라고 생각했어요. 그런데 첫눈에 사랑에 빠졌다니, 도저히 믿을 수 없었어요. 주이는 처음에는 프랭키에게 눈길을 주지 않았지만, 이윽고 따뜻하게 대하기 시작했어요. 그리하여 둘은 어항 속에서 알콩달콩 다정한 생활을 시작했어요."

하루는 사브리나가 어항을 청소하던 중 프랭키가 밖으로 뛰쳐나와 싱크대에 착륙했다. 그러자 불안해진 주이는 어항 내부를 맹렬하게 맴돌았다. 당황한 사브리나는 프랭키를 국자로 부리나케 퍼 올려 어항으로 돌려보냈다. 물속에 복귀한 프랭키는 의식이 없는 듯 꼼짝달싹하지 않았다. 주이는 프랭키가 깨어나기를 바라는 듯 주둥이로 찌르고 몸으로 미는 등 활발하게 움직였다. 주이의 지극정성에 힘입어 곧 의식을 회복했지만, 프랭키는 그 후로 며칠 동안 느릿느릿 굼뜨게 행동했다. 프랭키가 수영 능력과 인지 능력을 완전히 회복하는 동안 주이는 프랭키를 도우려고 최선을 다하는 모습이 역력했다.

5부 물고기의 사회생활

프랭키와 주이가 어떤 감정을 경험했음을 부인하는 사람은 거의 없을 것이다. 한 물고기가 정신적·신체적 트라우마를 겪은 후 다른 물고기의 행동이 현저하게 변했다는 것은 둘 사이에 단순한 공존 이상의 교감이 있었음을 의미하기 때문이다.

물고기의 사회생활에 관한 일화 하나를 더 소개한다. 카네기 멜론 대학교에서 도서관 사서로 근무하는 모린 돌리는 휴가 때 펜실베이니아 주 피츠버그 근처에 있는 비치우드팜스 자연보호구역에 놀러갔다. 하루는 작은 연못가에서 휴식을 취하고 있는데, 작은 물고기 두 마리가 물가로 헤엄쳐왔다. 모린은 당시의 상황을 이렇게 설명했다. "물고기 두 마리 중 한 마리는 똑바로 헤엄치지 못하고, 몇 초마다 옆으로 기울었어요. 아무래도 그러다가 조만간 하얀 배를 드러내고 뒤집힐 것 같았어요. 그런데 그럴 때마다 다른 물고기가 옆으로 다가와 몸으로 받치거나 코로 살며시 밀어 동료를 곧추세우려고 했어요. 물고기가 동료에게 친절을 베푸는 장면을 본 건 그게 처음이었어요."

모린이 말해준 물고기는 6장에서 언급한 빅레드라는 금붕어를 떠올리게 한다. 빅레드는 불구인 블래키라는 친구를 밑에서 떠받쳐 어항 속을 이리저리 헤엄치는 것은 물론 수면으로 올라가 먹이를 먹는 것까지 도와줬다고 한다.

마지막으로, 뉴욕 마리스트 칼리지의 경제학 교수 존 피터스에게서 들은 관찰 결과를 소개하려고 하는데, 일부 독자들은 이미 알고 있을지도 모르겠다. 왜냐하면 웬만한 어항에서 흔히 볼 수 있는 현상이기 때문이다. 존은 십대 시절 물고기를 많이 길렀는데, 그중 가장 기억에 남는 것은 침실에 있는 어항에서 길렀던 오스카_{oscar}였다. 오스카는 포식성이어서, 함께 어항에 머물렀던 물고기는 (존이 먹이로 주는) 불쌍한 금붕어밖에 없었다. 오스카와 정이 든 존은 매일 밤 똑같은 톤으로 "굿 나이트!"라고 속삭였다.

시간이 경과하면서, 존은 오스카가 침대와 가까운 쪽에 자리를 잡고 잠을 자거나 휴식을 취하는 것을 알게 되었다. 존과 오스카의 거리는 약 90센티미터였다. 그로부터 1년 후 존은 방의 배치를 좀 바꿔, 어항을 침대의 반대쪽으로 옮기게 되었다. 그 바람에 오스카와 침대의 거리가 멀어졌다. 그러자 불과 며칠 만에 어항 속의 오스카는 취침 및 휴식 장소를 반대쪽으로 옮기는 게 아닌가! 그리하여 존이 매일 밤 "굿 나이트!"라고 속삭일 때마다 오스카는 여전히 침대와 가장 가까운 쪽에서 꼬리를 흔들며 인사에 화답했다.

존과 오스카의 관계는 우정이라고 할 수 있을까? 그렇다고 할 수도 있고, 아니라고 할 수도 있을 것이다. 많은 오스카들은 주인이 쓰다듬어 주는 것을 좋아하니까 말이다. 물론 주인이 먹이를 주기 때문에 대가를 바라고 비위를 맞추는 거라고 해석할 수도 있다. '순수한 우정'인지, 아니면 '대가를 바라는 비굴함'인지 밝히려면 잘 설계된 실험이 필요하지만, 그런 실험이 실시되었다는 소리는 아직 들어보지 못했다.

시클리드의 일종인 오스카의 기대수명은 8~12년이지만, 존의 오스카는 겨우 세 살까지밖에 살지 못했다. 어느 날 갑자기 병이 났는지, 오스카는 어항 속의 모든 물체들을 사정없이 들이받았다. 한참 동안 광기어린 행동을 벌이다 제풀에 지쳐 멈췄을 때, 오스카는 불귀의 객이 되어 있었다. 나중에 알게 된 사실이지만, 애완용품 판매점 주인의 권고와는 달리, 금붕어는 오스카에게 독성이 있었다. 결국 금붕어들이 원수를 갚은 셈이었다.

　사브리나 골마시안, 모린 돌리, 존 피터와 같은 비非과학자들이 들려준 일화는 오늘날 동료심사를 받아야 하는 학술저널에 실릴 수 없다. 그런 이야기들을 학술지에서 받아줄 리 만무하다. 그러나 안타까운 점은 그런 이야기들이 대부분 흐지부지 사라져버린다는 것이다. 명색이 과학자라는 내가 그런 일화들을 명쾌하게 설명할 수 없다는 것도 슬픈 일이다. 물고기들은 우리를 감동시킬 뿐 아니라, 과학자가 연구할 준비가 되어 있지 않은 (어쩌면 연구하는 게 불가능한) 행동을 보여준다. 나는 (과학자와 아마추어들을 포함한) 모든 사람들이 자신의 관찰 결과를 공유하는 웹사이트가 활성화되었으면 좋겠다. 조만간 흥미로운 행동 패턴들이 많이 공유되어 용기 있는 과학자들이 나서서 그런 현상들을 좀 더 공식적이고 체계적인 방법으로 연구하는 계기가 마련되었으면 좋겠다.

제 10 장
사회계약

누이 좋고 매부 좋다.

_세네카

개성과 기억력을 지닌 존재들이 시간
이 경과함에 따라 서로를 개체로 인식하는 능력을 갖게 된다면, 좀 더
정교한 형태의 상호작용, 즉 장기적인 사회계약을 위한 기반이 마련된
다. 이발소나 레스토랑과 같은 접객업소들의 경우 단골손님과 뜨내기
손님들에게 서비스를 제공함으로써 생계를 이어나간다. 아울러 경쟁
사회에서 고객을 많이 확보하려면 서비스의 품질이 좋아야 한다. 이발
솜씨가 형편없거나 음식이 맛이 없으면 고객들이 갈 곳은 얼마든지 있
기 때문이다. 어쩌다 사기를 친 것이 들통나면 해당 업자는 처벌을 받
아 평판이 나빠진다.

산호초 주변에 사는 물고기들의 상황도 별반 다르지 않다.

청소부 물고기와 고객 물고기의 공생을 생각해보자. 이러한 공
생관계는 물고기뿐만 아니라 복잡하고 정교한 사회시스템을 갖고 있

는 동물들 모두에서 발견되는데, 그 시스템은 다음과 같이 작동한다. "한두 마리의 청소부 물고기가 영업중이라는 신호를 보낸다. 이들은 특정한 장소에서 영업을 하는데, 수영 자세나 밝은 빛깔을 이용해 신호의 가시성을 증가시킨다(이발소 문 앞에서 돌아가는 적·백·청사인볼의 물고기용 버전이라고 생각하면 된다). 다양한 종류의 물고기들이 청소장淸掃場에 모여들어 자기 차례가 돌아오기를 기다린다. 고객들은 때로는 점잖은 자세로, 때로는 요란한 자세(통통 튐, 꼬리를 흔듦)로 청소부에게 신호를 보낸다. 청소부들은 고객의 전신을 입으로 훑어 기생충, 죽은 피부, 조류藻類, 기타 잡티를 제거해준다. 요컨대 청소부는 스파spa 치료를 제공하는 대가로 기생충 등의 먹이를 배불리 먹는다."

다양한 종들이 청소 서비스를 제공한다는 것은 그게 그만큼 수지맞는 전문직업임을 방증한다. 물고기의 청소행위는 독립적으로 여러 번 진화했으며, 전 세계의 다양한 서식지에서 발견되었다. 바다에 사는 청소부 물고기로는 양놀래깃과 여러 종, 트리거피시triggerfish 일부, 나비고기, 디스커스피시discus fish, 자리돔, 에인절피시, 고비, 쥐치, 실고기, 망상어, 인상어, 빨판상어, 전갱이, 정어리가 있다.

민물에 사는 청소부 물고기로는 시클리드, 구피, 잉어, 개복치, 킬리피시, 큰가시고기가 있다. 여러 새우 종을 포함한 일부 무척추동물들도 청소 서비스를 제공한다. 청소 서비스를 받는 고객 물고기들 중에서 독자들이 알 만한 것으로는 100여 종이 있는데, 그중에는 상어와 가오리도 포함된다. 그 밖의 고객들로는 바닷가재, 바다거북, 바다뱀,

문어, 바다이구아나, 고래, 하마, 인간이 있다.*

청소부 물고기들은 고객을 기다리는 게 보통이지만, 고객이 너무 많아 주체하지 못하는 경우도 있다. 그레이트배리어리프에서 수행된 연구에 따르면, 한 청소놀래기는 매일 평균 2,297마리의 고객들을 상대했다고 한다. 일부 고객들은 특정 청소부를 하루 평균 144번씩 방문했다고 하는데, 하루에 열두 시간 활동한다고 했을 때 5분마다 한 번씩 청소부를 방문했다는 계산이 나온다. 5분마다 한 번씩이라면 거의 중독 수준이라고 할 수 있다. 그런데 고객들이 청소부를 찾는 이유는 뭘까? 주요 목적은 기생충과 조류를 제거하는 것이겠지만, 그렇게 많은 방문횟수를 기생충 및 조류 감염만으로 설명하기는 어렵다.**

산호초 주변에 서식하는 물고기들에게 청소장이 그렇게 중요하다면, 청소부들이 산호초 주변에 사는 물고기들의 종 다양성에 큰 영향을 미치지 않을까? 호주 퀸즐랜드 대학교의 어류학자 알렉산드라 그러터는 이 의문을 풀기 위해 호주 동부해안의 리자드 섬에서 실제로 실험을 해봤다. 그러터가 이끄는 연구팀은 청소놀래기를 모두 잡아들여 다른 곳에서 보호하면서, 18개월 동안 산호초 주변에 얼씬도 하지 못하게 했다. 그랬더니 산호초 주변에 사는 어류의 다양성이 절반으로 줄어들고 산호초 사이를 이동하는 어류의 개체수가 4분의 1로 감소하

---

* 아시아의 일부 헬스 스파에서는 고객들이 돈을 내고 풀$_{pool}$에 발을 담가, 굶주린 청소부 물고기들이 다가와 발에 달라붙은 찌꺼기들을 뜯어먹도록 내버려둔다.

** 그렇다고 해서 기생충 감염이 청소부와 고객의 공생에 기여하는 정도를 과소평가하려는 것은 아니다. 호주 퀸즐랜드 대학교의 알렉산드라 그러터가 연구한 바에 따르면, 청소부 물고기들이 고객들에게서 제거하는 기생충은 하루 평균 1,218마리라고 한다. 그러터가 한 물고기 (*Hemigymnus melapterus*)를 12시간 동안 케이지 속에 가둠으로써 청소부 물고기를 방문하지 못하게 했더니 기생충 수가 4.5배로 늘었다고 한다.

는 게 아닌가! 그리하여 연구팀은 다음과 같은 결론을 내렸다. "산호초 사이를 이동하는 물고기들은 청소부 물고기의 존재 여부에 따라 방문할 산호초를 결정한다." 그러나 이러한 변화는 서서히 일어나는 것으로 보인다. 왜냐하면 그러터가 똑같은 장소에서 수행한 선행연구에서는 산호초를 방문하는 고객 물고기의 개체수와 다양성이 6개월 동안 변하지 않는 것으로 밝혀진 바 있기 때문이다.

고객은 청소부를 선택할 때 수동적으로 행동하지 않는다. 이들은 자기 차례를 기다리다 청소장에 입장해, 청소부가 구석구석을 청소할 수 있도록 지느러미를 쫙 펼친 채 한 자리에 얌전히 머물러 있다. 어떤 고객들은 입과 아가미 뚜껑을 열어, 조그만 청소부들이 자유롭게 드나들 수 있도록 배려한다. 청소부는 가끔씩 주둥이로 지느러미와 아가미 뚜껑을 건드려, 고객에게 "여기를 청소해야 하니 펼쳐주세요"라는 신호를 보낸다.

만약 고객이 대형 물고기라면, 볼 만한 장관이 펼쳐질 것이다. 상어나 곰치는 마음만 먹으면 청소부를 간식거리로 꿀떡 삼켜버리겠지만, 내가 아는 한 어느 누구도 그런 장면을 보지 못했다. 이들에게 일말의 지각력이 있다면, 서비스 제공자를 먹어치울 정도로 몰상식한 행동을 하지는 않을 것이다.

고객이 청소부의 처지를 헤아리는 것은 당연하다. 그루퍼들은 신호를 이용하여 청소부 물고기의 작업을 돕는다. 그루퍼들이 입을 쩍 벌리는 것은 청소부를 초청하는 행위다. 청소부가 바삐 작업할 때, 그루퍼들은 '어쩌면 작은 청소부가 위험에 직면할 수 있다'라고 생각하며 주변을 두루 살핀다. 청소부가 그루퍼의 입 안에 있는 상황에서 천적이 접근하면, 그루퍼는 입을 재빨리 닫는다. 그러나 청소부가 빠져나가도록 입을 약간 벌리기 때문에 청소부는 산호초 속의 안전한 은신처로 신속히 대피할 수 있다. 청소부가 아가미 안에 있는 경우도 마찬가지인데, 그루퍼의 아가미가 약간 열려 있는 때는 이때뿐이다.

회색암초상어는 몸을 90도 각도로 세운 후, 입을 크게 벌려 청소부를 초청한다. 끔찍한 동굴을 방불케 하는 상어의 입 속으로 헤엄쳐 들어가면서도 청소부들은 놀란 기색을 전혀 보이지 않는다. 아마도 자신보다 수백 배나 큰 거대 포식자가 아무런 위협이 되지 않는다는 것을 알고 있는 듯하다.

청소부 물고기들은 몇 가지 인상적인 정신능력을 보유하고 있는데, 이는 평소에 정확성을 추구하는 성향에서 기인하는 것으로 보인다. 청소부와 고객 간의 관계는 무작위적이 아니며(어떤 고객들은 하루에 똑같은 청소부를 144번 방문한다는 사실을 상기하라), 수 주에 걸쳐 형성된 신뢰감에 기초한다. 일종의 사회계약인데, 사회계약이 성립하려면 모든 청소부들이 자신의 고객들을 파악하고 구별할 수 있어야 한다. 생물학자들이 실시한 선택실험에서 청소부에게 두 마리의 고객 중 하나를 선택하게 했더니, 청소부는 친숙한 고객의 곁에 더 오랫동안 머물렀다고 한다.

흥미로운 점은 고객들은 똑같은 청소부를 여러 번 방문함에도 불구하고 특정 청소부를 선호하지 않았다는 것이다. 따라서 생물학자들은 이런 결론을 내렸다. "청소부들은 보통 수십 마리의 고객을 보유하고 있는데, 이들 청소부의 머릿속에는 고객들의 신상정보가 수록된 데이터베이스가 들어 있음에 틀림없다. 이와 대조적으로 고객들은 동일

한 개체와 반복적으로 상호작용하기 위해, 청소부의 신원을 기억하는
게 아니라 이들의 영업장소만을 기억한다."

청소놀래기는 고객의 신원뿐만 아니라 서비스를 제공한 시간까
지도 기억하는 것으로 보인다. 그래서 최근 방문이 뜸했던 트리거피시
고객에게 우선적으로 서비스를 제공하는 경향이 있다고 한다. 왜냐하
면 그 고객의 몸에는 기생충이 득실거릴 가능성이 높기 때문이다(이는
벌새가 최근 꿀을 빨았던 시간을 근거로 특정한 꽃을 방문하는 경향과 일맥
상통한다). 생물학자들이 실시한 실험에서 청소부 물고기들에게 색깔
과 패턴이 다른 접시 네 개에 먹이를 담아 제공하다가 나중에 빈 접시
만 제공했더니, 먹이를 자주 보충해주는 접시를 선택하는 것으로 나타
났다고 한다. 이에 생물학자들은 "청소부 물고기들은 '먹을 게 많은 고
객'을 선택하는 방법을 터득한다"라는 결론을 내렸다. 그렇다면 청소
부 물고기들은 '누구, 언제, 무엇'이라는 세 가지 차원의 정보를 이용
해 일화기억episodic memory을 형성한다는 이야기가 된다(일화기억이란 개인
의 경험, 즉 자전적 사건에 대한 기억으로, 사건이 일어난 시간, 장소, 상황 등
의 맥락을 함께 포함하는데, 생물학자들이 높게 평가하는 정신능력에 속
한다).

그런데 문득 궁금해지는 게 하나 있다. 만약 물고기가 과거의 사
건들을 추적할 수 있다면, 미래의 사건들도 예측할 수 있지 않을까? 물
론이다. 프랑스령 폴리네시아에서 수행된 연구 결과에 따르면, 청소놀
래기들은 이른바 '미래의 그림자'에 맞춰 행동을 조절한다고 한다. 미
래의 그림자란 게임이론에서 사용하는 용어로, '미래에 상호작용할 가
능성이 높은 파트너에게 협조하는 경향'을 의미한다. 청소부 물고기들

은 행동권의 중심부에서 만나는 고객에게 협조하는 경향이 있는데, 그 이유는 이들이 나중에 다시 만날 가능성이 높은 고객, 즉 미래의 VIP 이기 때문이다. 미래의 VIP에게 서비스를 제공하면서 청소부 물고기들은 민폐(청소부가 고객의 '보호성 점액층'을 은근슬쩍 한입 떼어먹어, 고객이 움찔하는 것을 말한다)를 끼치지 않도록 최대한 협조한다. 이처럼 청소부 물고기가 미래의 성과에 따라 응대 수준을 조절한다는 것은 비인간 동물nonhuman animal에서 극히 이례적으로 관찰된 사례 중 하나다.

수상한 거래

(고객의 몸을 보호하는) 점액층 떼어먹기와 민폐! 이 부분은 청소부와 고객의 공생관계가 매우 복잡해지고, 심지어 마키아벨리적 국면으로 전환되는 부분이다. 언뜻 보기에 청소부와 고객의 공생은 '깔끔하고 정돈된 관계'인 것처럼 보인다. 양쪽이 모두 이익을 얻고, 공손함과 타인에 대한 배려가 최고의 덕목인 것처럼 보이니 말이다. 그러나 신뢰와 선행에는 취약한 속성이 있어서, 좀 더 이기적인 패거리들이 마음만 먹으면 언제든지 악용할 수 있다.

사실, 청소부들이 고객에게서 가장 얻어먹고 싶어 하는 것은 조류도 아니고 기생충도 아니고 점액인 것으로 밝혀졌다. 그도 그럴 것이 점액에는 조류나 기생충보다 영양분이 훨씬 더 많고, (다른 과학자들은 아직 인정하지 않고 있지만) 맛도 좋기 때문이다. 하지만 고객은 청소부가 점액을 떼어먹는 것을 탐탁잖게 생각한다. 청소부가 점액을 떼어먹을 때는 통증을 유발하므로 고객이 움찔하게 된다. 또한 고객이 움찔하는 것은 '그만 해라. 기생충을 배불리 먹었잖아'라는 경고신호로 볼 수도 있으며, 청소부도 그 점을 잘 알고 있다.

청소부와 고객의 이해관계 상충은 일련의 연쇄적인 결과를 초래한다. 청소부들은 고객과 처음 거래를 틀 때 선심을 쓰는데, 그중에는 고객의 촉각을 자극하는 것이 포함된다. 청소부는 고객을 한 번 힐끗 쳐다본 후 배지느러미와 가슴지느러미를 빨리 움직여 마사지를 해준다. 청소부가 이렇게 선심을 쓰는 데는 두 가지 이유가 있다. 첫째, 고객으로 하여금 청소장에 오래 머물도록 한다. 둘째, 점액을 떼어먹기 전에 고객의 마음을 달랜다. 포식성 고객은 일반 고객보다 마사지를 받을 가능성이 높으며, 특히 굶주린 포식성 고객들은 배부른 포식성 고객들보다 (기생충 부하량과 무관하게) 마사지를 더 많이 받는다. 청소부가 이처럼 선심공세를 벌이는 이유는 성난 고객이 청소부를 추격하여 잡아먹을 가능성이 상존하기 때문에 이를 무마하기 위해서인 것 같다.

한편 포식성 고객들은 청소부들이 정기적으로 서비스를 제공하는 장소에서는 공격을 자제하는 경향이 있다. 따라서 산호초 주변의 청소장은 포식자의 공격으로부터 안전한 피난처로 간주된다. 그리고 포식성 고객들은 청소부를 단순한 먹잇감으로 여기지 않으므로, 이들이 가치 있는 서비스를 제공할 때 온순하게 행동하는 게 당연하다. 게다가 청소부의 선심성 촉각 자극은 포식성 고객을 진정시키는 효과가 있다.

그럼에도 불구하고 고객의 대다수는 포식성 고객이 아니라 선량한 고객이다. 수틀리면 완력을 사용하는 포식성 고객들과 달리 선량한 고객들은 청소부에게 정직한 서비스나 특별대우(예를 들어 마사지)를 강요할 만한 힘을 갖고 있지 않다.

그렇다면 선량한 고객들이 (기회만 생기면 고객의 점액층을 은근슬쩍 떼어먹는) 영악한 청소부들에게 정직한 서비스를 받아내는 전략은 뭘까? 일종의 맞대응전략tit-for-tat이다. 특정한 청소부를 단골로 정할 것인지 결정하기 전에, 똑똑한 고객들은 청소부의 행동을 유심히 지켜본다. 말하자면 특정 청소부에 대한 평판점수image score를 축적하는데, 이베이eBay에서 사용되는 판매자등급의 물고기용 버전이라고 보면 된다. 고객들에게 민폐를 많이 끼치는(점액을 자주 떼어먹는) 청소부들은 고객에게 외면당하는 반면, '정직한 청소부'는 선호도가 높아진다. 이러한 품질보증 시스템은 청소부들의 도덕 수준을 향상시킨다. 정직한 청소부들은 명성을 얻는 반면, 점액층을 살금살금 떼어먹는 청소부들은 그만한 대가를 치르게 되므로, 고객의 감시를 받고 있는 청소부들이 좀더 정직하게 행동하는 것은 당연하다.

그런데 고객에는 두 가지 부류가 있다. 만약 (거래 실적이 전혀 없는) 신규 고객이 특정 청소부에게 사기를 당한다면(점액층을 떼어먹힌다면), 두 번 다시 그 청소부를 찾지 않을 것이다. 하지만 신규 고객은 청소부의 향후 영업 실적에 큰 영향을 미치지 않는다. 그러나 청소부와 신뢰관계를 구축한 단골고객이 사기를 당한다면, 그 고객은 동네방네를 돌아다니며 해코지를 함으로써 청소부의 영업 실적을 악화시킬 것이다. 이러한 처벌 행위는 청소부들로 하여금 훗날을 생각하여 정직하게 행동하도록 유도하는 효과가 있다.

고객의 많고 적음이 청소의 품질을 좌우할 수도 있다. 고객들의

5부 물고기의 사회생활

왕래가 뜸한 산호초 주변의 청소장에서 청소부는 꾀를 부리지 않고 성실하게 서비스를 제공할 것이다. 경제학에서 말하는 구매자시장buyer's market과 마찬가지다. 고객이 적으면 고객의 협상력이 높아지므로, 청소부들 입장에서는 좋은 서비스를 제공하는 것이 유리하다.

청소부 물고기와 고객 물고기 간의 공생관계는 자연계에서 가장 잘 연구된 복잡한 사회시스템 중 하나다. 물고기 공생 분야의 권위자인 레두안 비샤리에 따르면 한 마리의 청소놀래기가 100마리 이상의 다양한 고객들을 구별하며, 이들과 마지막으로 상호작용한 날짜도 기억한다고 한다. 그뿐만 아니라 청소부와 고객의 공생시스템은 신뢰에 기반한 장기적 관계, 범죄와 처벌, 까다로움, 관중 의식, 평판, 아첨을 포함하는 복잡한 시스템이다. 이러한 사회적 역동성은 물고기 사회가 우리의 생각을 훨씬 뛰어넘는 의식 수준과 정교함을 지니고 있음을 시사한다.

청소부와 고객의 공생관계는 쌍방 모두에게 진화적 이득을 제공하겠지만, 나는 쾌감이 공생관계를 유지하는 데 중요한 역할을 수행할 거라고 생각한다. 쾌락은 적응행동adaptive behavior을 촉진하는 자연적 도구이기 때문이다. 청소부와 고객의 상호작용은 다양한 측면에서 '이들이 쾌감을 느낀다'는 징후를 보여준다. 고객 물고기들은 기생충이나 부상이 없는 경우에도 청소부 물고기의 서비스를 적극적으로 요구한다. 청소부들은 고객의 비위를 맞추기 위해, 지느러미를 이용하여 마사지를 해주기도 한다. 고객은 색깔이 변하기도 하는데, 이는 명랑한 기분을 의미하는 감정 변화의 신호인 것으로 보인다. 쾌감을 느낀다는 것은 그 자체가 적응적이며, 마사지의 치료 효과를 입증한다.

3부와 4부에서 소개한 다양한 정신능력에도 불구하고, 청소부 물고기와 고객 간의 상호작용이 진화적 의미를 반영하는지는 불확실하다. "고객이 청소부를 방문하는 것은, 다윈주의적 의미에서 적응성을 향상시키기 때문이다"라고 주장하는 과학자를 아직 본 적이 없다. 그건 단지 물고기들이 그것을 원하기 때문일 수도 있다.

사기꾼과 무임승차

청소부와 고객의 공생관계는 또 하나의 사악한 부정행위에 취약하다. 청소부 흉내를 내는 사기꾼 물고기가 있기 때문이다. 이들은 청소부와 용모가 매우 비슷할 뿐만 아니라, 청소부의 모든 행동을 그대로 따라 할 수 있다. 깜빡 속아 넘어간 고객이 서비스를 기대하며 접근하면, 작은 사기꾼은 고객의 지느러미를 한입 베어 물고 은신처를 찾아 줄행랑을 친다.

청소부를 사칭하는 사기꾼 중에서 최고봉은 기병도騎兵刀 모양의 이빨을 가진 베도라치다. 이 작은 악동은 청소놀래기의 모든 행동들을 똑같이 흉내 내기 때문에 어느 고객이라도 감쪽같이 속아 넘어갈 수밖에 없다. 한 실험에서 생물학자들이 베도라치들에게 고객을 붙여줬는데, 고객 중 일부는 베도라치의 공격을 보복하기 위해 맹렬히 추격하고, 나머지는 체념하는 것으로 나타났다. 생물학자들은 "베도라치는 보복하는 고객들을 눈여겨 봐뒀다가 다음번에는 이들을 제쳐놓고 다른 고객을 선택할 것"이라고 추론했다. 이는 베도라치가 과거의 경험을 기억할 뿐만 아니라, 피해자의 보복 행동을 처벌로 받아들인다는 것을 의미한다.

우리는 여기서 물고기의 공공선公共善에 관한 의문을 제기할 수 있다. 혹시 고객의 처벌이 베도라치를 쫓아 보냄으로써 (베도라치를 처벌하지 않은) 동종의 다른 구성원들이 어부지리를 얻지 않을까?

전통적인 진화론에서는 "어떤 행위로 인해 무임승차자들이 이득을 본다면, 그 행위는 진화하지 않을 것"이라고 예측했다. 이 예측대로라면 베도라치를 추격하는 고객의 행동은 공공선이 아니라, 자기 잇속을 챙기는 행위라는 이야기가 된다. 이미 베도라치에게 속아 지느러미를 물어뜯긴 이상, 군이 남 좋은 일을 하면서까지 베도라치를 추격할이유가 없기 때문이다. 안드레아 비샤리와 레두안 비샤리의 실험에서베도라치는 보복자와 무임승차자를 어떻게든 구분함으로써, 나중에무임승차자를 선별적으로 공격하는 것으로 밝혀졌다. 그렇다면 전통적인 진화론의 해석이 옳다고 할 수 있다. 비록 소 잃고 외양간 고치기가 될지언정, 예방적 차원에서 볼 때, 베도라치에게 속아 지느러미를물어뜯긴 고객은 베도라치를 추격하는 게 이득인 것이다.

안드레아와 레두안 비샤리의 분석은 명쾌하기는 하지만 이들의해석은 너무 냉정하고 기계적인 면이 있다. 진화론적 계산에 집착할경우, 우리는 동물을 경시하는 우를 범하기 쉽다. 고객이 사기꾼에게보복하는 것은 단순한 감정(예컨대 분노) 때문이라고 할 수도 있지 않을까? 6장 "공포, 스트레스, 쾌감, 놀이, 호기심"에서 살펴봤던 것처럼,물고기는 다양한 감정을 진화시켰다. 사견이지만, 뻔뻔한 사기꾼의 행동에 보복하는 것을 '자기 잇속을 챙기기 위한 냉철한 행동'이 아니라'단순한 분노의 표현'으로 해석하는 것이 더 자연스럽지 않을까?

문화

내가 아는 범위에서, 청소부 물고기와 고객 물고기의 복잡한 상호작용을 '물고기의 문화'라는 관점에서 해석한 생물학자는 지금껏 한 명도 없었다. 하지만 물고기가 문화를 갖고 있다는 연구 결과가 나오더라도 별로 놀라지 않을 것이다. 생물학자들에게 문화란 세대 사이에 전달되는 비非유전적 정보를 의미한다. 인간의 유전자는 우리에게 '문신을 하라'거나 '영화를 보라'고 명령하지 않는다. 그럼에도 불구하고 많은 사람들은 타인의 사례를 통해 이러한 문화를 받아들인다. 한때 인간의 고유영역으로 간주되었던 문화가 오늘날에는 포유류와 조류에도 널리 퍼져 있는 것으로 알려져 있다(특히 수명이 길고 사회성이 있는 종들의 경우에는 더욱 그렇다). 동물의 속성 중 문화적으로 전달되는 것으로는 까마귀의 도구 사용, 코끼리의 이동 경로, 범고래의 방언dialect 그리고 영양의 집단짝짓기 장소 등이 있다.

문화가 살아남으려면 학습이 필수적이다. 늦봄에서 초여름 사이에 브리티시컬럼비아의 들판과 숲속에 스피커를 설치하고 사냥하는 박쥐의 반향정위 신호를 틀어놓았더니, 관심을 보이는 박쥐가 거의 없었다. 이 시기에는 어른 박쥐들만 날아다니는데, 먹잇감이 많은 장소를 이미 알고 있기 때문에 굳이 새로운 신호에 신경 쓸 필요가 없었던 것이다. 그러나 8월~9월이 되어 어린 박쥐들이 젖을 떼고 날기 시작하자 이야기가 달라졌다. 내가 틀어놓은 스피커 소리를 듣고 박쥐 떼가 몰려든 것이다. 어리고 순진한 박쥐들은 나이 들고 노련한 박쥐들의 소리를 듣고 곤충이 많은 곳을 찾는 것 같았다. 그로부터 3년 후, 늦여름 해 질 녘에 텍사스 남부의 동굴을 탐사하던 나는 수백만 마리의 멕시코산 자유꼬리박쥐Mexican free-tailed bat들이 쏟아져 나오는 것을 보았다. 나는 '어린 박쥐들이 나이든 박쥐들을 따라다니며, 좋은 섭식장소가 어디인지를 배우는가 보다'라고 생각했다. 아무도 이를 문화라고 부르지 않았지만, '박쥐들의 이동경로 · 휴식장소 · 섭식장소가 세대를 넘어 전승된다'는 사실을 감안할 때 문화라고 부르는 게 적절할 듯싶다.

그렇다면 물고기들도 문화를 갖고 있을까? 파나마의 산블라스 제도에 있는 산호초에서 12년 동안 블루헤드놀래기를 연구한 UC 샌타바버라의 로버트 워너에 의하면 그렇다고 한다. 블루헤드놀래기는 카리브 해의 산호초에서 흔히 발견되는 물고기로, 1년 내내 성적性的으로 활발하며 하루도 빠짐없이 짝짓기를 한다. 워너가 이끄는 연구팀은 블루헤드놀래기의 짝짓기 장소 87군데를 모니터링한 결과, 이들의 짝짓기 장소가 장기적으로 일정하다는 것을 발견했다. 즉, 일상적인 짝짓기 장소는 12년간 똑같았는데, 블루헤드놀래기의 최대 수명이 약 3년임을 감안할 때, 12년은 최소한 4세대에 해당한다. 더욱이 워너의 추정에 따르면 "인근의 산호초에는 수백 군데의 짝짓기 장소가 존재하는데, 모두 매력적인 조건을 갖고 있음에도 불구하고 블루헤드놀래기들이 모종某種의 이유 때문에 특정한 장소를 선택하는 것 같다"고 한다. 그리고 12년 동안 블루헤드놀래기의 개체수가 크게 변한 적이 몇 번 있었음에도 불구하고 87개의 짝짓기 장소 중 사용되지 않은 곳은 한 군데도 없었다고 한다.

워너는 다음과 같은 의문을 품었다. "혹시 87군데의 짝짓기 장소가 선호되는 것은 몇 가지 천연자원이 풍부하기 때문이 아닐까? 그렇다면 기존의 물고기들을 다른 곳으로 이주시키고 새로운 물고기들을 입주시킨다면, 새로운 물고기들도 똑같은 짝짓기 장소를 선호하지 않을까?"

워너는 연구 장소에 서식하는 블루헤드놀래기들을 모두 생포하여 수족관에 보호하고, 다른 지역에 서식하는 블루헤드놀래기들을 생포하여 그곳으로 이주시켜 보았다. 새로운 이주민들은 원주민들과 똑같은 짝짓기장소를 사용했을까? 천만의 말씀. 이주민들은 새로운 장소를 짝짓기 장소로 선정한 다음, 원주민들이 그랬던 것처럼 몇 세대 동안 바꾸지 않고 사용했다.

이번에는 수족관에 보호하고 있던 원주민을 고향으로 다시 이주시켜 보았다. 그랬더니 예전의 짝짓기 장소를 다시 사용하기 시작했다. 이는 감금이나 장소 이동 등의 사건이 짝짓기 장소를 바꾸는 요인이 될 수 없다는 것을 의미한다. 워너는 이상의 연구 결과를 종합하여 이렇게 결론을 내렸다. "블루헤드놀래기의 짝짓기 장소는 장소의 내재적 특징보다는 문화적으로 전달되는 전통에 기반을 둔 것으로 보인다."*

사회적 관습에 따라 전통적인 번식지를 유지하는 것으로 알려진 물고기는 블루헤드놀래기뿐만이 아니다. 청어, 그루퍼, 도미, 서전피시, 독가시치, 패럿피시, 멀릿도 이런 습성을 가진 것으로 알려져 있다.

---

* 솔직히 말해서 이런 종류의 논문을 읽을 때마다 복잡한 감정을 느낀다. 한편으로는 가설을 검증하기 위해 실험을 설계하고 실행한 과학자들의 헌신과 창의성에 감탄을 금할 수 없다. 하지만 다른 한편으로는 인간이 물고기의 삶을 함부로 통제한다는 데 우려를 느낀다. 연구팀에게 생포되어 수조로 옮겨진 물고기들의 심정이 어땠을까? 우리는 문화를 가진 동물들이 소중한 고향에서 쫓겨났을 때의 느낌을 헤아려봐야 한다.

5부 물고기의 사회생활

물고기의 문화적 표현은 그 밖의 다양한 맥락, 이를테면 일별·계절별 이동, 포식자 인식, 포식자 회피에서도 관찰된다.

덩치가 작은 물고기들은 잠재적인 포식자가 많기 때문에 다른 구성원들과 비슷하게 보이거나 행동함으로써 포식자의 관심권에서 벗어날 수 있다. 이는 구피에게서 나타난 문화적 동조cultural conformity 현상을 설명해준다. 구피들은 아는 게 많은 물고기의 뒤를 따름으로써 알짜배기 사냥터로 가는 경로를 학습하고, 원로元老들이 사라진 뒤에도 그 경로를 계속 사용한다. 이들이 선택한 경로는 지름길이 새로 발견된 경우에도 (최소한 처음에는) 유지되는 경향이 있다. 인간의 경우에도 그 비슷한 경향이 있어서, 사람들은 뭔가 새롭고 효과적인 방법이 생겨났음에도 불구하고 전통적인 방법에 고집스럽게 매달리곤 한다(아이패드와 스타일러스 펜이 유행하는 시대에 손으로 쓰는 메모장을 고집하는 사람들도 많다). 그러나 구피는 오직 단기적으로만 그럴 뿐이며, 효율적인 방법을 곧 수용한다. 이런 의미에서 본다면 구피는 우리와 달리 전통의 맹목적인 노예는 아닌 것 같다.

물고기의 문화를 파괴하는 주범은 인간이다. 2014년 어류학자와 생물물리학자들로 구성된 연구팀이 발표한 논문에 따르면, "인간의 어류 남획과 큰 물고기(즉, 나이든 물고기)를 선호하는 경향 때문에 물고기들 사이에서 이동경로에 관한 지식 승계가 제대로 이루어지지 않고 있다"고 한다. 연구팀은 다음과 같은 세 가지 요소를 기반으로 하여 수학적 모델을 개발했다. ① 물고기들 간의 사회적 결속력, ② 정보에 능통한 개체의 비율(이동경로와 목적지를 아는 것은 오직 나이든 물고기들뿐이다), ③ 정보에 능통한 개체들의 특정 목적지에 대한 선호도.

수학적 모델을 분석한 결과 물고기 집단의 조정능력을 향상시키고 해체를 막는 데 가장 중요한 요인은 '물고기들 간의 사회적 단결'과 '정보에 능통한 개체의 존재'인 것으로 밝혀졌다.

인간에 의해 붕괴된 문화는 복구될 수 없다. 문화란 유전자에 코딩되는 게 아니어서, 일단 상실되고 나면 문화정보를 다시 획득할 수 없기 때문이다. "물고기의 개체수를 다시 늘리는 것만으로는 부족하다. 왜냐하면 이들은 집단기억을 이미 상실한 상태이기 때문"이라고 연구팀에서 생물리학을 담당하는 히앙카를로 데 루카는 말했다. 밀렵과 무분별한 사냥이 금지된 후에도 많은 동물 집단들이 제대로 복원되지 않는 것은 바로 그 때문이다. 대규모 포경이 금지된 후 반세기가 지나도록 멸종해가던 북대서양참고래, 북태평양 서쪽의 귀신고래, 흰긴수염고래가 회복세를 거의 보이지 않는 이유도 마찬가지다. 개체수가 급격히 줄어들어 상업적 어획이 불가능할 정도가 되면, 많은 물고기들이 똑같은 상황에 처하게 될 것이다. 그물과 낚싯바늘이 대구, 오렌지러피(종전에는 부시돌치slimehead라는 촌스러운 이름으로 불렸다), 기타 수명이 긴 물고기들을 집중적으로 공략함에 따라 여러 세대에 걸쳐 문화지식을 축적한 것으로 여겨지는 물고기들이 곤경에서 벗어나지 못하고 있다.

그럼에도 불구하고 명색이 문명을 보유한다는 인류는 사회활동의 많은 분야에서 해양 약탈을 미덕으로 삼고 있다. 자연 수탈을 일삼던 고대의 전제정치와 중세의 봉건정치는 현대에 들어와 민주주의로 대체되었다. 그러나 민주주의는 빛 좋은 개살구에 불과하다. 국민에 의해 선출된 지도자들은 유권자들이 원하고 필요로 하는 것에 민감하게 반응하므로, 지역 이기주의가 팽배하고 있다. 따라서 오늘날에는 지역 간의 갈등을 해결하기 위해 협동적인 국민들의 노력을 결합하는 일이 과거 어느 때보다도 더 중요하다. 민주주의와 평화 유지 활동은 물고기 사회의 미덕이기도 하다. 다음 장에서는 이 점에 대해 자세히 알아보기로 하자.

제 11 장
협동, 민주주의, 평화 유지

2015년 4월, 여자친구와 함께 푸에르토리코 서해안에 있는 빌라에서 카리브 해를 내려다보던 나는 극적인 물고기 쇼를 관람하게 되었다. 쇼는 해변에서 약 40~50미터 떨어진 앞바다에서 갑작스러운 소란과 함께 시작되었다. 길이가 8센티미터 정도 되는 은빛 물고기들이 수십 마리씩 떼를 지어 물 위로 뛰어오르자, 해수면이 분출하면서 마치 쓰나미가 다가오는 것처럼 보였다. 뛰어오른 물고기들이 해수면에 다시 부딪치기도 전에 더 많은 물고기들이 공중으로 솟구쳤다. 마치 불꽃놀이의 피날레를 보는 듯한 기분이었다. 물고기 떼를 구성하는 개체들은 족히 수백 마리는 되어 보였다. 그 뒤에서 거대한 지느러미들이 엄청난 스피드로 물살을 가르는 걸로 보아 포식성 물고기 함대가 추격하고 있는 게 분명했다.

아주 신나는 광경이었다. 도망치는 물고기들의 에너지가 너무 강

렬해서, 이들이 솟아오르고 곤두박질치기를 반복하며 우리를 향해 다가오는 동안 커다란 채찍 소리를 들을 수 있었다. 은빛 물고기 떼가 주기적으로 허공을 가르며 석양빛을 반사할 때마다 그 사이사이에 몇 초 동안 고요한 적막이 흘렀다. 필사적으로 도망치는 물고기들 중 일부는 해변에 상륙하여, 다음 번 파도가 자신들을 구조할 때까지 뒤집기나 점프를 시도했다. 때마침 하늘을 날던 제비갈매기 한 마리가 급강하하여 모래사장의 물고기 한 마리를 솜씨 좋게 낚아챘다. 다른 물고기들은 얕은 물 위로 삐죽이 내민 바위 위에 잠시 고립되었고, 바위들은 온통 해초로 뒤덮여 있었다.

야단법석 하는 물고기 떼가 발코니 앞까지 다가왔을 때, 바로 뒤에서는 (40~50센티미터쯤 되는) 커다란 물고기들이 일렬횡대로 쇄도하는 게 보였다. 촘촘한 대형으로 사냥감들을 압박하여 한 방향으로 몰아가는 것이, 돌고래들의 장기인 협동사냥을 방불케 했다. 돌고래들은 물고기 떼를 동그랗게 에워싼 채 입을 쩍 벌리고 있다가 도망치려고 필사적으로 튀어오르는 물고기들을 덥석 집어삼킨다. 카리브 해의 사냥꾼들은 원형을 그리지는 않았지만, 먹잇감들을 해안가로 몰아 오도가도 못 하게 한 다음 습격하는 전술을 구사했는데, 이 역시 돌고래의 전매특허 중 하나다.

우리가 발코니에서 내려다본 광경은 유명한 만화의 내용과 거리가 멀었다. 즉, 조그만 물고기가 큰 물고기에게 잡아먹히고, 그 물고기가 좀 더 큰 물고기에게 잡아먹히고, 그 물고기가 더더욱 큰 물고기에게 잡아먹히는 그림 말이다. 내가 보기에, 그 그림은 물고기를 '굶주림에 맹목적으로 반응하는 로봇'으로 묘사한 것에 지나지 않는다. 그러나 우리가 목격한 장면은 물고기가 협동사냥을 하는 전형적 사례였다. 사실 물고기의 협동사냥은 희귀한 현상이 아니라 여러 종에서 나타나는 것으로 알려져 있다. 예컨대 꼬치고기 무리는 나선형으로 헤엄을 치며 먹잇감을 얕은 곳으로 몰아 쉽게 사냥한다. 이와 마찬가지로, 사냥하는 참치 떼가 포물선 모양을 그린다는 것은 이들이 협동사냥을 한다는 것을 의미한다.

사자는 절묘한 협동사냥 기술로 유명하며, 범고래도 그에 뒤지지 않는다. 과학자들은 사자들끼리 '사냥할 때가 됐다'고 신호를 주고받는 방법을 모른다. 하지만 사자들은 어떤 방법으로든 신호를 교환하는 게 분명하다. 그렇다면 물고기는 어떨까?

가장 좋은 논의의 출발점은 사자와 이름이 같은 물고기, 즉 라이온피시lionfish(쏠배감펭)다. 라이온피시가 이 엄청난 이름을 얻은 건 순전히 갈기(기다란 리본처럼 생긴, 독을 품은 가슴지느러미) 때문이지만, 지금 와서 생각해보면 탁월한 협동사냥 능력 때문인 것도 같다. 2014년 라이온피시 두 종을 대상으로 실시한 연구 결과에 따르면 라이온피시 여러 마리가 나팔 모양의 독특한 지느러미를 이용해 '함께 사냥하자'는 의사를 서로에게 전달한다고 한다. 구체적으로 말하면, 협동사냥을 신청하는 물고기가 다른 물고기에게 접근하여 고개를 숙이며 가슴지느러미를 펼친다. 그러고는 꼬리지느러미를 몇 초 동안 재빨리 흔든 다음, 양쪽 가슴지느러미를 천천히 번갈아 흔든다. 신청을 받은 물고기가 지느러미를 흔들어 맞장구를 치면, 이윽고 여럿이 함께 사냥을 떠나게 된다.

라이온피시들의 협공 방법은 간단하다. 기다란 가슴지느러미를

5부 물고기의 사회생활

이용하여 작은 물고기를 궁지로 몬 다음, 한 마리씩 돌아가며 번갈아 공격을 퍼붓는 것이다. 참가자들은 전리품을 나눠먹는데, 파트너들이 전리품을 공유하는 것은 이치에 맞다. 왜냐하면 이기심이 개입될 경우 협동은 와해될 수밖에 없기 때문이다. 게다가 협동사냥은 단독사냥보다 성공률이 높다. 라이온피시 두 종의 사냥방법은 동일하며, 때로는 이종異種 라이온피시들이 한 팀을 이루어 사냥에 나서는 진풍경이 벌어지기도 한다.

사자와 사냥 스타일이 좀 더 비슷한 물고기는 노란안장고웃피시yellow-saddle goatfish다. 왜냐하면 팀원들이 역할을 분담하기 때문이다. 길이가 30센티미터나 되는 유선형의 고웃피시는 산호초 주변에 살며, 보통은 노란색이지만 핑크빛과 파란색으로 변하기도 하는데, 추격자와 차단자로 역할을 나누어 협동사냥을 한다. 추격자는 먹잇감을 바위틈에서 끌어내어 추격하고, 차단자는 퇴로를 막는다. 서로 다르면서도 보완적인 역할을 분담함으로써, 고웃피시들은 매우 정교한 협동사냥을 이끌어낸다.

협동사냥에 더욱 공을 들이는 이종異種 물고기들도 있다. 그루퍼와 곰치는 라이온피시와 고웃피시의 전술을 결합하여, 신호나 몸짓을 이용해 욕구나 의사를 전달하고, 먹잇감을 잡기 위해 상보적相補的인 역할을 수행한다. 이들의 행동은 2006년 홍해에서 레두안 비샤리와 세 명의 동료들에 의해 처음으로 관찰되었다. 연구팀에 따르면 로빙코랄그루퍼roving coral grouper는 전신을 빠르게 흔들며 거대한 곰치에게 공동사냥을 제안했다고 한다. 그리하여 한 팀을 이룬 이들은 마치 해변을 걷는 친구들처럼 함께 어울려 산호초 주변을 유유히 헤엄쳐 다녔다고 한다.

연구팀은 이런 장면을 수십 번이나 관찰했는데, 협동사냥을 하는 경우 각각 따로 사냥하는 것보다 실적이 더 좋았다고 한다. 협동사냥의 성공률이 높은 이유는 두 물고기들이 상보적인 역할을 수행하기 때문이다. 곰치는 산호초 사이의 좁은 공간에서 물고기를 추적하는 데 능하고, 그루퍼는 산호초 주변의 탁 트인 공간에서 민첩하게 움직인다. 따라서 불쌍한 사냥감들은 도망칠 곳이 한 군데도 없게 된다.

그루퍼와 곰치 간의 신호전달에서 가장 인상 깊은 점은 궁극적 목표물이 가시적으로 드러나지 않은 상황에서 신호를 주고받는다는 것이다. 즉, 그루퍼가 곰치에게 '협동사냥을 하자'고 신호를 보내는 장소에서는 먹잇감이 보이지 않는다. 그렇다면 그루퍼와 곰치는 미래의 사건을 기대하거나 만들어낸다는 이야기가 되는데, 이것은 물고기가 계획을 수립한다는 것을 입증하는 또 하나의 사례다(8장 "도구 사용, 계획 수립" 참조). 영장류학자인 프란스 드 발은 그루퍼와 곰치의 협동사냥 사례를 접하고, '물고기가 할 수 없는 게 도대체 뭘까?'라고 의문을 품으며 다음과 같이 덧붙였다. "생존에 관한 가장 지능적인 해법은 우리와 거리가 먼 동물, 특히 물고기들이 갖고 있는 것 같다."

2013년, 당시 케임브리지 대학교 박사과정에 있었던 알렉산더 베일은 홍해의 그루퍼와 곰치에게서 독특한 의사소통 및 사냥 사례를 발견했다. 인간이 숨겨진 물건의 위치를 알려줄 때 사용하는 방법, 즉 가리키기와 비슷한 방법을 사용한 것이다. 로빙코랄그루퍼와 그 가까운 친척인 레오파드코랄그루퍼leopard coral grouper는 다양한 사냥 파트너들(대형 곰치, 나폴레옹피시, 빅블루옥토퍼스)에게 물구나무서기를 이용하여 숨은 먹이의 존재를 알려주는 것으로 밝혀졌다. 물구나무서기는 방금 전에 언급한 전신 흔들기와 맥락은 비슷하지만 근본적으로 다르다고 할 수 있다. 왜냐하면 물구나무서기란 눈에 보이지 않는 물고기나 기타 먹이의 위치를 가리키기 때문이다. 이것을 참조 제스처$_{referential\ gesture}$라고 하는데, 인간 말고는 유인원과 레이븐$_{raven}$에게서만 보고된 바 있다(유인원과 레이븐은 동물계의 아인슈타인으로 통한다).

2011년, 생물학자 시모네 피카와 토마스 부니아르는 레이븐의 의사소통에 관한 연구를 바탕으로 참조 제스처의 다섯 가지 기준을 제시했다. 그런데 그루퍼들의 물구나무서기 신호는 이 다섯 가지 기준을 모두 충족하는 것으로 보아 참조 제스처에 해당된다고 자신 있게 말할 수 있다.

1. 보이지 않는 사물(산호초 사이에 숨어 있는 먹잇감)을 가리킨다.
2. 순전히 의사소통을 위한 것이며, 즉각적인 효과는 없다(즉, 물고기를 곧바로 잡지는 못한다).
3. 잠재적인 수취자(곰치, 양놀래기, 문어)를 대상으로 한다.
4. 자발적인 반응(이를테면 곰치가 다가와 먹이를 찾음)을 이끌어낸다.
5. 지향성이 있다.

이건 전혀 가볍게 보아 넘길 일이 아니다. 신체의 일부분(예를 들어 손가락)으로 어디를 가리킨다는 것은 중요한 의사소통이자 사회적 기술로서, 성장기 아동의 중요한 이정표로 간주되기 때문이다. 예컨대 어린이가 뭔가를 가리킨다면, 이는 공동 관심을 원한다는 것을 뜻한다. 다시 말해서, 자신이 가리키는 관심 항목에 상대방도 관심을 갖기를 원하는 것이다.

그루퍼들은 참을성이 매우 강해서, 일곱 번의 관찰사례에서 각각 2분, 2분, 3분, 9분, 10분, 12분, 25분 동안 물구나무를 서면서 사냥 파트너(곰치)의 반응을 기다린 것으로 나타났다. 때로는 파트너가 너무 멀리 떨어져 있어서 그루퍼의 제스처를 보지 못한 적도 있었는데, 그런 경우에는 어떻게 행동했을까? 베일이 관찰한 바에 따르면 그루퍼는 곰치에게 가까이 다가가 전신 흔들기를 시도한 다음 곰치를 대동하고 먹이가 숨어 있는 산호초 틈새로 복귀했다고 한다.

수조에서 실시한 후속연구에서 그루퍼의 협동능력과 상황판단 능력은 침팬지에 비견될 정도인 것으로 밝혀졌다. 연구진은 그루퍼에게 곰치 모형 두 개를 보여주고 둘 중 하나를 파트너로 선택하게 했다. 모형은 (내부에 숨겨진 케이블과 도르레를 이용해) 교묘하게 조종되는 실물 크기의 곰치로, 하나는 산호초 속에 숨어 있는 먹이를 잘 찾아내고 다른 하나는 엉뚱한 곳을 더듬었다. 그루퍼는 연구 첫날에는 선호도의 차이를 보이지 않았지만, 둘째 날에는 유능한 협력자를 알아보고 그쪽을 선호하는 것으로 나타났다. 그루퍼의 주둥이가 닿지 않는 곳에 먹이를 숨겨뒀더니, 협력자를 동원하는 경우가 83퍼센트인 것으로 나타났는데, 이 비율은 침팬지보다 높았다. 그루퍼가 '협력자가 필요한 경우'와 '독자적 해결이 가능한 경우'를 판단하는 능력이 침팬지 못지않은 것으로 밝혀진 것이다.

이상의 실험 결과를 바탕으로 그루퍼가 침팬지만큼 영리하다는 결론을 내릴 수 있을까? 그렇지는 않다. (이동이 자유로운) 육지에 살며

(물건을 쥘 수 있는) 손을 갖고 있는 침팬지와 그렇지 않은 물고기를 동일선상에서 비교한다는 건 난센스다. 우리가 내릴 수 있는 결론은 "물고기는 필요에 따라 영리하고 유연하게 행동할 수 있는 능력을 보유하고 있다"는 것이다. 알렉산더 베일은 그루퍼와 곰치의 협동사냥을 일종의 사회적 도구 사용으로 볼 수 있다는 견해를 제시한다. "침팬지는 막대기를 이용해 '구멍 속에 꿀이 있는지 없는지' 탐지할 수 있지만, 그루퍼는 손이 없으니 막대기를 집어들 수가 없다. 하지만 그루퍼는 의도적인 의사소통을 이용하여 (탐지능력을 가진) 다른 종의 행동을 조종할 수 있다." 총명한 과학작가 에드 용은 자신의 블로그에 다음과 같은 제목의 글을 올린 바 있다. "먹이가 구멍 속에 있는데 막대기가 없다면, 곰치를 이용하라."

민주주의

그루퍼의 협동사냥에서 내가 가장 아름답게 생각하는 부분은 의도적 지향성이다. 다시 말해, 마음을 가진 두 마리의 물고기가 욕구와 의도를 서로 전달하고 해석함으로써 결과를 이끌어낸다는 것이다. 협동사냥은 개체들의 욕구가 취합되어 사회적 결과로 이어지는 첫 번째 방법이다.

개체들의 욕구가 취합되어 사회적 결과로 이어지는 두 번째 방법은 집단적 의사결정이다. 프린스턴 대학교의 진화생물학자 이아인 쿠진은 이렇게 말한다. "물고기 무리에서부터 새 떼, 그리고 영장류 집단에 이르기까지, 모든 동물 집단에서 발견할 수 있는 공통적인 속성은

'목적지와 과제를 결정하기 위해 효율적으로 투표를 한다'는 것이다."
쿠진의 말은 이렇게 이어진다. "물고기 한 마리가 잠재적인 식량원을
향해 나아갈 때, 다른 물고기들은 지느러미를 이용하여 '그를 따를 것
인지 말 것인지'를 결정한다. 이처럼 고도의 민주적인 절차를 통해 내
린 집단적 의사결정은 어느 개체가 단독으로 내린 의사결정보다도 우
수하다."

합의적 의사결정의 이득은 집단의 크기가 증가할수록 결정의 속
도와 정확성이 증가한다는 것이다. 예컨대 잘못된 정보를 알고 있는
골든샤이너golden shiner(잉어과 물고기)는 단체로 헤엄칠 때 오류를 범할 가
능성이 적은데, 그 이유로는 두 가지가 거론되고 있다. 하나는 정보를
취합하여 정족수 반응을 한다는 것이고, 다른 하나는 정보에 능통한
소수의 전문가나 리더를 따른다는 것이다.

우리는 물고기 개체들의 외모를 보고, '물고기 집단이 어느 개체
를 따를 것인가'를 짐작하는 경향이 있다. 다른 조건들이 모두 동일하
다면, 건강하고 튼튼한 물고기가 허약한 물고기보다 더 훌륭한 의사결
정자일 거라고 간주한다. 그런데 물고기의 생각도 우리와 마찬가지일
까? 스웨덴, 영국, 미국, 호주의 생물학자들로 구성된 다국적 연구팀은
이 의문을 해결하기 위해 큰가시고기를 이용한 실험을 설계했다. 먼
저, 연구팀은 투명한 아크릴 수조의 양쪽 끝에 멋진 바위와 수초로 이
루어진 은신처를 만들었다. 그러고는 한가운데에 플라스틱으로 만든
큰가시고기 모형 두 마리를 띄워놓고 좌우의 은신처와 가느다란 나일
론실로 연결했다. (두 마리의 모형은 외모가 달라 연구팀이 보기에 건강상
태가 달라 보였다. 예를 들면 덩치가 큰 모형은 덩치가 작은 모형보다 더 적합

해 보인다. 왜냐하면 사냥도 잘하고 오랫동안 생존할 것처럼 보이기 때문이다. 그리고 토실토실한 모형은 삐쩍 마른 모형보다 영양상태가 양호해 보이며, 검은 점이 많은 모형은 기생충을 많이 갖고 있는 것 같아 병약해 보인다.) 마지막으로, 연구팀은 수조에 진짜 큰가시고기를 풀어놓은 다음 모형 한 마리씩을 왼쪽과 오른쪽에서 일정한 속도로 잡아당겼다. 큰가시고기는 둘 중에서 누구를 따라갔을까?

큰가시고기들은 마치 연구팀의 연구계획서를 미리 보기라도 한 것처럼 행동했다. 한 마리만 넣었을 때는 60퍼센트의 비율로 건강해 보이는 모형을 따라 은신처로 헤엄쳐 갔다. 그러나 그룹의 크기가 커짐에 따라 건강해 보이는 모형을 따르는 비율이 상승해, 10마리일 때는 비율이 80퍼센트까지 올라갔다. 이는 합의적 의사결정의 전형적인 사례라고 할 수 있다.

물고기의 민주주의를 연구하기 위해 개발된 정교한 도구가 있다. 바로 로봇 물고기다. 얼마나 리얼하게 헤엄을 치는지 피라미들도 자연스럽게 대응할 정도여서, 과학자들이 물고기의 집단행동을 심층적으로 이해하는 데 큰 도움을 주고 있다. 따로 노는 큰가시고기들은 비적응적으로 행동하는(포식자를 향해 헤엄쳐가는) 로봇 물고기 리더를 멋모르고 따라가지만, 큰가시고기 무리는 정족수 반응을 나타냄으로써 그런 함정에 빠지지 않는다. 엉터리 리더에게 반기를 드는 물고기의 수가 충분해지면, 나머지 물고기들도 반란자들에게 가담할 가능성이 높아진다. 이와 마찬가지로, 소규모 모기고기(모기의 유충을 먹는 물고기_옮긴이) 떼는 Y자형 미로에서 로봇 물고기를 따라 위험한 곳(포식자가 기다리는 곳)으로 가지만, 대규모 모기고기 떼는 로봇 물고기 리더를 따르지 않고 안전한 쪽을 선택한다.

하지만 여러분들은 '리얼하다'라든가 '모형', '복제품', '모조품' 등의 단어에 주의하기 바란다. 물고기들이 리얼한 모형에 반응을 보인 다고 해서, 모형을 실물로 인식한다고 볼 수는 없기 때문이다. 실험에 사용되는 수조 속의 물고기들은 자연환경이 아니라, 인공적이고 이질 적인 환경에 처해 있다는 사실을 명심하기 바란다. 따라서 물고기들이 자연스럽게 행동하게 하려면, 실험을 실시하기 전 몇 주에서 몇 달 동 안 수조 속에 넣어두어 낯선 환경에 익숙해지도록 만들 필요가 있다. 갑자기 수조 속에 투입된 물고기들은 인간이 만든 모형을 어쩐지 이상 하다고 의심할 수 있지만, 두려운 자극을 회피하려는 동기부여가 종종 그러한 의심을 압도할 수 있다.

평화 유지

포식자와 맞닥뜨리는 게 물고기들이 당면하는 유일한 위험은 아 니다. 물고기들은 동종 간의 갈등과도 씨름해야 한다. 하지만 생존과 생식이 절대명제인 생물에게 부상과 죽음이란 최악의 결과이기 때문 에 라이벌 간의 물리적인 싸움은 실제로 드물게 일어난다. 다른 동물 들과 마찬가지로, 물고기들은 종종 힘과 정력을 의례적으로 과시함으 로써 (라이벌 중 어느 한쪽 또는 쌍방에게 부상을 초래할 수 있는) 심각한 물 리적 충돌을 회피한다. 물고기들은 상대방에게 '전투해봤자 득 될 거 없다'는 인상을 주기 위해 다양한 전술들을 구사한다. 예컨대 체격이 커 보이도록 하기 위해 지느러미를 활짝 펼치고 아가미뚜껑을 열거나,

몸 전체를 보여주기 위해 측면으로 돌아서기도 한다. 우렁찬 소리를 내면 덩치와 힘을 돋보이게 할 수 있고, 꼬리를 흔들어 큰 물살을 일으키면 무력을 한층 더 과시할 수 있다. 그 밖의 과시행동으로는 머리 흔들기, 몸 비틀기, 환하게 빛나는 신체의 일부 보여주기, 색깔 바꾸기 등이 있다.

모든 물고기들이 으름장을 놓으려고 과시행동을 하는 것은 아니다. 물고기들은 종종 유화정책을 쓰기도 한다. 효과적인 유화정책으로는 취약한 신체부위를 보여주는 것이 있는데, 이것은 제스처의 진실성을 강조하는 전술로, 늑대의 목구멍 드러내기나 원숭이의 생식기 노출과 같은 맥락에서 볼 수 있다. 공격적으로 영유권을 주장하는 블런트헤드시클리드blunthead cichlid(*Tropheus moorii*)는 취약한 횡격막 주변의 선명한 노란 띠를 보여주며 가볍게 떨기도 한다.

그럼에도 불구하고 문제가 커지면 시클리드들은 평화 유지군으로 활동하기도 한다. 말라위산 시클리드 중 하나인 골든 음부나golden mbuna(*Melanochromis auratus*)가 대표적인데 이들은 수조 속에서 서열식 지배구조를 형성하며, 대부분의 상호작용은 인접한 서열 사이에서만 일어난다. 그러다가 암컷 사이에서 다툼이 일어나면 수컷 한 마리가 적극적으로 중재에 나서는데, 양측 누구에게도 양해를 구하지 않고 일방적으로 분쟁을 중단시킨다. 수컷은 두 암컷 중 낯선 쪽에 손을 들어주는 경향이 있으며, 이로써 그 암컷은 그룹에 정착할 가능성이 높아진다. 물론 수컷의 입장에서 볼 때, 암컷이 하나 추가되었다는 것은 배우자감이 늘어났음을 의미하므로 가장 환영할 만한 일이다.

동물의 위계질서는 체격에 따라 정해지는 것이 보통이므로, 덩치가 클수록 순위가 높아진다. 알파 수컷 엘크가 하렘harem을 장악하고 다른 수컷들의 짝짓기를 금지하는 것처럼, 일부 물고기 사회에서는 가장 큰 수컷 한 마리가 가임 암컷과의 짝짓기를 독차지한다. 상위 5퍼센트 안에 드는 수컷은 자기보다 큰 수컷과의 일전을 불사해야 하는데, 싸움에서 질 경우 짝짓기 서열에서 몇 등급 강등되는 수모를 당할 수 있다. 그럼 하위 95퍼센트의 운명은 어떻게 될까? 이들은 아예 국물도 없다. 수컷 고비들의 경우에는 눈물 나는 '자제력 쇼'라는 것이 있어서, 짝짓기 서열 내의 순위를 유지하기 위해 일부러 다이어트를 해야 한다.

그러나 다이어트하는 수컷 고비들이 반드시 총각귀신이 되라는 법은 없다. 다이어트는 장기적으로 건강에 이롭기 때문이다. 10여 마리로 구성된 사회집단에서 고비의 신분이 상승하는 방법은 단 하나, 상급자가 사망하는 것뿐이다. 독자들도 알다시피, 많은 동물의 경우 소식小食은 장수의 비결로 알려져 있다. 따라서 수컷들이 감수해야 하는 '눈물의 다이어트'는 아버지가 되는 데 유리한 장기 전략이 될 수 있다.

가장 호전적인 동물들일지라도 사회적 상황에서 가장 기본적인 덕목은 자제력과 화기애애함이다. 플로리다 주 탬파에 사는 로리 쿡은 어느 날 월마트에 갔다가 조그만 컵에 하나씩 담겨 전시된 베타betta들을 보고 문득 불쌍하다는 생각이 들어, 구조하는 셈치고 몇 마리 구입했다. (샴투어Siamese fighting fish라고도 불리는 베타를 수컷들끼리 합사合飼하는 것은 금기시되어 있다. 야생 베타가 아닌 이상 수컷들끼리 한 어항에 넣어두게 되면 피 터지게 싸우기 때문이다.) 로리는 집에 돌아와 뒤뜰의 작은 연못에 베타들을 풀어놓고 지극정성으로 보살폈다. 얼마 후 동네에서 물고기 애호가로서 유명해지면서, 로리가 기르는 베타들도 덩달아 유명해졌다. 그러자 이웃들이 달갑잖은 행동을 했다. 자기들이 기르던 베타를 대신 키워 달라고 가져온 것이다. 게다가 로리는 펫마트에 가서 마리당 1달러를 주고 암컷 몇 마리를 구입했다. 암컷 베타는 애완동물 쇼핑객들에게 인기가 별로 없는데, 그 이유는 수컷과 달리 공격성이 없기 때문이다. 그래서 사람들은 암컷 베타를 '재미없는 애완동물'로 인식한다.

로리가 실제로 경험해보니, 공격성으로 유명한 베타들의 사회생활은 전혀 딴판이었다. 매일 아침 먹이를 주러 뒤뜰에 나가면, 베타들은 연못가로 옹기종기 모여들었다. 베타는 열대어인 데다 플로리다 남부의 기온조차도 이들에겐 너무 낮았기 때문에 로리는 아쿠아리움용 히터를 구입하여 추운 계절에 몇 달 동안 틀어줬다. 이제는 여러 세대의 샴투어를 기르고 있고, 그중 상당수는 수컷임에도 불구하고 로리는 이렇게 말한다. "수컷 두 마리가 싸우는 걸 본 적이 전혀 없어요. 더구나 물어뜯긴 흔적이나 훼손된 지느러미와 같은 증거도 발견하지 못했어요."

전사戰士로 유명해서 투어鬪魚라는 이름까지 얻은 물고기들이 그렇게 온순해진 이유는 뭘까? 그건 아마도 싸우는 것보다 사이좋게 지내는 게 더 좋다고 생각하기 때문일 것이다. 아무리 호전적인 성품을 갖고 있더라도, 수컷 베타 두 마리가 결투를 벌이는 건 사람이 그런 상황을 만들었기 때문인 것 같다. 왜냐하면 루저의 자연적 충동은 도망치는 것인데, 어항이라는 폐쇄적 상황이 이것을 좌절시켰기 때문이다. 뒤로 물러남으로써 상황을 진정시키려는 루저의 노력이 원천적으로 봉쇄되면, 강자에게 '저놈이 마음을 바꿔 나와 한판 붙어보겠다는 거로구나'라는 인상을 줄 가능성이 있다. 일단 강자의 공격이 시작되면, 더 이상 물러설 곳이 없는 약자로서도 사생결단을 내는 수밖에. 수조 안에서 벌어진 다툼이 죽음을 부르는 것은 바로 그 때문이다.

베타의 정신능력은 위험한 전쟁을 피하는 데 도움이 된다. 포르투갈 ISPA 대학교의 루이 올리베이라가 연구한 바에 의하면, 수컷 베타들은 다른 수컷들이 싸우는 것을 유심히 지켜본 다음 승자를 깍듯이 예우한다고 한다. 즉, 전투력이 뛰어난 수컷에게는 함부로 접근하거나 시비를 걸지 않는다는 것이다. 그러나 상대방의 전적戰績을 모르는 경우에는 그런 예의를 지키지 않는다고 한다.

속임수

물고기 사회에는 이상과 같은 자제력, 협동, 평화 유지 활동이 존재하지만, 그렇다고 해서 모든 물고기들이 천사일 거라고 생각하면 오산이다. 10장에서 살펴본 청소부와 고객의 공생관계와 마찬가지로, 모든 형태의 협동과 사회적 상호작용에는 사사로운 이익을 위한 조작의 여지가 존재한다. 평범한 물고기fish가 이기적 물고기selfish가 되는 데는 그다지 커다란 도약이 필요하지 않다. 인간도 그렇지만 물고기는 다양한 시각적 · 행위적 속임수를 통해 다른 물고기들을 우롱한다.

속임수 중에는 포식자를 간단히 따돌리기 위한 술책도 있다. 많은 물고기들은 (가장 취약한 시기라고 할 수 있는) 치어기에 다른 동물 흉내를 내는데, 그런 동물들은 야한 색깔로 독성을 강조하는 경향이 있다.

어린 제비활치의 형태와 색깔은 독성 편형동물과 매우 흡사한 반면, 어린 험프백그루퍼humpback grouper는 진주처럼 하얀 바탕에 까만 반점을 이용하여 다른 독성 편형동물의 도플갱어로 변신한다.

꾸밈 행동으로 속임수를 극대화하는 경우도 있다. 2011년 독일 괴팅겐 대학교의 고데하르트 코프는 인도네시아 해안에서 의태擬態의 최고봉 사례를 카메라에 담았다. 흉내문어mimic octopus가 수렵채집을 위해 모래 위를 기어가는 모습을 촬영하던 코프는 문어의 촉수 사이에서 블랙마블 죠피시black marble jawfish 한 마리가 꿈틀거리는 것을 간신히 발견했다. 죠피시의 색깔과 무늬는 두족류cephalopod와 완전히 똑같은 데다 문어의 팔과 평행을 유지하며 움직임으로써 위장을 극대화했다. 코프는 이 사실을《산호초》라는 잡지에 보고하며, 이렇게 설명했다. "죠피시는 성어기의 대부분을 안전한 모래굴 밑에서 보낸다. 그러나 때로는 흉내문어에 감쪽같이 빌붙어, 자기의 소굴을 떠나 먼 사냥·채집터로 안전하게 이동한다." 흉내문어는 다른 동물들을 기가 막히게 흉내 내는 모방의 천재로 명성을 날리고 있다. 뛰는 놈 위에 나는 놈 있다는 말이 있지만, 지금까지 흉내문어를 흉내 내는 것으로 알려진 해양생물은 죠피시 하나밖에 없다.

의태와 위장은 그저 피식자가 포식을 피하기 위한 도구만은 아니다. 포식자들도 피식자에게 들키지 않기 위해 의태와 위장을 사용한다. 남아메리카와 아프리카의 민물에 사는 리프피시leaf fish는 (물 위에 떠 있거나 밑바닥에 가라앉아 썩어가는) 나뭇잎을 흉내 내도록 진화했다. 이 끈질긴 사냥꾼들은 시각적·행동적 속임수를 적절히 조합하여, 멋모르고 가까이 다가온 작은 물고기들을 잡아먹는다. 리프피시는 나뭇잎

사이에 끼어들어 가만히 떠 있거나 둥둥 떠다니면서, 나뭇잎과 완전히 동화된다. 한 곳에 머물러 있을 때는 작고 투명한 가슴지느러미를 초고속으로 움직인다. 뺨에서 튀어나온 허름한 다육질의 돌기는 부식된 잎자루처럼 보이는데, 이것은 고비가 좋아하는 간식이다. 일단 작은 물고기가 사정권 안에 들어오면, 리프피시는 탄력 있는 턱을 이용하여 (마치 진공청소기처럼) 빨아들이는데, 모든 상황은 0.25초 만에 종료된다.

아프리카 동부의 말라위 호수에 사는 님보크로미스 속Nimbochromis 물고기들(시클리드의 일종)은 리프피시 스타일의 속임수를 극단으로 몰고 간다. 이들은 호수 바닥에 맥없이 모로 누워 죽은 시늉을 하다가, 호기심 많은 스캐빈저scavenger 물고기들이 정탐을 위해 접근하면, 좀비처럼 일어나 꿀꺽 집어삼킨다. 말하자면 시체놀음을 하는 것이다.

트럼펫피시와 실고기는 (어린이들 사이에서 인기가 있는) 목말타기와 술래잡기라는 두 가지 게임을 결합하여 피식자들의 눈을 속인다. 패럿피시의 등에 올라탄 채 돌아다니다가, 먹잇감이 사정권에 들어오면 슬그머니 내려와 덮치는 것이다. 이들이 노리는 작은 물고기들은 초식성 패럿피시를 보고 안심하고 있다가 포식성 트럼펫피시의 마수에 걸려든다. 트럼펫피시는 간혹 지나가는 작은 물고기들의 무리에 슬쩍 끼어들기도 하는데, 피식자들은 군중 속에 포식자가 숨어 있다는 사실을 까맣게 모르다가 기습을 당하게 된다. 트럼펫피시의 이 같은 교활함은 그 자체로도 인상적이지만, 이들을 숨겨준 공범들의 관용도 대단하다고 할 수 있다. 그 포식자가 자기를 잡아먹지 않는다고 누가 장담할 수 있겠는가?

이번에는 항상 어두컴컴한 바닷속에 사는 심해아귀를 생각해보자. 심해아귀는 굳이 숨을 필요가 없지만, 자신만의 독특한 속임수로 유명하다. 심해아귀는 등지느러미의 형태가 특이해서, 확실한 낚싯대로 이용할 수 있다. 독자들은 심해아귀의 괴상한 모양과 커다란 입이 (중세 교회의 정면을 장식하는) 괴물석상을 연상케 한다는 말을 흔히 들었을 것이다. 하지만 등지느러미가 낚싯대 모양으로 변형된 것이 암컷뿐이라는 말은 처음 들을 것이다. 전문가들은 이것을 일리시움$_{illicium}$이라고 부르는데, 이 용어는 '유혹하다' 또는 '오도하다'라는 뜻의 라틴어 동사에서 유래한다. 일리시움의 끝 부분에는 반짝이는 미끼, 즉 에스카$_{esca}$가 있다.

심해아귀는 160개에 달하는 다양한 종으로 이루어진 그룹으로, 이들의 미끼는 모든 어부들의 낚시도구 상자를 무색케 할 정도로 다양한 구색을 갖추고 있다. 어떤 미끼는 벌레를 닮았는데, 심해아귀는 (낚싯대의 기저부에 있는 근육을 씰룩임으로써) 벌레 모양의 미끼를 꿈틀대게 할 수 있다. 얕은 물속에 사는 아귀는 미끼가 밝은 색이지만, (빛이 통과하지 않는 곳에 사는) 심해아귀는 빛을 이용하여 색깔을 바꾼다. 이 빛은 낚싯대 속의 특정 구획에 서식하는 발광세균에 의해 생성된다. 어떤 종은 에스카 끝 부분에 렌즈가 있어서 낚싯대를 정교한 광도체$_{light}$ $_{guide}$로 전환시킨다. 이것은 천연 광섬유라고 할 수 있다. 또 어떤 아귀는 미끼가 입 속에서 꿈틀거려, 멋모르고 안으로 들어가는 작은 물고기들의 운명을 마감한다. 아무리 큰 물고기라도 이 운명을 피할 수 없는데, 그 이유는 아귀가 자기만 한 물고기까지도 삼킬 수 있기 때문이다.

아귀는 등지느러미에 달린 미끼를 흔들 때, 자기가 속임수를 쓰고 있다는 걸 알까? 이는 지독하게 어려운 질문이며, 내가 아는 한 지금껏 그 질문에 명쾌하게 대답한 사람은 아무도 없다. 사실 동물의 정신생활에 관한 까다로운 질문들은 모두 이 문제로 귀결된다.

회의론자들은 의태를 이용하여 새나 기타 포식자들을 우롱하는 곤충들의 사례를 들며, 물고기도 자신이 하는 일의 의미를 모를 거라고 단언한다. 나는 곤충을 폄하하고 싶은 마음이 추호도 없지만, 아귀, 리프피시, 트럼펫피시는 무척추동물의 구성원이 아니라는 점을 강조하고 싶다. 이들은 뇌, 감각, 생화학, 그리고 정신을 가진 어엿한 척추동물의 일원으로, 그에 걸맞은 의식을 갖고 있음에 틀림없다. 칠흑같이 어두운 물속에서 물고기로 살아가려면 상당한 재능과 노하우가 필요하며, 피식자 역시 정신을 가진 척추동물이라는 점을 감안하면 더욱더 그러하다.

우리는 9~11장에서 물고기가 세상을 인식하는 방법과 자신의 생각과 사회생활을 물리적·감정적으로 느끼는 방법을 살펴봤다. '물고기가 뭘 알까?'라는 측면에서 그 내용을 요약해보면, 물고기는 마음과 기억을 가진 개체로서 ① 계획을 수립할 수 있고, ② 타자他者를 인식할 수 있으며, ③ 본성을 갖고 있을 뿐만 아니라, 경험을 통해 학습도 할 수 있다는 것이다. 문화를 갖고 있는 물고기들도 있으며, 동종 간 또는 이종 간의 협동을 통해 미덕을 보이는 물고기들도 있다.

하지만 물고기의 다양한 사회생활 중에서 아직 살펴보지 않은 것이 한 가지 있다. 바로 '더 많은 자기'를 만드는 것으로, 모든 생물의 궁극적인 목표이기도 하다. 여느 생물이 그렇듯, 물고기도 적절한 시기가 되면 생식욕이 (가장 기본적인 욕구인) 식욕을 능가하게 된다. 게다가

5부 물고기의 사회생활

최고의 다양성에 걸맞게, 물고기들은 신출귀몰한 출산 및 양육 방법을 고안해냈다.

6부

물고기의 번식

피글렛: "'사랑'의 스펠링이 어떻게 되지?"

푸: "스펠링은 알 필요 없어. 그냥 느끼는 거야."

_A. A. 밀른

제 12 장
성생활

> 물고기의 특징은 성적 가소성과 유연성으로
> 그 어떤 척추동물도 물고기에 필적할 수 없다.
> _타바마니 J. 판디안, 『물고기의 성생활』

엄청난 형태적 다양성에 걸맞게 물고기의 생식 시스템 역시 다양성의 극치를 이룬다. 물고기의 생식 시스템은 매우 다양하며, 생식 행동 및 전략은 다른 척추동물들의 레퍼토리를 합친 것보다 더 많다.* 물고기 사회에는 난혼亂婚, 일부다처제, 일부일처제가 모두 존재하며, 평생 동안 일부일처제를 고수하는 물고기도 있다. 수컷은 짝짓기 방법에 따라 하렘을 유지하거나, 영토를 수호하거나, 단체로 짝짓기를 하거나, 몰래 짝짓기를 하거나, 홀아비로서 기회를 엿보거나, 성적 해적질sexual piracy도 한다. 앞으로 살펴보겠지만 암컷

---

* 2011년에 발표한 『물고기의 성생활』에서 타바마니 판디안은 일본인들이 물고기의 습관을 연구하는 데 가장 열성을 보인다고 서술했다. 예컨대 논문 한 편을 쓰기 위해 물속에서 500시간 이상을 보내는 과학자들도 있다고 한다. 물고기의 성생활에 대한 이해가 크게 향상된 것은 뭐니 뭐니 해도 스쿠버 기술 때문이라고 할 수 있다.

6부 물고기의 번식

은 그 과정에서 결코 수동적인 부속물로 행동하지 않는다.

　대다수의 물고기들은 암수딴몸gonochorism이라는 익숙한 패턴을 보인다. 암수딴몸이란 평생 동안 암컷 또는 수컷으로 지내는 것을 말하지만, 성의 경계선을 넘나드는 물고기들도 수십 가지나 있다. 이유는 알 수 없지만, 특히 산호초 주변의 환경은 성적 표현형에 다양한 영향을 미치는 것으로 알려져 있다. 산호초 주변에 사는 물고기들 중 4분의 1 이상은 수컷에서 암컷으로 변하며 그 역도 성립하지만, 이 과정에서 값비싼 외과수술은 필요하지 않다.

　어떤 물고기들은 유니섹스unisex 접근방법을 채택했는데, 이 경우 웅성雄性과 자성雌性이 동시에 나타나거나 순차적으로 나타난다. 정자와 난자를 동시에 생성하는 물고기들은 대부분 드넓은 심해의 어둠 속에서 발견되는데, 용어를 좋아하는 사람들은 이들을 '동시적 암수한몸'이라고 부른다. 이성을 찾기가 하늘의 별따기인 상황에서는 스스로 수정할 수 있다는 게 매우 유용한 적응일 수 있다. 셀프 성전환 물고기들도 심심치 않게 발견되는데, 이들은 연령과 몸집에 따라 성이 달라지며, 용어를 좋아하는 사람들은 이들을 '순차적 암수한몸'이라고 부른다.

　예를 들어, 하나의 수컷이 여러 암컷들을 독점하는 짝짓기 시스템에서는 처음에 암컷으로 시작했다가 나중에 몸집이 커져서 경쟁자들의 도전을 물리칠 수 있는 힘을 갖게 됐을 때 수컷으로 바뀌는 게 유리하다. 그리하여 어린 구성원들이 모두 암컷인 경우, 성장한 수컷 한 마리가 정점에 군림하는 하렘이 건설될 수 있다. 물론 그 반대의 경우도 있어서 어릴 때는 모두 수컷이었다가 나중에 커서 암컷이 되어 알을 낳는 물고기들도 있다.

영화 〈니모를 찾아서〉로 유명해진 흰동가리들은 몸집, 서열, 그리고 성전환에 의존하여 사회질서를 유지한다. 이들은 '덩치 큰 개체' 두 마리와 '덩치 작은 개체' 여러 마리로 그룹을 형성하는데, 덩치 큰 두 마리는 '번식 커플'이며, 둘 중에서 더 큰 것이 '지배적 암컷'이고 작은 것이 '비지배적 수컷'이다. 덩치가 작은 하급자들은 모두 수컷인데, 몸집 순서대로 서열이 매겨진다. 서열이 낮은 수컷들의 나이가 번식 커플과 같을 수도 있지만, 성적으로 성숙한 개체들의 행동 지배가 하급자들의 성장이나 발육을 억제한다.

1977년 '흰동가리의 엄격한 짝짓기 시스템'에 관한 논문을 발표한 한스 & 시모네 프리케에 의하면, 서열이 낮은 수컷들은 본질적으로 정신생리적으로 거세된 상태라고 한다. 이 상황에서 각각의 수컷들은 지휘부에 결원이 생길 때까지 대기하고 있다가 알 낳는 암컷이 죽으면 서열 1위 수컷이 암컷으로 전환되고, 서열 2위 수컷의 지위가 한 단계 상승한다고 한다. 따라서 흰동가리 그룹에서 억압받는 수컷들은 늘 한 줄기 희망을 품고 있는 셈이다. (이런 점에서 볼 때 〈니모를 찾아서〉의 내용은 약간 부정확하다. 흰동가리의 세계에서 아내와 사별하고 자식을 키우는 홀아비는 존재하지 않기 때문이다. 과학적으로 따지면 니모의 엄마가 죽었을 때 아빠인 말린이 엄마가 되었어야 한다.)

성전환 물고기들은 현재 할당된 성에 따라 수컷 또는 암컷의 전형적인 역할을 적절히 수행한다. 성전환을 하지 않고 호르몬의 작용에 종속되는 물고기들에서도 성적 행동의 가소성이 관찰된다. 이러한 행동이 일어나는 과정은 명확하지 않지만, 현장과 실험실에서 관찰한 바에 따르면 일부 경골어류들은 (상어나 가오리 같은 연골어류와 달리) 성적 양능성sexual bipotentiality을 지닌 뇌를 갖고 있어서 양성兩性의 행동을 관리할 수 있다고 한다. 이에 반해 대부분의 척추동물들은 뇌가 별개의 성으로 분화되어, 오직 전형적인 성적 행동만을 수행할 수 있다.

물고기들이 성전환을 할 수 있다는 것은 자연계의 성 분할이 얼마나 유동적인지를 보여준다. 의학적 추세를 눈여겨보면, 인간의 경우에도 성의 경계선이 흐릿해지고 있음을 알 수 있다. 예컨대 2015년에 발간된 『니콜이 된다는 것Becoming Nicole』이라는 책을 보면 한 가족의 이야기가 나오는데, 일란성 쌍생아로 태어난 아들 중 하나가 어린 나이에 성전환을 원하는 바람에 사회적 도전을 경험하는 것으로 그려진다. 의학발달로 인해 진정한 성정체성을 주장할 수 있는 선택권이 확장되고 있는 것으로 볼 때, 우리는 자신도 모르는 사이에 물고기에 점점 더 가까워져 가고 있는지도 모른다.

예술적 기교를 이용한 유혹

일단 자신의 성을 인식한다고 해도 '누구와 짝짓기를 할 것인가'라는 문제가 남는데 이는 결코 사소한 의사결정이 아니다. 성적 파트너는 자신의 후손에게 돌아가는 유전자의 반쪽을 제공하므로 좋은 품질의 유전자를 가져야 하기 때문이다. 따라서 배우자감의 가치와 바람직성을 평가하는 방법이 있다면 큰 도움이 될 것이다. 구애courtship라는 과정이 있는 것은 바로 이 때문이다. 우리 인간들은 데이트를 하고, 식사를 하고, 춤을 추고, 선물을 교환하는 과정에서 상대방을 평가하는

데, 물고기들도 이에 뒤지지 않는다. 물고기들은 시퀀스댄스, 세레나데, 스킨십 등 다양한 방법을 이용하여 배우자감을 유혹한다.

물고기들 중에는 예술을 좀 아는 종도 있다. 우리는 물고기를 예술가로 여기지 않으며, 설사 물고기들의 예술성을 인정하더라도 아름다운 색깔이나 색상패턴 등 수동적인 측면에 머무르는 것이 고작이다. 그러나 일본의 베테랑 다이버이자 사진작가인 우카타 요지는 몇 년 전 일본 남단에서 다이빙을 하던 중 물고기의 예술작품을 한 점 발견했다. 수심 25미터 해저의 모랫바닥에 그려진 직경 1.8미터의 완벽한 동그라미를 발견한 것이다. 그림을 자세히 살펴보니 (마치 확장된 지문처럼 보이는) 중심부의 원반에서 두 개의 동심원 파문이 방사상으로 퍼져 나갔다.

'누가 이런 정교한 그림을 그렸을까?'라고 의아해한 우카타는 며칠 후 촬영기사를 대동하고 그 장소를 다시 찾아 궁금증을 해결했다. 기하학적인 미스터리서클을 그린 작가는 작고 매우 평범한 용모의 수컷 복어였다. 복어는 여러 시간 동안 한쪽으로 헤엄치면서, 가슴지느러미 하나를 빠르게 흔들어 모랫바닥에 홈을 파 걸작을 완성한 것으로 밝혀졌다. 그림만 그린 게 아니었다. 중간 중간 도형의 정확성을 확인하면서, 입에 물고 있던 작은 조개껍질을 잘게 부숴 홈 속에 뿌림으로써 그림을 장식했다.

이후 다른 수컷들이 그린 만다라mandala가 여러 점 발견되었는데, 똑같은 것은 하나도 없었다. 이들이 그린 그림은 여러 가지 기능을 발휘하는데, 그중에서 가장 중요한 것은 암컷을 유혹하여 (일이 순조롭게 진행되면) 동그라미 안에 알을 낳게 하는 것이다. 모래 위에 판 홈은 알이

해류에 휩쓸려 굴러가는 것을 막고, 그 속에 뿌려진 조개껍질 부스러기는 그 기능을 강화하는 동시에 알을 위장하는 기능을 겸하는 것으로 보인다. 동그라미를 정교하게 그릴수록 짝짓기에 성공할 가능성이 높아 수컷들은 훌륭한 예술가로 진화할 수밖에 없었다.

작은 일본산 복어는 바닷속의 피카소이지만, 모랫바닥을 예술 표현의 매체로 사용한 물고기가 이들만 있는 것은 아니다. 암컷을 유혹하여 깊은 인상을 남길 요량으로 정교한 둥지를 만드는 호주산 바우어새bowerbird와 마찬가지로, 많은 시클리드들은 짝짓기의 성공률을 높이기 위해 안식처를 만든다. 새의 둥지와 시클리드의 안식처를 비교하는 게 그리 생뚱맞지는 않다. 왜냐하면 시클리드의 휴식처도 과시, 구애, 산란을 위한 수단이기 때문이다. 그러나 알을 낳기가 무섭게 암컷 시클리드들은 알을 입에 물고 좀 더 안전한 포란抱卵 장소로 이동한다.

그런데 손이 없는 물고기는 어떻게 안식처를 만들까? 수컷 시클리드는 입으로 모래알을 물어와 적당한 장소에 떨어뜨린 다음 지느러미를 흔들어 정확한 위치를 잡는다. 안식처의 디자인은 종마다 다른데, 그냥 '움푹 파인 장소'에서부터 원형경기장 모양의 둥지, 심지어 (30센티미터 이상 솟아오른) 화산 모양의 모래성에 이르기까지 다양하다. 안식처의 높이와 깊이는 수컷의 건강상태와 유전자 품질을 상징하는 지표다. 수컷들이 큰 공을 들여 안식처를 만드는 이유는 암컷들의 취향이 까다롭기 때문이다. 암컷들은 안식처의 미세한 차이를 근거로 수컷의 품질을 판단한다. 뛰어난 건축 기술을 가진 수컷들이 선호되다 보니, 세대를 거듭하면서 수컷들의 기량이 일취월장했다.

수컷 큰가시고기도 입으로 짝짓기용 둥지를 짓는데, 이들이 짓는

U자형 둥지는 바우어새들의 둥지와 매우 비슷하지만 특별한 강화제가 사용된다. 수컷 큰가시고기는 신장에서 끈끈한 점액질을 생성하는데, 둥지를 지을 때 총배설강_cloaca_을 통해 실 같은 접착제를 뽑아내, 이것으로 나뭇잎, 풀, 조류藻類 등의 건축자재를 엮는다. 스웨덴 오슬로 대학교의 사라 외스틀룬드 닐손과 미카엘 홀름룬드가 이끄는 연구진은 스웨덴 서해안에서 큰가시고기의 생태를 연구하던 중, 수컷 큰가시고기가 다양한 색깔의 조류를 골라 둥지의 입구를 장식하는 장면을 목격했다. 연구진이 둥지 근처에 반짝이는 은박지와 팔찌를 놓아두자 수컷 큰가시고기가 금세 가져다 둥지를 꾸미는 데 사용했다. 그러자 화려해진 둥지는 (포식자들의 눈에 띌 위험성이 다소 증가했음에도 불구하고) 많은 암컷들의 인기를 끄는 것이 아닌가! 결국, 블링블링한 것을 좋아하는 동물은 인간이나 바우어새뿐만이 아닌 것으로 드러났다.

거짓 오르가즘과 구강성교

예술적 기교는 배우자를 차지하기 위한 수단 중 하나일 뿐이다. 또 한 가지 수단은 오래되고 익숙한 방법인데, 바로 속임수다. 11장에서 살펴본 것처럼, 물고기들의 속임수는 너무나 감쪽같아 누구나 혀를 내두를 정도다.

암컷 갈색송어는 오르가즘을 가장한다. 모랫바닥에 움푹 들어간 둥지를 만든 다음, 암컷 송어는 한껏 달아오른 수컷 앞에서 몸을 부르르 떨며 알을 낳는 게 보통이다. 그 순간 눈이 뒤집힌 수컷은 '이때다' 싶어 물속에 사정射精을 하지만, 가끔씩 헛물을 켠다. 암컷은 오르가즘을 느끼는 척 몸을 부르르 떨지만, 간혹 알을 낳지 않기 때문이다. 암컷 송어가 가끔 오르가즘을 가장하는 이유는 분명하지 않은데, 한 가지 가능성은 수컷의 정력을 테스트하기 위한 것이다. 또 한 가지 가능성은 '저 수컷은 내 스타일이 아니니, 좀 더 좋은 아빠를 찾기 위해 딴 수컷을 알아봐야겠다'라는 속셈 때문이다. 이런 사건은 자연계에 흔히 존재하는 생식 갈등이 표출된 거라고 볼 수 있다. 수컷은 저렴한 정자를 다량 보유하고 있으므로, 암컷이 낳은 알들을 모두 수정시키고도 남는다. 이에 반해 암컷은 값비싼 난자를 비교적 소량 보유하고 있기 때문에 가능한 한 많은 종마種馬들에게 기회를 주는 게 좋다. 그래야만 그중 일부가 고품질의 정자에 수정될 가능성을 높일 수 있지 않겠는가.

암컷 카디날피시cardinalfish는 독특한 속임수를 쓴다. 수컷 카디날피시는 알을 입 안에 조심스럽게 넣고 다니며 보호하는데, 수컷의 입장에서 볼 때 알을 입에 넣는다는 건 커다란 자기희생이다. 왜냐하면 생식기라는 중요한 기간 동안 식음을 전폐해야 하기 때문이다. 때로는 굶주림을 견디기가 너무 힘들어 알 전체를 꿀꺽 삼켜버리는 수컷도 있는 것으로 알려져 있다. 그러나 암컷은 이런 불상사에 대비해 적절한 대책을 마련하고 있다. 귀중한 알의 손실을 최소화하기 위해 진짜 알 사이사이에 노른자가 없는 무황란無黃卵을 상당수 섞어놓는 것이다.

무황란을 많이 섞어 물량을 늘리면 또 한 가지 이점이 있을 수 있다. 수컷으로 하여금 '내가 미래의 자손들을 입 안에 가득 넣고 다니니 더욱 조심해야겠다'라는 마음가짐을 갖게 할 수 있을 테니 말이다. 하지만 이런 식의 해석은 설득력이 부족하다. 왜냐하면 무황란이 나름 쓸모가 있음에도 불구하고 일종의 착취적 파트너십을 가정하고 있기 때문이다. 만약 암컷이 수컷의 투자에 대한 보상으로 무황란을 제공하고, 수컷이 무황란과 진짜 알을 어떻게든 구별할 수 있다면, 가짜를 먹음으로써 진짜를 보호할 수 있지 않겠는가? 요컨대 수정된 알에는 수컷의 노력도 포함되어 있으니, 배가 고프다고 해서 무턱대고 알을 삼켜버리는 수컷은 없을 것이다.

말라위의 호수에 사는 다양한 시클리드 중에는 수컷이 알 무늬로 암컷을 속이는 사례도 발견된다. 암컷은 기저물질substrate 위에 알을 낳은 다음 입 안에 모아둔다. 수컷은 암컷이 낳은 알의 수정을 촉진할 요량으로 뒷지느러미 위에 노란 점 모양의 문신을 갖고 있는데, 이것은 알 무더기의 3D이미지를 연출한다. 알 무늬에 이끌려 수컷의 뒤꽁무니에 접근한 암컷은 수컷이 생식기를 통해 뿜어내는 정자를 대부분 흡입한다. 암컷의 입속에 들어간 정자는 그 안에 이미 존재하던 알을 수정시킨다. 이것은 지금까지 시각적 기만으로 기술되어 왔지만, 나는 수컷의 알 무늬가 강력한 트릭으로 작용했다는 주장을 믿을 수 없다. 생식은 수컷과 암컷에게 모두 긴요하기 때문에 암컷이 알 무늬에 속았다기보다는 수컷의 유혹적인 시각신호에 흥분했다고 보는 것이 더 타당할 것이다.

메기과에 속하는 코리도라스Corydoras속屬 물고기는 구강성교가 수정에 더 큰 역할을 한다. 암컷은 수컷의 생식구 주변에 입을 바짝 대고 수컷이 배출하는 정액을 직접 들이마신다. 들이마신 정액은 암컷의 소화관을 신속히 통과해 배지느러미 사이에 이미 나와 있는 신선한 알 위로 뿌려진다.

그런데 정자가 암컷의 소화효소에 의해 파괴되지 않는 이유는 뭘까? 아마도 정액이 암컷의 장腸을 광속으로 통과하기 때문인 것 같다. 일본의 한 연구진은 22마리의 암컷들이 정자를 흡입하는 순간 암컷의 입에 청색 염료를 한 번 분무했다고 한다. 그러고는 암컷의 항문에서 청색 구름이 뿜어져 나오기만을 기다렸는데, 별로 오랜 시간이 필요하지 않았다고 한다. 수컷의 정자는 평균 4.2초 만에 암컷의 소화관을 통과하여 항문으로 분출되는 것으로 밝혀졌다.

아쿠아리움의 귀염둥이 코리도라스는 정자의 빠른 통과와 생존을 위해 또 한 가지 방법을 터득했는데, 바로 장腸호흡이다. 장호흡은 수면에서 삼킨 공기가 장을 통과하는 동안 산소를 이용하는 것을 말하며, 정자의 운동을 가속화하는 역할을 한다. 이처럼 이중의 장치를 통해 코리도라스의 소화계는 정자를 더욱 빠르고 온전하게 통과시키도록 최적화되었다.

물고기들이 구강성교라는 극단적인 방법을 이용해 알을 수정시키는 이유는 뭘까? 첫째, 정자의 배달사고가 일어나지 않으므로 쌍방 모두 선택한 배우자의 유전자가 자손에게 전달될 거라고 확신할 수 있다. 둘째, 수컷 입장에서는 암컷의 알을 독점적으로 수정시킬 수 있다. 궁극적인 이득이 뭐가 됐든 간에 구강성교가 메기에게 상당한 메리트로 작용하는 것은 분명한 것 같다. 왜냐하면 20종의 메기들이 구강성교를 하며 번성하는 것으로 알려져 있기 때문이다.

정자와 난자가 만나는 가장 엽기적인 장소는 암컷의 위장관이 아니라, 놀랍게도 무척추동물의 내장이다. 바다에서 가장 우아한 공생관계 중 하나는 납줄개bitterling(유럽의 시냇물에 사는 작은 물고기)와 홍합의 성적 타협이라고 할 수 있다. 짝짓기 할 때가 되면 암컷 납줄개는 말조개류$_{Unio}$에 속하는 적당한 크기의 홍합을 산란 장소로 물색해 놓는다. 그런데 암컷 납줄개는 무슨 재주로 꽉 다문 홍합 속에 들어가 알을 낳을까? 바로 호스처럼 생긴 기다란 산란관을 이용해 홍합의 사이펀$_{siphon}$(연체동물이 물과 먹이를 걸러내는 데 사용하는 관 모양의 구조체) 속에 알을 삽입한다. 일단 알이 홍합 속에 들어가고 나면 수컷 납줄개는 사이펀의 입구 근처에서 정자를 방출하고, 그중 일부는 홍합에 의해 흡입되어 알과 수정된다. 이후 며칠 동안 수정란에서 나온 납줄개의 치어들은 연체동물의 봉쇄구역 안에서 안전하게 성장한다.

납줄개의 입장에서 보면, 지금까지 말한 것보다 더 좋을 수는 없다. 그러나 납줄개의 산란 장소 노릇을 한 홍합에게는 대체 무슨 이득이 있는 걸까? 비밀은 "홍합은 자신의 알이 적당히 성숙할 때까지 납줄개의 치어를 방출하지 않는다"는 데 있다. 즉, 납줄개의 치어들이 홍합의 몸 밖으로 방출될 때, 홍합의 알은 납줄개 치어에게 일시적으로 달라붙어 배송서비스를 제공받는다. 동물의 모피나 인간의 옷에 달라붙는 도둑놈의 갈고리 씨앗처럼, 성숙한 홍합의 알은 납줄개 치어들의 몸에 달라붙어 비옥한 땅으로 퍼져나가 터전을 잡게 된다. 한 번 선행을 베풀면 언젠가 보답을 받게 되는 법이다.

라이벌을 의식한 역선택

암컷 납줄개가 사이펀을 통해 홍합의 지성소$_{至聖所}$에 알을 낳는 그림을 본 나는 운전자가 주유소에서 기름을 넣는 장면을 연상했다. 그러면서 "납줄개는 자신의 생식방법이 얼마나 엽기적인지를 알까?"라는 의문을 품었다. 만약 다른 암컷의 행동을 보고 학습한 게 아니라면, 자신이 뭘 해야 하는지를 본능적으로 알고 있음에 틀림없다. 그러나 수컷 대서양산 몰리의 경우에는 단순한 본능이 아닌 것 같다. 왜냐하면 사회적 상황에 따라 행동을 바꾸기 때문이다. 특히 몰리들은 엉뚱한 암컷에게 매료된 것처럼 위장함으로써 라이벌을 속인다.

수컷 몰리들은 고노포디움gonopodium이라는 삽입 기관을 갖고 있는데, 이는 뼈에 의해 지지되는 다육성多肉性 부속지로서 페니스와 똑같은 기능을 발휘한다. 수컷은 암컷을 재빨리 할퀸 다음 고노포디움으로 암컷을 찔러 성적 관심이 있다는 신호를 보낸다. 독일 포츠담 대학교의 마틴 플라트는 수컷 몰리가 암컷을 어떻게 선택하는지를 두 가지 상황(관중이 있는 경우와 없는 경우로)으로 나눠 관찰했다.

첫 번째 실험에서 플라트는 관중이 없는 상태에서 수컷들에게 암컷 두 마리를 보여주고 한 마리를 선택하게 했다. 두 번째 실험에서 플라트는 수컷들에게 첫 번째 실험에서와 똑같은 암컷 두 마리를 보여주고 한 마리를 선택하게 하되, 그중 절반을 관중석(투명한 실린더 속)의 라이벌 수컷에게 관람시켰다. 실험 결과 두 번째 실험에서 관중이 없는 경우에는 수컷들이 선택한 암컷이 첫 번째 실험과 같았다. 그러나 두 번째 실험에서 라이벌이 자기를 주시하자, 이를 알아차린 수컷들의 선택은 바뀌기 시작했다. 엉뚱하게도 수컷들은 첫 번째 실험에서는 거들떠보지도 않았던 왜소한 암컷, 심지어 이종 암컷(가까운 친척뻘인 아마존산 몰리)을 선택하는 게 아닌가!

수컷들이 선택을 바꾼 이유는 뭘까? 이유는 경쟁자들의 시선을

'멋진 그녀'에게서 떼어놓기 위한 역선택인 것 같다. 선행연구에서도 수컷 몰리들은 경쟁자의 선호도에 영향을 받아 대서양산 몰리에서 아마존산 몰리로 선택을 바꾸는 것으로 밝혀진 바 있다. 이런 술책은 정자 경쟁을 감소시키는 효과도 있다. 왜냐하면 자신의 역선택이 인근의 수컷들에게 영향을 미칠 경우, 마음에 둔 암컷과 몰래 짝짓기함으로써 정자 경쟁의 비율을 낮출 수 있기 때문이다.

하지만 몰리의 역선택에는 페미니스트적 반전이 도사리고 있다. 아마존산 몰리는 대서양산 몰리와 달리 100퍼센트 암컷으로만 이루어진 아마조네스 사회를 구성한다. 암컷으로만 이루어진 종으로는 일부 파충류, 양서류, 어류, 그리고 몇 가지 조류鳥類가 있으며, '알을 수정시키는 데 정자가 필요 없다'는 의미에서 이들을 처녀생식parthenogenetic이라고 부른다. 그런데 아마존산 몰리의 경우에는 상황이 훨씬 더 복잡하다. 이들은 다른 종의 수컷 몰리와 짝짓기 할 때만 수정란을 생성할 수 있으며, 이때 임신을 유도하는 것은 정자가 아니라 짝짓기 행동 자체이기 때문이다. 따라서 수컷은 정자를 제공하지만 실제로 알을 수정시키지는 못한다. 수컷 대서양산 몰리가 이런 사정을 알 턱이 없음을 감안할 때, 아마존산 몰리와 짝짓기 하는 수컷 대서양산 몰리들은 감쪽같은 속임수의 희생자라고 할 수 있다.

'아마조네스와의 짝짓기를 통해 정자를 낭비하는 수컷 몰리들을 자연선택이 살려준 이유는 뭘까?'라고 의아해하는 독자들도 있을 것이다. 이런 수컷들은 암컷 대서양산 몰리에게 선망의 대상이 됨으로써 이익을 누린 것으로 보인다. 몰리와 그 근친인 구피를 비롯하여 많은 물고기들이 유행에 민감한 것으로 알려져 있는데, 대서양산 암컷 몰

리들도 종종 아마존산 몰리들의 취향(수컷 보는 눈)을 모방하는 경향이
있기 때문이다.

물건이 큰 물고기

비록 괴상망측하기는 하나, 몰리는 체내수정을 하는 많은 물고기
들 중 하나다. 대부분의 물고기들은 삽입을 하지 않지만, 삽입 성교를
하는 물고기들도 은근히 많다. 모든 연골어류(상어, 가오리) 수컷들은
기각clasper이라는 길쭉한 기관을 한 쌍씩 갖고 있다가 짝짓기를 할 때 암
컷 생식기의 개구부에 삽입한다. 경골어류 중에서는 구피, 몰리, 플래
티, 소드테일의 수컷들이 모두 고노포디움을 보유하고 있다.

고노포디움은 대부분의 경우 뒤쪽을 향하고 있지만, 필요할 때 다
양한 방향으로 휘두를 수 있다. 대학 학부 시절 동물행동학 실험실에
서 구피가 고노포디움을 휘두르며 몸을 S자로 구부리는 광경을 수도
없이 목격했는데, 구피가 S자형 포즈를 취하는 것은 '짝짓기 할 준비
가 되어 있다'라는 신호로 간주된다. 화려한 색상의 수컷들은 암컷에
게 깊은 인상을 주려는 듯 마술지팡이 같은 고노포디움을 제멋대로 흔
든다. 구피의 크기는 고작해야 3~5센티미터에 불과하지만, 고노포디
움은 몸길이의 5분의 1이어서 암컷들에게 쉽게 발견된다(물론 학생들
의 눈에도 쉽게 띈다).

팔로스테투스과Phallostethidae에 속하는 프리아피움피시priapium fish도 삽입
성교를 한다. 이들은 4센티미터 미만의 작고 보잘것없어 보이는 생물
로 23종으로 구성되어 있다. 피부는 반투명하며, 타이와 필리핀의 기

수澱水(해수와 담수가 섞이는 지점에 있는 물로, 해수보다 염분 농도가 낮음)에 서식한다. 이 물고기의 이름은 교미기관인 프리아피움priapium에서 유래하는데, 프리아피움은 수컷의 목구멍 아래에서 발견되며 근육과 뼈로 이루어져 있다. 일부 종의 프리아피움에는 완벽한 기능을 발휘하는 고환이 딸려 있다. 프리아피움의 또 한 가지 특징은 크테앙크티니움 ctenactinium이라는 톱니형 갈고리를 갖고 있어서, 교미를 하는 도중에 암컷을 붙들어 고정시키는 역할을 한다는 것이다. 해부학적으로 면밀히 분석해본 결과, 이 복잡한 기관은 요대腰帶와 배지느러미에서 진화한 것으로 밝혀졌다.

교미를 돕기 위해 유용한 지느러미 한 쌍이 성기로 진화했다니, 성이 얼마나 중요한지를 능히 짐작할 수 있을 것이다. 하지만 이 성기들이 물고기의 머리끝을 향해 이동한 이유를 아는 사람은 아무도 없다. 감히 짐작해보건대, 페니스가 눈 근처에 있을 경우 삽입을 위해 정조준 하기가 용이하지 않았을까?

그런데 암컷들은 수컷의 물건을 어떻게 생각할까? 또 좀 더 중요한 것으로, 물고기의 세계에서 사이즈가 중요할까? 다른 물고기들은 몰라도 모기고기만큼은 그럴 것 같기도 하다. 왜냐하면 수컷의 고노포디움 길이가 몸 전체의 70퍼센트나 되기 때문이다. 워싱턴 대학교의 생물학자 브라이언 랭어한스는 '모기고기에게 사이즈가 정말 중요한지'를 확인하기 위해 수조 안에 암컷 모기고기 한 마리를 넣고 양쪽에서 수컷의 영상을 하나씩 보여줬다(그중 한 마리는 디지털 조작을 통해 고노피디움의 길이를 키웠다). 여러 번 실험해본 결과 암컷은 예외 없이 물건이 큰 수컷을 향해 헤엄쳐가는 것으로 나타났다. 그러나 효율성을 최고의 덕목으로 여기는 자연은 '과도한 크기'에 브레이크를 건다. 왜냐하면 너무 큰 물건은 수컷에게 한 가지 이상의 부담으로 작용하기 때문이다. 경쟁자보다 60센티미터나 긴 깃털을 가진 공작이 힘을 써보기도 전에 맹수에게 잡아먹히는 것처럼, 큰 물건을 가진 수컷은 포식자의 공격에 취약하다. 말하자면 커다란 고노포디움을 가진 수컷은 수영 속도가 느리므로 포식자에게 쉽게 잡힐 수 있다. 따라서 포식자가 득실거리는 호수에 사는 수컷들은 안전한 곳에 사는 수컷들보다 고노포디움이 작을 수밖에 없다.

삽입 성교를 하는 물고기들에게 치우친 나머지, 체외수정을 하는 물고기들을 우습게보면 안 된다. 알과 정자를 물속으로 방출하여 수정시키는 이들은 물고기의 절대다수를 차지하며, 체외수정의 구체적인 방법도 무궁무진하다. 내가 바다칠성장어의 사례를 설명하면 독자들은 복잡한 둥지 짓기 및 짝짓기 방법에 혀를 내두르며, 이 오래된 무악어류에 붙은 '원시적'이라는 꼬리표를 떼게 될 것이다.

연어와 마찬가지로 소하성 어류인 바다칠성장어의 생활사에는 '바다에서 생활하는 시기'와 '민물에서 생활하는 시기'가 모두 포함되어 있다. 산란할 때가 되면 이들은 상류로 몰려 올라와 직경 60~90센티미터의 타원형 둥지를 짓는다. 이때 암수 한 쌍은 빨판 모양의 입으로 상류의 돌멩이를 끌어다 돌무더기를 쌓는다. 짝짓기를 하는 동안 암컷은 입으로 돌멩이 하나를 잡고, 수컷은 암컷의 머리 뒤에서 암컷을 붙든다. 뒤이어 수컷이 암컷의 몸을 자기 몸으로 휘감고 나면, 암수가 합체하여 몸을 격렬하게 흔든다. 둘의 움직임은 고운 모래를 일으켜, 알이 둥지 깊숙이 가라앉게 한다. 잠시 후 합체했던 커플은 분리되어 둥지 위의 돌멩이들을 하류 방향으로 옮기는 작업에 착수한다. 재배치된 돌멩이는 두 가지 기능을 수행하는데, 첫째로 모래더미를 느슨하게 만들어 알을 뒤덮도록 하고, 둘째로 둥지의 공간을 떠받쳐 알이 들어갈 공간을 확보한다. 둘은 알을 다 낳을 때까지 이상의 전 과정을 반복하는데, 이들의 오디세이는 애석하게도 로미오와 줄리엣의 비극으로 끝을 맺는다. 둘은 임무를 마친 직후 기진맥진하여 숨을 거두기 때문이다.

늘 그렇듯, 우리가 알고 있는 물고기의 성생활은 빙산의 일각에 불과하다. 우선, 대부분의 물고기들은 아직 연구되지도 않았다. 게다가 연구된 물고기들은 인공적인 수족관에서 취급되었기 때문에 자연계에서 흔히 표출되는 성적 행동이 억압되었을 가능성이 높다. 예를 들어 레몬필에인절피시lemonpeel angelfish는 수족관에서 구애행동을 하지 않는데, 이는 야생에서 하렘을 관리하던 버릇 때문인 것 같다. 우리는 경탄할 만한 장면이 연출되기를 학수고대하지만, 그 장면은 심연 속에 영원히 묻혀 있을지도 모른다.

우리가 명심해야 할 점이 또 하나 있다. 대부분의 물고기들에게 생식은 짝짓기와 함께 막을 내리는 게 아니다. 곧이어 양육할 자녀들이 태어나기에 뭔가 창의적인 문제해결이 필요하게 된다.

제 13 장
양육 스타일

세상에서 누군가의 짐을 가볍게 해준다면,
그 대상이 누가 됐든 당신은 결코 쓸모없는 사람이 아니다.
_찰스 디킨스

내가 여덟 살 때 선생님은 우리들에게 연어에 관한 영화를 보여줬다. 바다에 사는 연어들이 모천(母川)으로 돌아가 알을 낳고 죽기까지의 여정을 그린 장편 서사시 같은 영화였다. 우리는 감상문을 써서 제출해야 했는데, 내 숙제는 어머니가 해줬다. 감상문의 내용을 간추리면 아래와 같다.

연어들은 알을 무수히 많이 낳았는데, 그 이유는 수많은 적들에게 잡아먹힐 것을 대비하기 위해서였다. 아니나 다를까, 몇 주쯤 지나자 겨우 15개가 남았다. 그로부터 한 달 후, 알에서 나온 새끼들은 많이 먹고 무럭무럭 자라 자기가 연어라는 사실을 깨닫게 되었다. 그때 커다란 물체가 갑자기 연어들을 향해 헤엄쳐왔다. 연어새끼들은 살아남기 위해 필사적으로 헤엄쳤지만, 대부분 잡아먹히고 말았다. 연어들을 잡아먹은 것은 커다란 강꼬치고기였다.

나는 연어들이 짝짓기 하는 것을 보며 '얼핏 보면 싸우는 거 같지만 실은 좋아서 어쩔 줄 모를 거야'라고 결론내릴 만큼 조숙했지만, 영화가 남긴 인상은 "연어의 삶은 투쟁의 연속"이라는 거였다. 영화는 물고기의 삶에 대해 몇 가지 오해를 남겼다. '연어는 생애주기를 완료하고 모천에서 알을 낳은 후 죽는다'라는 통념과 달리, 일부 수컷들과 많은 암컷들은 다시 바다로 돌아가 정상 컨디션을 회복하고 성어成魚로서의 삶을 살아가기 때문이다. 단, 이들이 생식 충동에 다시 반응하는 데는 몇 년이 걸릴 수도 있다.

영화가 남긴 두 번째 오해는 '물고기들은 자식을 돌보지 않는다'라는 거였다. 사실 물고기의 양육행동은 최소한 스물두 번 진화했다. 그리하여 모든 물고기의 4분의 1에 해당하는 약 8,000종은 어떤 형태로든 자손을 보살핀다. 물고기의 양육은 '알 보호하기'에서부터 '새끼를 (가장 취약한 시기인) 생후 몇 주 동안 보살피기'까지 이어진다. 상어를 포함해 많은 물고기들을 태생胎生이라고 하는데, 뜻은 '살아있는 새끼를 낳는다'는 것이다. 어떤 상어들은 태반을 갖고 있으며, 출산 전에 탯줄을 통해 배아에게 영양분을 공급한다.

이처럼 포유류의 생식을 연상시키는 현상에도 불구하고, 물고기들은 포유류와 달리 새끼에게 젖을 먹이지는 않는다. 하지만 일부 물고기들의 체내에서는 새끼의 식량이 될 수 있는 물질이 생성되는데, 그중에서 가장 잘 알려진 사례는 디스커스discus다. 디스커스는 아쿠아리움에서 유명한 남아메리카산 시클리드로, 어미가 치어를 몇 주 동안

　　　　　　　　　　　　　　　6부 물고기의 번식

보살피면서 (자신의 몸을 뒤덮고 있는) 점액층을 먹도록 허용한다. 그런데 어미가 먹이로 주는 것은 낡은 점액층이 아니라, 특화된 두꺼운 비늘에서 생성된 특별한 점액이다. 디스커스의 점액은 면역력을 증강시키는 맞춤형 영양식으로, 그 속에는 항생물질이 포함되어 있어서 새끼를 감염으로부터 보호해준다. 과학자들에 따르면 이런 면역증강 물질이 물고기들 중에서 드물지 않게 발견된다고 한다. 예컨대 새로운 펩타이드계 항생제인 피시딘스_piscidins(물고기를 뜻하는 라틴어 피스케스_pisces에서 유래한다)는 2003년 물고기의 점액에서 분리되었다.

물고기의 세계에서 맛있는 점액은 단지 모유의 대체물만은 아니다. 암컷 카디날피시가 구강포란_口腔抱卵(알이나 치어를 입 속에 넣고 보호하는 것_옮긴이)을 하는 수컷을 위해 만드는 미수정 영양란을 기억하는가? 많은 상어들은 영양란을 만들어, 발육중인 배아들이 탄생하기 전에 특식으로 제공한다. 말라위 호수에 사는 메기 한 종은 자유롭게 유영하는 치어들에게 영양란을 공급하는 것으로 알려져 있다. 새끼들은 어미의 항문 근처에 자리 잡고 있다가 영양란을 물속으로 방출하는 즉시 받아먹는다. 이를테면 즉석 캐비어인 셈이다.

다양한 양육 스타일

예비부모들은 새끼가 태어나기 전에 알을 보호하는 역할을 수행한다. 알을 보호하는 방법 중 한 가지는 침입자들을 쫓아내는 것인데, 가장 저돌적으로 영토를 지키는 물고기는 자리돔으로 알려져 있다. 나는 플로리다 주 키라고 해안의 산호초에서 한 시간 동안 스노클링을 하는 동안 물고기들끼리 정면충돌하는 장면을 몇 번 봤는데, 그중 대부분은 노랑꼬리자리돔이 침입자에게 덤벼드는 것이었다. 세계적인 물고기 전문가인 티어니 타이스는 알을 수호하는 자리돔과 마주친 사건을 이렇게 소개했다. "자세히 살펴보려고 접근하자 13센티미터쯤 되는 자리돔이 계속해서 경고신호를 보냈다. 자기보다 몸집이 훨씬 더 큰 다이버를 쫓아내는 데 실패하자 자리돔은 갑자기 저돌적으로 돌진했다. 그러더니 조그만 이빨로 내 기다란 머리칼 하나를 낚아채고는 사정없이 잡아당기는 게 아닌가! 얼마나 세게 잡아당기는지 통증 때문에 얼떨결에 비명을 질렀다. 잠시 후 나는 씩씩거리면서도 만면에 미소를 머금었다."

자리돔과는 달리 다양한 형태의 둥지나 피난처를 건설함으로써 알을 숨기는 물고기들도 있다. 예컨대 메기는 구멍을 파고, 큰가시고기는 식물성 재료로 정교한 구조물을 만들며, (11장에서 소개한 바 있는) 샴투어는 특별한 타액으로 거품둥지를 만든다. 흰꼬리자리돔은 너무 세심해서, 짝을 맺은 커플은 산란 장소에 깔린 모래알들을 입으로 물어 힘껏 뱉어낸 다음 지느러미를 흔들어 일대를 깨끗이 청소한다. 마지막으로, 바위 표면에 달라붙어 있는 모래 알갱이들을 입으로 떼어내 모두 제거한다.

알의 생존율을 좀 더 높이는 방법은 알을 운반하는 것이다. 구체적으로는 입 또는 파우치를 이용하는 방법이 있다. 파우치를 이용하는 물고기로는 수컷 해마가 유명한데, 이 파우치는 요람과 같은 기능을 수행한다. 열대 인도양에 서식하는 고스트파이프피시ghost pipefish는 놀라운 위장술을 자랑하는데, 특이하게도 암컷의 배지느러미가 융합되어 파우치를 형성했다. '진정한 파이프피시'인 실고기는 해마의 친척답게 수컷이 파우치를 갖고 있다. 뉴기니에 서식하는 수컷 험프헤드는 암컷이 낳은 알을 이마의 돌기에 (마치 포도송이처럼) 대롱대롱 매달고 다닌다. 기아나의 호수 밑바닥에 사는 메기는 알을 아예 몸에 입고 다닌다. 어미가 알 덩어리를 전신에 두르고 나면, 피부 한 겹이 자라나 알을 뒤덮게 되는 것이다. 이렇게 하여 색다른 자궁 속에 갇힌 배아는 나중에 성장하여 자궁에서 빠져나온다.

줄무늬아카라banded acara라고 불리는 남아메리카산 시클리드는 신중히 고른 나뭇잎 위에 알을 낳는다. 암컷과 수컷은 알을 낳기 전에 종종 나뭇잎을 (아마도 운반하기 쉬운지 확인하려는 듯) 잡아당기고 들어 올리고 비틀어보면서 시험한다. 알을 낳고 나면 암수가 함께 알을 지키는데, 만에 하나 불행한 사태가 발생하면 나뭇잎의 한쪽을 입에 물고 황급히 안전한 장소로 이동한다.

내가 특별히 감탄하는 물고기는 스프레잉카라신spraying characin인데, 알을 돌보는 방식이 워낙 별나서 그런 이름을 얻었다. 이들은 줄무늬아카라와 달리 수중식물의 잎에 앞을 낳지 않고, 공중에 매달려 있는 나뭇잎에 알을 낳는다. 그게 어떻게 가능할까? 부모가 될 카라신들은 수면 바로 밑에 수직으로 정렬했다가 몇 분의 1초 사이에 동시에 점프하여 목표물(선택한 나뭇잎)에 도달한다. 그러고는 순식간에 몸을 뒤집어 약 열 개의 알과 정자를 나뭇잎 위에 뿌린다. 몇 번 점프하여 이런 식으로 작업하고 나면, 반투명한(그러므로 잘 위장된) 알 수십 개가 나뭇잎 위에 뭉텅이로 달라붙는다. 생물학 교과서를 찾아보면 카라신은 약 10센티미터 점프한다고 씌어 있지만, 유튜브의 동영상을 보면 그보다 훨씬 더 높이 뛰어오르는 것처럼 보인다. 게다가 카라신들은 몇 초 동안 나뭇잎에 매달려 있음으로써 알 낳을 시간을 충분히 확보한다.

카라신이 알에서 깨어나는 기간은 매우 짧은데, 이는 당연하다. 왜냐하면 수컷이 무리를 해가면서까지 알을 촉촉하게 유지하기 때문이다. 수컷은 꼬리를 능숙하게 놀려 알에 물을 끼얹는데, 이는 상당히 진을 빼는 일임에 틀림없다. 왜냐하면 물 뿌리기는 새끼들이 알에서 깨어나 물속으로 다이빙할 때까지, 2~3일 동안 1분 간격으로 한 번도 빠지지 않고 행해지기 때문이다.

이처럼 신기한 물고기들의 행동을 관찰할 때마다 '어떻게 그런 일이 일어날 수 있을까?' 하며 경이로움을 금할 수 없었다. 물속에서 알을 낳고 보살피던 물고기들이 어떻게 공중으로 솟구쳐 올라 나뭇잎 위에 알을 낳고 물을 뿌려주게 되었을까? 정답은 아마도 "서서히, 단계적으로"일 것이다. 먼 옛날 카라신 커플이 수생식물의 잎에 알을 낳으려는 순간, 포식자 한 마리가 그 자리에 버티고 있음을 발견했을 것이다. 포식자들의 압력에 밀린 카라신은 수면으로 급부상하여, 수면 바로 위에 드리운 나뭇잎에 끈끈한 알을 낳았을 것이다. 시간이 경과하면서 포식자들이 악착같이 추격하자, 일부 카라신은 수면 위로 점프한 다음 좀 더 높은 나뭇잎에 매달려 알을 낳았을 것이다. 능력이 출중한 개체들은 이러한 과정에서 자연선택의 선호를 받아 대를 잇고, 그러지 못한 개체들은 포식자들에게 잡아먹혀 대가 끊겼을 것이다.

알을 물 밖에 보관하는 물고기가 스프레잉카라신밖에 없는 건 아니다. 조간대(潮間帶)에 사는 다양한 물고기들은 공기 중에서 알을 품는 특기를 갖고 있다. 베도라치와 늑대장어는 썰물 때 긴 몸을 휘감아 작은 웅덩이를 만든 다음 알을 그 속에 넣어둔다. 일부 물고기들은 오랫동안 공기 중에 노출된 채로 엎드려 있는데, 이유는 알을 보호하기 위해서라고 한다.

해안선 밖에서 알을 보호하는 그 밖의 전략으로는 해초로 알 감싸기, 모래 속에 알 파묻기, 바위 사이에 알 숨기기 등이 있다. 이런 방법에는 이점이 있는 게 틀림없는데, 이를테면 알을 따뜻하게 해준다든가, 산소농도를 높여준다든가, 포식자의 공격을 막아주는 것을 생각해볼 수 있다.

입 안에 머금되, 삼키지는 말라

일생을 통틀어 가장 작고 취약한 시기에 있는 새끼를 보호하기 위해 물고기가 고안해낸 방법 중에서 가장 기발한 것은 널찍한 입 안에 넣고 운반하는 것이다. 알이나 (갓 태어난) 치어를 입 안에 넣고 돌아다니는 것을 구강포란이라고 하는데, 이는 물고기들 사이에 꽤 널리 퍼져 있는 방법이다. 새끼를 입 안에 품는 방법을 자세히 살펴보면, 포식자가 일가족을 위협할 때, 부모는 머리를 아래로 숙이고 서서히 후진함으로써 위험 신호를 보낸다. 그러면 새끼들이 어미의 머리를 향해 헤엄쳐가고, 어미는 새끼를 흡입하여 보호했다가 위험이 지나가고 나면 (마치 구토를 하는 것처럼) 다시 내보내준다.

4대륙을 통틀어 9과[註] 이상의 물고기들이 구강포란을 하는 것으로 알려져 있다. 시클리드는 구강포란의 전문가로 총 2,000종 중 80퍼센트가 입을 이용하여 새끼를 보호한다. 시클리드 과의 엄청난 다양성과 성공은 부분적으로 이 적응 때문인 것으로 보인다. 시클리드의 새끼 수가 다른 물고기들보다 적은 것은 입 안에 넣을 수 있는 새끼의 마릿수가 제한되어 있기 때문이다. 그러나 '적은 새끼 수'는 '높은 생존율'로 보상을 받는다.

구강포란을 하는 물고기들 중에서 가장 유명한 그룹 중 하나는 베타 속屬에 속하는 종들이다. 베타 속에는 총 80여 종이 있는데, 그중에는 아쿠아리움 마니아들에게 샴투어라는 별명으로 사랑받고 있는 베타 스플렌덴스Betta splendens가 포함되어 있다.

근연관계에 있는 베타 속의 물고기들이 거품둥지와 구강포란이라는 두 가지 전략을 사용하는 것은 결코 우연의 일치가 아니다. 왜냐하면 베타 속의 물고기들은 경우에 따라 거품둥지와 구강포란을 대체할 수 있기 때문이다. 거품둥지는 잔잔한 물속에 사는 물고기들에게 유리한데, 그 이유는 알과 치어들을 안전하고 촉촉하게 유지하며 산소를 풍부하게 공급해줄 수 있기 때문이다. 그러나 흐르는 물에서는 거품둥지를 짓기가 매우 어려우므로, 거품둥지를 짓는 동안 알을 입 안에 보관하고 있는 게 좋다. 따라서 알을 입 안에 보관하는 것은 단기적인 보완책이라고 할 수 있다. 홍수를 만나 낯선 시냇물로 떠내려 온 고대의 물고기를 상상해보자. 물고기는 자신의 거품둥지가 떠내려가는 것을 보고, '저걸 입 안에 보관했더라면 좋았을 텐데'라고 생각했을 것이다.

구강포란에는 또 다른 이점이 있다. 둥지를 갖고 있는 물고기는 둥지에 매인 인생이어서, 둥지에서 멀리 떠나려면 알이나 치어를 잃을 위험을 각오해야 한다. 그러나 구강포란어는 마음대로 움직여도 자신과 새끼들이 안전하다. 그리고 숨을 쉴 때마다 물이 들어와 알에 산소를 충분히 공급할 수 있다.

구강포란은 영리할 뿐만 아니라 고결한 양육방법이기도 하다. 구강포란을 하는 부모들은 새끼가 입 안에 있는 동안 금식을 하는 게 일반적인데, 이게 그리 간단한 일은 아니다. 왜냐하면 구강포란 기간은 한 달 이상 지속되는 것이 보통이기 때문이다. 그러다 보니 구강포란 어들은 종종 굶어죽기도 하는 것으로 알려져 있다.

구강포란은 더욱 고결해질 수도 있다. 새끼를 애지중지하는 부모들은 먹이를 입 속에 계속 집어넣지만, 자기 목구멍으로는 절대로 삼키지 않는다. 먹이는 입 속에서 자라는 새끼들의 목구멍으로 넘어간다. 예컨대, 탕가니카 호에서 실시된 야생 블런트헤드시클리드를 이용한 실험에 따르면 어미들은 조용한 곳으로 헤엄쳐 가서 평균 33일 동안 구강포란을 한다고 한다. 물고기들은 이 기간에 먹이를 섭취하지 않지만, 자라나는 새끼들을 위해 수렵채취를 하는 시간은 늘린다고 한다. 동물계에서 자제력이 가장 강한 동물은 구강포란어일 것이다.

좋은 아빠

물고기 사회에서 자녀양육의 주도권은 누구에게 있을까? 엄마가 아니라 아빠다. 육상동물 세계에서는 엄마가 부모의 역할을 대부분 떠맡지만, 물고기 세계에서는 정반대다. 암컷은 불가피하게 알 생산과 산란의 비용을 부담하지만, 이후에는 수컷이 바통을 이어받는다. 따라서 거품둥지를 짓고, 치어가 태어날 때까지 알을 지키는 것은 수컷 베타의 몫이다. 위험을 감지했을 때, 수컷은 배지느러미를 흔들며 수면으로 급부상한 다음 물결을 일으킨다. 그러면 물결을 감지한 새끼들이 아빠에게로 헤엄쳐 와 안전한 입 속으로 쏙 들어간다.

구강포란에서 수컷이 수행하는 역할이 워낙 크다 보니, 수컷의 얼굴이 임무수행에 적합하도록 진화한 경우도 있다. 호주 제임스 쿡 대학교 해양열대생물학과의 데이비드 벨우드 교수가 카디날피시 아홉 종의 머리를 조사해보니, 수컷의 주둥이와 턱은 암컷보다 긴 것으로 나타났다고 한다. 그런데 입이 새끼 양육에 사용되면 다른 기능(호흡)이 제한될 수 있다. 수십 마리의 새끼들이 공간을 차지하고 산소를 흡입하면, 아빠의 산소 섭취가 부족하게 되기 때문이다. 그렇다면 수컷 카디날피시는 암울한 미래를 맞이하게 되지 않을까? 벨우드 박사에 의하면, 수컷은 구강포란 때문에 기후변화의 영향에 취약해질 수 있다고 한다. 바닷물의 온도가 상승하면 물고기는 호흡을 더 많이 해야 하는데, 입을 한가득 채운 새끼들 때문에 아빠의 숨은 더욱 가빠질 수밖에 없다.

아빠 물고기 중의 챔피언은 해마와 그 사촌인 실고기다. 해마와 실고기의 수컷들은 임신부처럼 배가 남산만 해진다. 그럴 수밖에 없는 것이 암컷이 수컷의 배에 있는 새끼주머니에 알을 잔뜩 낳기 때문이다. 그러면 수컷은 알을 수정시킨 다음 새끼가 깨어날 때까지 품고 다닌다. 나중에 새끼주머니에서 새끼를 방출할 때, 아빠들은 산고産苦나 진배없는 수축과 뒤틀림을 겪어야 한다.

이 같은 임신부妊娠夫 시스템은 수컷들에게 상당히 유리하다. 아빠들은 이로 인해 두 가지 이득을 얻는데, 하나는 '부권父權을 보장받을 수 있다'는 것이고, 다른 하나는 '자손의 생존 및 자립 비율을 높일 수 있다'는 것이다. 수컷이 부권을 보장받는다는 것은 자연계에서 전혀 사소한 일이 아니다. 엄마의 경우에는 임신과 (때로는) 출산에 대한 대가로 모권母權을 주장할 수 있지만, 아빠가 부권을 주장하려면 임신과 출산에 상응하는 노력이 필요하기 때문이다. 하지만 아이러니하게도 수컷 중심의 양육시스템은 모권을 위축시키고 부권을 강화한다. 유전적 분석에 의하면, 수컷 해마의 일부일처 비율은 겨우 10퍼센트에 불과하며, 한 수컷이 6마리의 암컷에게 알을 받아 품고 다닌다고 한다. 그러나 암컷도 앉아서 당하기만 하는 건 아니다. '암컷이 한 마리 이상의 수컷에게 알을 제공함으로써 숫자놀음을 한다'는 증거도 보고되었다.

도우미

물고기의 생식력을 실현하는 데 있어서 장애물이 친권親權의 불확실성 하나만 있는 건 아니다. 가족의 정착과 번영을 위한 자원이 부족한 것도 문제가 될 수 있다. 둥지를 지을 곳, 식량, 적당한 배우자가 없다면, 생식력이 심각하게 저하될 수밖에 없다.

대학원에 다니던 시절, 나는 행동생태학을 공부하는 학생들과 일주일에 한 번씩 소모임을 갖고 새들의 협동번식에 대한 최신 연구 결과를 토론했다. 협동번식이란 하나 이상의 비非번식 성체成體들이 번식을 포기하고, 다른 부부의 자녀양육을 돕는 쪽을 선호하는 것을 말한다. 도움을 받는 쌍을 번식쌍이라고 하고, 도움을 주는 개체를 도우미라고 하는데, 항상 그런 것은 아니지만 번식쌍은 종종 도우미의 부모인 경우가 많다. 꼬리치레에서부터 어치, 호반새, 코뿔새에 이르기까지 수백 종의 새들에게서 협동번식 현상이 발견되었다. 협동번식 현상은 너무나 다양해서 많은 강좌와 서적들이 그 주제를 다루고 있다.

나는 1989년에 협동번식에 대한 강의를 수강했다. 그보다 몇 년 전 대퍼딜시클리드daffodil cichlid의 협동번식이 보고된 바 있지만, 이상하게도 물고기의 협동번식을 언급한 사람은 한 명도 없었다. 현재 협동번식을 하는 것으로 알려진 물고기는 10여 종에 불과해, 새(약 300종)나 포유류(120종)에 비하면 미미한 수준이다. 그러나 물고기의 생활이 비교적 베일에 가려져 있다는 점을 감안하면, 아직 발견되지 않은 사례가 좀 더 많이 있을지도 모른다.

협동번식을 하는 물고기들 중에서 가장 유명한 것은 시클리드다. 도우미는 번식쌍의 알과 새끼를 보호하고 돌보기 위해 다양한 과업을 수행하는데, 그중에는 알과 새끼에 대한 청소와 부채질, 번식지에서 모래와 달팽이 제거하기, 영토 지키기가 포함된다.

새와 포유류의 도우미 활동은 혈연선택kin selection을 통해 진화한 것으로 생각된다. 예컨대 둥지 지을 곳이 부족하여 자기 가족을 부양할 기회가 제한된다면, 기회를 기다리며 빈둥거리는 것보다 친척을 돕는 게 더 합리적이다. 도우미 활동은 도우미와 유전자를 공유하는 친척에게 이득을 주어, 유전적 적합성을 향상시킨다. 협동번식은 또한 가치 있는 훈련을 제공한다. 도우미는 미래의 번식자이기 때문에, 도우미로서 수습기간을 완료하고 나면 둥지 짓기, 알 품기, 새끼 먹이기, 둥지 지키기 등의 기술을 연마할 수 있다.

하지만 상황이 허락한다면, 도우미는 독립하여 자기 자신의 새끼를 양육하러 갈 것이다. 새의 경우, 세이셸휘파람새Seychelles warbler를 대상으로 한 실험에서 협동번식을 뒷받침하는 증거가 제시되었다. 새로운 섬에 이주한 뒤 둥지 짓기에 적당한 장소들이 모두 점유되자 세이셸휘파람새는 비로소 도우미 행동을 시작했다고 한다. 땅따먹기 경쟁이 완료되면서 승자와 루저 사이에 타협책이 나온 것이다.

물고기들은 어떨까? 마땅한 대안이 없을 때, 물고기들도 새들처럼 도우미 행동을 할까? 아울러 상황이 개선되면 물고기들은 독립하여 번식자가 될까? 이것을 생태적 제약가설ecological constraints hypothesis이라고 하는데, 스위스 베른 대학교의 연구자들은 탕가니카 호의 남쪽 끝에서 생포한 대퍼딜시클리드를 이용하여 이 가설을 검증하기 위한 실험에 착수했다. 대퍼딜시클리드는 협동번식을 연구하는 과학자들 사이에서 인기가 높으며, 지금까지 60편 이상의 논문이 발표되었다. 이들은 덩치가 매우 작고(최대 8센티미터), 커다랗고 초롱초롱한 눈을 갖고 있으며, 분홍빛깔이 나는 노란색 몸을 갖고 있다. 길고 성긴 지느러미는 하늘색 테두리로 둘러싸여 있다. 대퍼딜시클리드의 사회생활은 다채로우며, 도우미 활동도 성행한다. 구체적인 도우미 활동으로는 번식지의 모래 제거하기, 둥지 지키기(물어뜯으며 싸우기, 들이받기, 지느러미나 아가미 뚜껑 펼치기, 머리를 낮게 숙이기, S자형으로 구부리기), 순종적 행동으로 상급자 달래기(이를테면 꼬리 부르르 떨기, 움츠리기, 도망치기) 등이 있다.

베른 대학교의 연구실에는 7,000리터짜리 원형 수족관이 설치되어 있는데, 연구자들은 이것을 32개의 번식구역으로 나눈 다음 각각의 번식구역에 한 쌍씩 총 32쌍의 대퍼딜시클리드를 투입했다. 아울러 번식구역을 4개씩 묶어 확산구역을 마련했다. 각각의 번식구역과 확산구역에는 충분한 모래를 깔고, 두 개의 화분을 넣어 은신처로 사용하게 했다. 32쌍 모두에게 도우미 한 쌍씩을 배정했는데, 둘 중 하나는 덩치가 크고 하나는 작았지만, 둘 다 번식쌍보다는 덩치가 작았다. 연구자들은 도우미들을 훈련시켜 번식구역과 확산구역 사이의 틈새를 통과하게 했는데, 이 틈새는 너무 좁아서 덩치 큰 번식자들이 통과할 수 없었다.

먼저 번식쌍들을 살펴보자. 대륙 간(아프리카에서 유럽으로) 이동에 따른 방향감각 상실에도 불구하고, 번식쌍들은 곧 새로운 환경에 적응했다. 한 번식쌍은 5일 만에 알을 낳았고, 4개월 반의 실험기간 동안 32쌍 중 31쌍이 한 번 이상 알을 낳았다.

이번에는 도우미들을 살펴보기로 하자. 도우미들에게 기회를 주면 새로운 가정을 형성할까, 아니면 도우미 생활을 계속할까? 이들은 새로운 가정을 꾸리는 것으로 나타났다. 즉, 생태적 제약가설을 근거로 예측했던 대로 도우미들은 번식쌍과 결별하고 확산구역으로 들어가 짝짓기를 통해 자신들의 새끼를 낳았다. 확산구역에서 은신처를 차지한 도우미들은 그러지 못한 도우미들보다 덩치가 더 커졌는데, 이는 도우미들이 자신의 번식 지위에 따라 덩치를 전략적으로 조절한다는 것을 의미한다. 그러나 은신처가 없는 확산구역에서는 도우미가 번식자로 변신하지 않았는데, 이는 번식을 위해서는 적절한 여건이 필요하다는 것을 의미한다.

그런데 번식자로 바뀐 도우미들 중 약혼자(처음에 번식구역에 함께 배정되었던 자기보다 덩치가 작은 도우미)와 결혼한 것은 한 마리도 없었다. 아마도 '약혼자는 덩치가 작아 배우자로 적합하지 않다'고 판단하고, 옆 구역에서 들어온 덩치 큰 도우미를 새로운 배우자로 선택한 것 같았다.

영리한 스위스 연구자들이 설계한 실험을 통해 대퍼딜시클리드도 많은 새들처럼 행동하는 것으로 나타났다. 즉, 도우미 활동이란 자원이 한정된 상황에 대한 일시적 타협책인 것으로 밝혀졌다. 인간도 마찬가지다. 청년들은 정식직원이 되거나 창업을 하기 위한 전초전으로 기업에서 자원봉사를 하거나 인턴 생활을 시작하지 않는가?

머슴(도우미)이 주인 부부(번식쌍)의 새끼를 돌보는 것은 미덕이지만, 일부 도우미들은 미덕을 발휘하지 않고 일탈행동을 할 수도 있다. 이들은 도우미 활동을 통해 간접적인 유전적 투자를 하지 않고, 번식자와 직접 거래하여 더 많은 것을 얻기도 한다. 잠비아의 카사칼라 웨포인트에서 실시된 연구에 따르면, 대퍼딜시클리드 번식쌍들을 대상으로 새끼들의 유전자를 분석한 결과, 엄마의 유전자를 가진 새끼는 99.7퍼센트지만, 아빠의 유전자를 가진 새끼는 90퍼센트 미만인 것으로 나타났다. 99.7퍼센트와 90퍼센트의 차이는 뭘 의미할까? 쉽게 말해서, 수컷 머슴들이 주인마님의 임신에 가끔씩 참여한다는 것을 뜻한다. 실제로 조사해본 결과 수컷 머슴은 주인마님의 임신에 네 번 중 한번 이상(27.8퍼센트) 참여하는 것으로 나타났다. 탕가니카 호에서 실시된 대퍼딜시클리드의 유전자분석에서는 다섯 그룹 중 네 그룹에서 이와 비슷한 사례가 발견되었다.

그런데 어찌된 일인지, 수컷 번식자는 수컷 도우미의 일탈행동을 까맣게 모르는 경우가 많다. 사실 따지고 보면, 도우미들의 일탈행동이 번식쌍에게 반드시 나쁜 뉴스라고 할 수는 없다. 번식쌍과 유전자를 섞은 도우미는 정직한 도우미보다 충성심이 강할 수밖에 없다. 알과 새끼들 속에 자신의 유전자가 많이 포함되어 있을수록 도우미들은 둥지 주변에 늘 가까이 머무르며 번식쌍의 알과 새끼를 노리는 포식자에게 적극적으로 대항할 것이기 때문이다. 연구진이 '부정한 도우미'를 둥지에서 일시적으로 배제했더니, 번식쌍이 방어행동을 강화함으로써 도우미의 빈자리를 메웠다. 나중에 도우미를 다시 둥지로 돌려보냈더니 알과 새끼들을 보호하기 위해 최선을 다하는 것으로 나타났다. 그러나 과학자들은 '수컷 번식자가 수컷 도우미의 불륜을 처벌하는지'에 관한 증거는 확보하지 못했다.

이러한 역학관계는 인간사회에서도 낯설지 않다. 일부일처제와 성적 충실성에 대한 사회적 규범에도 불구하고, 일은 종종 꼬이기 마련이다. 그러지 않고서야 불륜, 바람둥이, 친자확인이라는 용어가 있을 리 만무하지 않은가?

무전취식

물고기의 양육에는 좀 더 심각한 범죄행위가 있는데, 바로 생물학자들이 탁란托卵이라고 부르는 것이다. 탁란은 자기 알을 다른 새의 둥지에 낳는 얌체 행위를 말한다.

협동번식과 마찬가지로 탁란은 새들 사이에서 일어나는 사례가 가장 유명하지만, 특정 물고기, 양서류, 곤충에서도 종종 나타난다. 탁란은 진화적인 무전취식 전략으로서 멍청한 개체가 얼떨결에 다른 개체의 새끼를 보호하고 기르게 된다. 조류 사이에서 일어나는 탁란 중 상당수는 기생자가 숙주의 알을 제거하고 자기 알을 낳는 스타일이다. 숙주의 새끼가 기생자의 새끼보다 덩치가 작을 경우, 기생자가 먹이를 전부 가로채는 바람에 숙주의 새끼들이 굶어죽을 수도 있다. 가장 우울한 경우는 일부 기생자들(특히 뻐꾸기)의 새끼가 예리한 갈고리를 이용하여 숙주의 알이나 (갓 깨어난) 새끼들을 밀어내거나 죽인다는 것이다. 그러나 모든 탁란조들이 배은망덕한 것은 아니다. 예컨대 거대한 카우버드cowbird의 경우에는 오로펜돌라oropendola나 카시케cacique의 새끼에게 해코지를 하지 않으며, 기생자의 새끼가 숙주 새끼들의 몸에서 기생충(이를테면 말파리의 구더기)을 잡아준다는 증거가 보고되어 있다.

물고기들 중에서 가장 유명한 탁란 사례는 아프리카의 커다란 호수에서 볼 수 있다. 그곳에서 물고기의 사회적 행동을 연구하는 생물학자들은 가장 정교한 사례 몇 가지를 발견했다. 펜실베이니아 주립대학교의 연구진은 말라위 호에서 가장 흔한 메기 중 하나인 봄베bombe가 14종의 캄팡고메기kampango catfish 중 11종에게 탁란하는 사례를 발견했다. 피해를 입은 캄팡고의 둥지에는 봄베 새끼만 우글거리는 경우가 많으며, 캄팡고 어미는 봄베 새끼가 10센티미터로 자랄 때까지 보호한다고 한다. 캄팡고는 암컷과 수컷이 모두 새끼를 먹인다. 엄마 캄팡고는 영양란을 제공하는데, 새끼들은 엄마의 항문 주변에 모여 그것을 받아먹는다. 아빠는 서식지 주변에서 무척추동물들을 사냥하여 둥지로 가져온 다음 아가미 뚜껑을 통해 굶주린 새끼들에게 골고루 먹인다. 탁란된 봄베 새끼들은 캄팡고 새끼들과 어울려 캄팡고의 부모가 주는 먹이를 능청스럽게 받아먹는다. 그러나 봄베 새끼가 양부모養父母의 양육방법을 본능적으로 아는지, 아니면 학습을 통해 터득하는지는 아직 분명하지 않다.

숙주와 기생자의 관계가 아무리 밀접하더라도 봄베가 캄팡고에게 탁란하는 행동은 정상보다는 예외에 더 가까운 것으로 보인다. 2007년 초 탁란을 처음 발견하기 전, 논문의 공저자인 제이 스타우퍼는 1983년부터 1,600시간 이상 말라위 호에서 잠수했지만 탁란 사례를 전혀 목격하지 못했다고 한다. 그렇다면 봄베는 일상적으로 캄팡고에게 알을 떠넘기는 게 아니라 평소에는 자신의 알을 돌보고 지키는 데 나름 최선을 다하는 것으로 보인다. 스타우퍼는 봄베의 둥지에 촬영하러 접근했다가 알을 지키던 봄베에게 손가락을 물린 적이 있다고 한다.

그나마 봄베는 캄팡고와의 탁란관계에서 어느 정도 예의를 지키는 편이다. 뻔뻔함과 배은망덕의 극치를 달리는 탁란어들도 있는데, 뻐꾸기메기가 그 대표적인 사례다(이름에 '뻐꾸기'가 들어간 것을 보면, 얼마나 뻔뻔하고 배은망덕한지 능히 짐작할 수 있다). 말라위 호에서 북서쪽으로 800킬로미터 떨어진 탕가니카 호에서 뻐꾸기메기는 시클리드의 둥지 위에 알을 낳고, 시클리드는 뻐꾸기메기의 알과 새끼들을 입안에 넣고 성심성의껏 보살핀다. 그런데 뻐꾸기메기 새끼는 일찌감치알에서 깨어나 시클리드 새끼들을 깨어나는 족족 잡아먹기 시작한다. 이것은 물고기에서 최초로 발견된 진정한 탁란(기생자의 새끼가 숙주에게 전적으로 의존하는 것을 말함)의 사례로 1986년 교토 대학교의 사토 테츠가《네이처》에 기고한 논문에 실렸다.

요컨대, 물고기에 대한 최근의 과학연구에서 이끌어낼 수 있는 포괄적인 결론은 다음과 같다. 첫째, 물고기는 사물thing이 아니라 존재being이며, 단순히 살아있는 게 아니라 생활을 영위한다. 둘째, 물고기는 개성을 갖고 있으며 관계를 형성하는 개체다. 셋째, 물고기는 계획과 학습, 인식과 혁신, 책략과 회유를 하며, 쾌락 · 공포 · 장난 · 통증 그리고 즐거움을 경험한다. 한마디로 말해서, 물고기도 느낄 건 다 느끼고 알 건 다 안다는 것이다. 이러한 결론은 물고기에 관한 기존의 통념과 얼마나 일치하는가? 우리는 그동안 물고기를 어엿한 개체로 취급해 왔을까?

1부에서 6부까지는 물고기의 수중생활에 대하여 살펴봤다. 그러나 물고기는 수중에서만 생활하는 게 아니라 어부나 낚시꾼들에게 잡혀 물 밖으로 나와 온갖 고초를 겪기도 한다. 마지막으로 7부에서는 물 밖으로 나온 물고기의 생활에 대해 살펴보기로 하자.

7부

물 밖으로 나온 물고기

나는 손가락이 여럿 달린 동물로서,

물 밖으로 나온 그에게 공포의 대상이었다.

그를 죽인 범인은 바로 나다.

_〈물고기〉, D. H. 로렌스

제 14 장
물 밖의 물고기

지구상에서 물고기로 산다는 것은 쉽지 않으며, 특히 인간이 등장한 이후에는 더욱 그랬다. 인간은 태곳적부터 물고기를 잡았다. 가축이 울타리 안에 갇히기 훨씬 전부터, 물고기들은 낚싯바늘과 그물에 걸려들었다. 가장 오래된 낚싯바늘은 16,000~23,000년 전으로 거슬러 올라가며, 가장 오래된 그물은 1913년 핀란드의 한 어부가 질퍽거리는 목장에 배수로를 파다가 발견했다. 버드나무 섬유로 만들어진 그물은 길이 30미터 너비 1.5미터였고, 탄소연대 측정 결과 1만 년 전 것으로 밝혀졌다.

궁금한 게 하나 있다. 먼 옛날 어부들은 얕은 물에서 낚싯바늘을 휘두르거나 그물을 던질 때, '수평선 너머 망망대해에 사는 물고기들을 모조리 잡으면 어떡하나?'라고 걱정했을까?

이들 옛날 어부들은 그런 걱정을 할 필요가 없었다. 역사가 기록

7부 물 밖으로 나온 물고기

되기 시작한 이후, 어민들은 야생 물고기들과 조화를 이루면서 살아왔다. 이들은 '장기간 생존하려면 인간의 수요와 물고기의 개체수 간에 지속가능한 균형이 이루어져야 한다'는 사실을 암묵적으로 알고 있었던 것 같다. 그러나 현대에 들어와서는 이야기가 달라졌다. 오늘날 인간들은 식량조달뿐만 아니라 이윤추구를 위해서도 물고기를 잡아들인다.

유사 이래로 20세기까지 줄곧 지구상의 모든 물속에는 물고기가 무진장 들어 있을 거라는 믿음이 널리 퍼져 있었다. 몇 년 전 나는 좁은 골목길 쓰레기 더미에서 고서古書 한 권을 발견했다. H. J. 셉스톤이 쓴 『전 세계 동물의 생활』로, 어머니가 태어난 해인 1934년 발간된 책이었다. 책에는 다음과 같은 글귀가 적혀 있었다. "바다에서 매년 수백만 톤의 물고기가 잡히지만, 재고가 소진되리라는 징후는 아직 포착되지 않았다."

여행비둘기는 한때 지구상에서 가장 풍부한 개체수를 자랑했지만, 우리는 지금 그들에게 무슨 일이 일어났는지 잘 알고 있다.

셉스톤은 두 가지 경향을 고려하지 않았는데, 그 경향은 당대에 이미 명백하게 나타나고 있었다. 첫 번째는 지구상에서 인구가 꾸준히 증가하고 있다는 것이다. 다른 것들이 모두 일정하다고 가정할 경우, 인구가 증가하면 소비도 증가한다. 심지어 일인당 물고기 소비량이 일정하다고 쳐도 셰익스피어 시대 이후 인구가 세 배로 증가했으므로, 인간이 1년 동안 먹어치우는 물고기의 수 역시 세 배로 증가했을 것이다.

그러나 더 큰 문제는 일인당 물고기 소비량이 증가하고 있다는 것이다. 오늘날 세계 최대의 인구를 가진 두 나라에서 물고기 소비량은

극적으로 증가하고 있다. 중국인의 일인당 물고기 소비량은 1961년에 비해 다섯 배로 증가했으며, 인도인들은 두 배 이상 증가했다. 게다가 지난 반세기 동안 두 나라의 인구는 두 배 이상 늘어났다. UN 식량농업기구ₐₒ의 자료에 따르면 2009년의 일인당 물고기 소비량은 18.5킬로그램으로, 1960년대의 연간 10킬로그램에 비해 약 두 배라고 한다. 미국은 일인당 물고기 소비량이 비교적 일정한 수준을 유지했지만, 총량은 크게 증가했다. 인구가 증가한 데다 가축들에게 먹이는 물고기의 양이 증가했기 때문이다.*

그렇다면 물고기의 수는 어땠을까? 물고기의 증가가 인간의 수요 증가를 상쇄했을 거라고 생각하면 큰 오산이다. 현실은 정반대였다. 전 세계의 물고기 수는 감소하고 있으며, 1950년 이후 어장 붕괴 사례가 꾸준히 증가하고 있다.

물고기 수가 이렇게 줄어들고 있는데, 인간이 더 많은 물고기를 소비한다고? 그게 어떻게 가능할까? 이제 셉스톤이 계산에서 누락했던 두 번째 경향을 생각해볼 차례가 되었다. 기술이 꾸준히 발달함으로써 상업어업의 패턴이 변화했다는 점이다. 오늘날의 어선들은 초음파 탐지기, GPS, 수심탐지기, 상세한 해저지도 등을 이용해 물고기 떼를 추적하며, 정찰기나 헬리콥터를 동원하는 어선들도 있다. 가볍고 내구성이 뛰어난 합성섬유로 만든 그물은 길이가 자그마치 수 킬로미터에 이른다. 길이 1.5킬로미터에 깊이 250미터짜리 대형 건착망巾着網

---

* 세계 여러 나라에서 상업적 어업에 매년 350억 달러씩 보조금을 지급하면서, 상황은 더욱 악화되고 있다.

7부 물 밖으로 나온 물고기

은 해수면 근처에 있는 정어리, 청어, 참치 떼를 에워싼 다음 아래의 줄을 잡아당겨 돈주머니 입구처럼 졸라매는데, 그렇게 함으로써 아래로 도망치지 못한 물고기 떼를 일망타진하여 싹쓸이할 수 있다. 연승어업延繩漁業의 경우, 기다란 주낙에 2,500개 이상의 낚싯바늘을 매달아 물고기를 잡은 다음 거대한 권양기로 끌어올린다. 이때 수심을 조절하거나 500미터 깊이의 해저에 가라앉히기도 하며, 줄의 길이가 자그마치 100킬로미터에 달하는 경우도 있다.

가장 파괴적이고 무차별적인 어업방법은 저층트롤bottom trawling이다. 트롤어선은 커다란 망網을 갖춘 대형 잔디깎이를 연상시킨다. 무거운 금속 롤러가 장착된 그물은 800~1600미터의 해저를 가로지르며, 걸리는 거라면 뭐든 닥치는 대로 퍼 올린다. 그렇기 때문에 트롤어선의 그물이 한 번 휩쓸고 지나가면 해저에 100년간 쌓인 산호, 해면, 부채꼴산호 등의 구조가 거덜 나는데, 이들은 물고기가 산란하는 데 없어서는 안 될 귀중한 서식처다. 아울러 모든 연령대의 물고기는 기본이고, 해초, 말미잘, 불가사리, 게까지도 모조리 파괴되거나 제거된다. 미국의 유명한 해양사진작가이자 TED 상 수상자인 실비아 얼은 트롤어업을 "불도저로 벌새를 잡는 격"이라고 비꼬았다.

오늘날의 어선은 선박이라기보다는 '바다의 공장'이라고 부르는 게 적절하다. 어획물을 저장하기 위해 냉장시설과 통조림 제조시설까지 갖추고 있으니 말이다. 어획물이 적재용량을 초과하면, 운반선에 화물을 옮김으로써 귀항歸航에 소요되는 시간을 절약할 수 있다. 그러므로 한 번 출항한 어선들은 몇 주 또는 몇 달 동안 바다에 머물 수 있다. 현재 전 세계의 바다를 누비는 100톤 이상의 공장선factory ship을 모두 합치면 23,000척이 넘는다.

오늘날의 어업은 '사과 입낚시'(물위에 사과를 띄워놓고 입으로 무는 게임으로 핼러윈 파티 등에서 많이 볼 수 있다_옮긴이)를 손으로 하는 것이나 마찬가지다. 물고기들이 빠져나갈 구멍이 없는 것이다. 그러나 우리가 먹을 수 있는 물고기의 양은 '얼마나 많이 잡을 수 있나'가 아니라, '얼마나 많이 남아 있나'에 달려 있다. 영국의 생물학자이자 TV 진행자인 데이비드 아텐보로 경은 이런 말을 한 적이 있다. "정적靜的이고 한정된 환경(바다)이 무제한 성장할 수 있다고 생각하는 사람은 미쳤거나 경제학자이거나 둘 중 하나다."

물고기 양식의 허와 실

바다에서 야생 물고기를 잡는 것의 대안은 인공 환경에서 물고기를 양식하는 것이다. 물고기 양식(물고기 양식은 해산물 양식의 하위분야에 속하며, 해산물 양식에는 그밖에도 가죽을 얻기 위한 악어 양식, 진주를 얻기 위한 홍합 양식, 해조류 양식이 포함된다)은 전 세계에서 가장 빨리 성장하고 있는 동물성식품 생산업으로, 전 세계 물고기 생산량에서 차지하는 비중이 1970년에는 5퍼센트에 불과했지만 오늘날에는 약 3분의 1로 증가했다.

물고기 양식은 기업형 가축 사육과 똑같은 원칙으로 진행된다. 물고기 양식업자들은 물고기를 고밀도 환경에서 사육하며, 성장을 극대화하기 위해 고영양식을 먹인 다음 도살하고 가공 처리하여 인간에게 공급한다. 가축이 상자나 우리에서 사육되는 것과 달리, 양식 물고기

293

는 (바다나 민물에 설치된) 그물구획이나 (육지에 설치된) 수조 또는 양어장에서 사육된다. 송어의 경우 밀도가 너무 높아 욕조만 한 물속에서 30센티미터짜리 송어가 27마리나 우글거린다.

얼핏 보면 물고기 양식은 야생 물고기의 숨통을 틔워주는 구세주인 것 같지만 현실은 매우 복잡하다. 아이러니하게도 양식 물고기는 야생 물고기에게 가해지는 압력을 경감시키지 못한다. 왜냐하면 양식 물고기의 주식主食은 야생 물고기이기 때문이다. 다시 말해, 인간의 입맛에 맞는 물고기는 육식어류이므로 물고기 양식업자들은 육식어류를 키우며, 육식어류의 먹이로는 그보다 작은 야생 물고기가 사용된다. 따라서 바다에서 잡히는 먹잇감 물고기(멸치, 청어) 중 대부분은 인간에게 공급되지 않고, 농장에 사는 양식 물고기, 돼지, 닭에게 공급된다. 전 세계에서 생산되는 어유魚油의 절반 이상은 양식연어에게 공급되고, 87퍼센트는 물고기 양식장에서 사용된다.

그렇다면 양식 물고기들을 상품성 있는 크기로 키우려면 얼마나 많은 사료용 물고기가 필요할까? 경우에 따라 다르지만, 2000년에 발표된 분석결과에 따르면 연어, 바다배스, 참다랑어와 같은 육식어류 1킬로그램을 키우는 데 2~5킬로그램의 사료용 물고기가 필요하다고 한다. 사료용 물고기의 덩치가 양식 물고기보다 작은 것을 감안하면, 양식 물고기를 키우는 데 필요한 사료용 물고기의 개체수는 어마어마할 것이다.

꿰다 논 보릿자루 같은 사료용 물고기들 중 가장 돋보이는 것은 독자들이 생전 보지도 듣지도 맛보지도 못한 것이다. 멘헤이덴menhaden이라 불리는 이 물고기는 대서양과 태평양에 사는 초라한 여과 섭식자

(물속의 유기물, 미생물을 여과 섭취하는 동물_옮긴이) 4종을 총칭한다. 약 30센티미터 길이에 모양이 전형적인 타원형이며, 두 갈래로 갈라진 꼬리와 은회색 비늘을 갖고 있어서 삽화를 곁들인 사전에 물고기를 대표하는 그림으로 넣기에 적당하다. 멘헤이덴은 인간에게 많이 잡히는 물고기이므로, 문화사가 H. 브루스 프랭클린은 2007년 발간한 『바다에서 가장 중요한 물고기』라는 책에서 이들에게 "바다에서 가장 중요한 물고기"라는 별명을 붙였다. 2012년 12월, 대서양 연안의 주州들로 구성된 대서양 수산청은 2013년 멘헤이덴의 어획량을 25퍼센트, 즉 3억 마리 감소시켰다. 그렇다면 2012년 멘헤이덴의 어획고는 12억 마리였다는 계산이 나온다.

멘헤이덴이라는 이름은 북미 원주민의 언어에서 유래하는데, 본래 비료라는 뜻이다. 전 세계에서 잡히는 물고기의 3분의 1이 그렇듯 멘헤이덴은 인간의 식용으로 사용되지 않는다. 멘헤이덴의 몸에서 상업적 용도로 사용되는 것은 기름, 고기, 고형물로 한정된다. 죽은 멘헤이덴을 건조시킨 다음 압착하면 기름(멘헤이덴유)이 나오는데, 이 기름은 화장품, 리놀륨, 건강기능식품, 윤활제, 마가린, 비누, 살충제, 페인트를 만드는 데 사용된다. 멘헤이덴의 고기 중 대부분은 농장에서 가금류와 돼지의 사료로 사용되며, 일부는 애완동물과 양식 물고기의 사료로 사용된다. 오메가프로테인이라는 업체는 2010년 61척의 선박, 32대의 정찰기, 5개의 생산설비를 이용해 멘헤이덴을 잡아들여 큰돈을 벌었다.

야생 물고기들은 양식 물고기의 사료로 사용되지만, 양식 물고기들은 인간의 식탁에 오르기 전부터 일찌감치 누군가의 먹이가 된다. 바로 바다물이sea lice다. 바다물이는 물고기와 그 밖의 해양동물 몸에 기생하며 조직을 갉아먹는 요각류copepod를 총칭하는데, 야생에서는 물고기에게 그다지 큰 위협이 되지 않지만, 양식 물고기들이 우글거리는 양식장에서는 사정이 다르다. 바다물이가 지근거리에 있는 물고기의 점막과 살코기와 눈을 파먹으면, 양식장은 바다물이에게는 천국이 되지만 물고기에게는 지옥이 된다. 물고기 양식업에서 통상적으로 인정되는 감손율減損率, 즉 양식 물고기의 사망률은 10~30퍼센트다.

양식장과 바다를 구분하는 칸막이(그물구획)가 걷잡을 수 없이 불어나는 바다물이의 탈출을 막을 수는 없다. 암컷 바다물이 한 마리는 7개월 동안 살면서 약 22,000개의 알을 낳는데, 알에서 깨어난 새끼들이 칸막이의 틈새를 비집고 구름처럼 몰려나가 양식장 인근에 서식하는 비운의 야생 물고기들을 황폐화시킨다. 캐나다의 태평양 해안에 서식하는 야생 곱사연어의 80퍼센트는 바다물이에게 몰살당하는 것으로 알려져 있다. 양식장을 빠져나간 바다물이가 생태계에 미치는 영향은 여기서 멈추지 않는다. 연어의 개체수가 줄어들면, 연어를 먹고 사는 야생동물들 즉, 곰, 독수리, 범고래도 줄줄이 피해를 입는다.

물고기 양식장의 고밀도 환경은 그밖에도 여러 가지 문제를 야기한다. 그중에는 바이러스 및 세균감염증*, (치료용으로 사용된) 독성 화학물질, 고농도 노폐물 등이 있는데, 이것들이 모두 주변의 수질을 오

---

* 좀 낯설지만 구체적인 질병으로는 전염성 췌장괴사증IPN, 바이러스성 출혈패혈증VHS, 유행성 조혈괴사증EHN 등이 있다.

염시켜 야생 물고기와 서식처에 악영향을 미친다.* 또한 물개나 폭풍우에 의해 파괴된 그물구획을 통해 탈출한 양식 물고기들은 야생 물고기의 유전적 다양성을 희석시키게 된다.

양식 물고기는 근육뿐만 아니라 뇌도 제대로 발육하지 못하므로, 야생 물고기에 비해 생존능력이 떨어질 뿐 아니라 지능도 떨어진다. 자유롭게 돌아다니는 야생 물고기들은 먹잇감을 인식하고 다루며, 사냥하는 방법을 학습한다. 하지만 양식 물고기들처럼 좁은 공간에서 단조롭고 무미건조하게 생활하면 뇌의 발육과 기능이 저하된다. 부화장에서 기른 치어들을 바다에 놔줬다가 다시 잡아보면 이들 물고기의 위는 텅 비어 있거나 무생물(떠다니는 쓰레기나 돌멩이)로 가득 차 있다. 그도 그럴 것이 이 물고기들이 부화장에서 먹던 먹이는 동그란 알갱이여서, 외관상 돌멩이와 비슷해 보이기 때문이다.

그렇다면 치어들에게 바다 생활을 미리 훈련시키는 방법은 없을까? 물고기의 날카로운 관찰 및 학습능력을 잘 이용하면 가능하기는 하다. 어류행동학자인 컬럼 브라운과 케빈 랠런드는 비디오를 이용하여 성어成魚들이 먹이를 사냥하는 장면을 보여줌으로써, 부화장에서 기른 순진한 치어들에게 '살아있는 먹잇감을 사냥하는 방법'을 교육시키는 데 성공했다. 그러나 양식장을 가득 채운 물고기들에게 단체교육을 시키는 것이 경제적·현실적으로 타당한지는 의문이다.

---

* 틸라피아(미국에서 가장 많이 양식되는 물고기)를 양식하는 니카라과 호수의 한 농장에서 배출되는 폐수가 370만 마리의 닭을 사육하는 양계장에서 배출되는 폐수와 동일한 영향을 미친다.

연구시설 방문

나는 물고기 양식의 실태를 직접 확인하기 위해 웨스트버지니아 주 셰퍼즈타운 근처에 있는 민물생태연구소를 방문했다. 포토맥 강 분수령의 숲속에 자리 잡은 조그만 물고기 양식 연구소였다. 나를 맞이한 연구원은 크리스 굿으로, 30대 중반의 키 크고 쾌활한 사람이었다. 크리스는 캐나다 구엘프 대학교 수의학과에서 수의학 박사학위를 받은 후 연구소에 취직하여 물고기의 역학疫學을 집중적으로 연구하고 있었다.

민물생태연구소의 목표는 다양한 방법으로 물고기 양식의 지속 가능성을 향상시키는 것이었는데, 연구하는 주제 중에는 양식 물고기의 복지를 향상시키는 방법도 포함되어 있었다. 연구소에 설치된 연구용 양식장은 전형적인 상업용 양식장보다 규모가 작았다. 크리스는 나를 큰 창고로 안내했는데, 거기에는 10여 개의 원통형 탱크가 설치되어 있어 마치 맥주공장에 들어간 듯한 기분이 들었다. 창고가 너무 시끄러웠던 탓에 우리는 의사소통을 위해 언성을 높여야 했다. 가장 큰 탱크는 너비 9미터 깊이 2.5미터로, 30센티미터짜리 2년생 연어가 약 4~5천 마리 들어 있었다. 둥근 창을 통해 들여다보니 녹갈색 물고기들이 태평스럽게 원을 그리며 유영하고 있었다. 은빛 비늘들이 가끔씩 희미한 빛을 반사하여 눈을 찡그리게 했다.

자동화된 사료공급기가 정해진 스케줄에 따라 한두 시간마다 사료 알갱이를 공급했고, 창고 벽에는 사료 포대가 쌓여 있었다. 포대에 적힌 성분 목록을 읽어보니, 가금류 기름, 물고기 기름, 식물성 기름,

글루텐이 포함되어 있었다. 어떤 물고기의 기름인지는 모르겠지만, 십중팔구 멘헤이덴이었으리라. 크리스는 포대 하나를 열어 내용물을 보여줬다. 직경 5밀리미터짜리 포도주색 알갱이로 고양이 사료를 연상케 했다. 하나를 맛봤더니, 식감은 단단한 통밀 크래커와 비슷하지만 기름 냄새가 약간 나며 짭짤했다.

다음으로 우리는 새끼 연어 수백 마리가 들어 있는 탱크를 둘러봤는데, 한 마리의 크기는 1~2인치였다. 우리는 턱의 기형, 질병(설사), 연구소의 조직과 연구규칙 등에 대해 이야기를 나눴다. 마지막으로 방문한 곳은 물고기 도살장이었다. 도살 직전에는 연어를 7일간 굶기는데, 그 이유는 이취異臭(특정한 양식 시스템 하에서 물고기의 근육조직에 축적되는 냄새로 소비자에게 거부감을 줄 수 있다)를 제거하기 위해서라고 했다. 또한 알을 생산하는 데 사용되는 친어broodfish의 경우 알의 품질을 향상시킨다는 명목으로 7~8개월간 굶기는데, 크리스 자신은 동물복지의 관점에서 그 규칙에 반대한다고 했다.

크리스는 보관용 탱크를 보여줬는데, 그곳은 연어가 최후를 맞이하기 직전에 머무르는 곳이었다. 길이 2.5미터짜리 스테인레스강 탱크로 중간 부분부터 좁아져서 끝부분은 깔때기 모양이 된다. 깔때기 위에는 공압空壓장치가 설치되어 있어, 연어를 깔때기로 밀어 넣을 때 머리에 충격을 준다. 그와 동시에 날카로운 칼날이 양 옆에서 아가미를 썰어내고 피를 빼낸다. 크리스에 따르면 도살장치는 매우 효율적이라고 한다. 연어가 깔때기에 진입하는 방향이 틀렸거나 거꾸로 들어가는 바람에 죽지 않았을 경우, 공압충격기 위에 대기하고 있던 근로자가 곤봉으로 연어의 머리를 강타한다고 한다. 연구용 양식장에서는 도살

공정이 느리고 차분하게 진행되지만, 대규모 산업 환경에서는 이야기
가 달라질 수 있다고 크리스는 말한다.

비명횡사하는 물고기들

상업적으로 사용되는 물고기 충격기는 최첨단 기술의 총아로서,
어느 정도 존엄사를 보장할 수 있다. 하지만 우리의 식탁에 오르기 위
해 대량으로 살해되는 물고기들은 대부분 끔찍한 방식으로 몰살당한
다. 바다에서 한 번 걸어 올린 건착망에는 청어의 경우 50만 마리, 그
보다 덩치가 큰 칠레산 전갱이는 10만 마리가 들어 있다. 이런 식으로
잡힌 물고기들은 그물을 바짝 죄어 갑판으로 끌어올리는 동안 수천 마
리의 몸무게에 눌려 으스러지기 일쑤다. 어떤 때는 잠수형 펌프가 건
착망 밑으로 들어가 (마치 진공청소기처럼) 물고기들을 빨아들인 다음
탈수기를 통해 갑판 밑의 영안실(어창魚艙)에 저장한다. 설사 이 과정에
서 용케 살아남은 물고기들이라 할지라도, 아가미를 헛되이 여닫으며
가쁜 숨을 쉬다가 산소 부족으로 유명을 달리하기 마련이다.

주낙에 걸려든 물고기들은 몇 시간(때로는 며칠) 동안 뾰족한 낚
싯바늘에 꿰여 고통을 받는다. 이후 1~2킬로미터 이상 질질 끌려가다
가 결국 어선의 갑판에 오르는데, 그동안 죽지 않은 물고기들은 갑판
위에서 질식사하게 된다. 그뿐만 아니라 억세게 운이 없는 물고기들은
인근에 널브러져 있는 포식자들에게 물어뜯기기까지 한다.

심해에 사는 물고기들은 또 다른 위험에 직면한다. 바로 감압減壓이
다. 감압이 물고기들을 황폐화시키는 이유는 물고기가 수면으로 올라

갈 때 가스로 가득 찬 부레가 팽창하고, 팽창한 부레는 이웃의 장기들을 압박하여 망가뜨릴 수 있기 때문이다. 1964년부터 2011년 사이에 발표된 논문 10여 편에 따르면 상업용 · 여가용 낚시에서 감압으로 인해 치명적 손상을 입는 물고기들이 부지기수이며, 그 사인死因도 다양하다고 한다. 내가 병명을 열거하면, 독자들은 구역질이 날지도 모르겠다. 식도정맥류, 안구돌출증, 동맥색전증, 신장색전증, 출혈, 창자꼬임, (부레 주변에 있는) 장기 손상 및 전위, 총배설강탈출증(치질의 물고기 버전).

　　양식장에서 자란 물고기들은 감압, 으스러짐, (주낙의) 낚싯바늘에 희생되지는 않지만, 그렇다고 해서 운이 좋다고 말할 수는 없다. 2002년 발표된 논문에 의하면, 양식 물고기들이 도살 과정에서 (날카로운 칼로 아가미를 썰어낼 때) 겪는 피 뽑기, 참수斬首, 소금물 또는 암모니아수에 담그기(이것은 뱀장어를 죽이는 방법인데, 독일에서는 1999년 이후 비인도적인 방법이라 하여 금지되었다), 감전感電 등으로 인한 고통이 '최고 수준'이라고 한다. 그보다는 고통이 덜하지만, '공기 중에서 질식', '얼음 속에서 질식', '이산화탄소로 인한 혼수상태', '용존산소 부족'으로 인한 고통도 여전히 '높은 수준'이라고 한다. 이상과 같은 방법들은 양식 물고기들이 감각을 상실하기도 전에 근육을 마비시킬 수 있어, 보는 이로 하여금 (고통이 아직 계속되고 있음에도 불구하고) 고통이 끝난 듯한 착각을 일으키게 된다. 얼음 속에서 죽어가는 것은 물고기의 복지와 거리가 먼데, 그 이유는 저온으로 인해 질식의 과정이 연장되기 때문이다.*

---

* 실온에서는 연어가 의식을 잃는 데 2분 30초, 그리고 모든 움직임을 멈추는 데 11분이 걸린다. 그러나 빙점에 가까운 온도에서는 의식을 잃는 데 9분 이상, 움직임을 멈추는 데 3시간 이상이 걸린다.

본의 아니게 걸려든 물고기들

  '양식 물고기를 도살하는 게 야생 물고기를 죽이는 것보다 인도
적이다'라고 말할 수 있는 근거가 하나 있다면, 그건 '양식업자는 최
소한 엉뚱한 동물을 죽이지는 않는다'는 것이다. 왜냐하면 양식업자는
목표물이 뚜렷하지만, 낚시꾼이나 어부의 경우 표적물만을 선별적으
로 잡을 수 없기 때문이다. 무슨 소리냐고? 그물이나 낚싯바늘이 특정
한 어종을 겨냥하는 건 아닐 테니 말이다. 특정한 물고기를 잡는 과정
에서 얼떨결에 곁다리로 잡히는 물고기나 동물들을 통틀어 부수어획
이라고 부른다. 상업어업에서 잡히는 부수어획에는 일곱 가지 바다거
북, 수십 가지 바닷새(이를테면 알바트로스, 부비새, 슴새, 큰부리바다오리,
바다제비), 거의 모든 종류의 돌고래와 고래, 수많은 무척추동물, 살아
있는 산호, 그리고 엄청나게 다양한 물고기들이 있다. 그런데 이들은
원하는 대상이 아니기 때문에 잡히자마자 내버려진다.

  부수어획은 흔해도 너무 흔하다. 얼마나 많은 해양생물들이 '원
치 않는 찌꺼기'로 간주되어 아무렇게나 내동댕이쳐지는지는 분명하
지 않지만, 눈이 휘둥그레질 만큼 엄청난 양이라는 것만은 분명하다.
10만 톤의 해양생물들이 갑판 위에 쌓여 있는데, 그중 대부분은 이미
죽었고, 나머지는 죽어가고 있는 장면을 상상해보라. 이 해양생물들은
어부들이 하루 동안 바다에서 거둬들인 부수어획으로, 쉽게 말해서 멋
모르고 개죽음 당하는 '선의의 피해자들'인 셈이다.

  FAO의 어업 및 물고기 양식 담당팀의 자료에 따르면, 1980년대
에 2,900만 톤이던 연간 부수어획량이 2001년에는 700만 톤으로 크게

줄어들었는데, 그 이유는 선별성이 뛰어난 어구漁具가 개발되고 부수어획을 줄이기 위한 규칙이 강화되었기 때문이라고 한다. 그러나 이러한 수치에는 기만적인 측면이 있다. 왜냐하면 부수어획이 감소된 것으로 나타난 1994년과 2005년의 추정치를 자세히 살펴보면, 측정방법이 달라 신뢰성이 떨어지기 때문이다. 또한 표적 어종들의 개체수가 감소함에 따라 어부들은 (종전에는 으레 바다에 버려왔던) 원치 않는 어종들을 챙기는 경향이 있다. 전에는 잡어雜魚로 간주되어 버려지던 저급 어종들이 이제는 인간의 식량과 동물의 사료용으로 어창에 저장되고 있는 것이다. 이에 따라 국제야생동물기금WWF이 이끄는 야생동물분석 4인조는 2009년, "부수어획의 정의를 확장하여, 비관리 어획물을 포함해야 한다"라고 제안했다. 비관리 어획물이란 '표적 어종이 아님에도 불구하고 지속가능한 관리계획 없이 저장하는 동물들'을 말한다. 부수어획의 개념을 이런 식으로 확장하면, 오늘날 전 세계 어획물 중 최대 40퍼센트가 부수어획물로 분류될 것이다.

일부 어선들은 다른 어선들보다 오지랖이 넓은 경향이 있는데, 부수어획 비율이 가장 높기로 악명 높은 것은 새우잡이 어선들이다. 새우들은 해저에 서식하는 경향이 있어서, 잡으려면 앞에서 언급한 트롤(저인망)을 이용해야 한다. 그러다 보니 새우잡이 어선들의 '부수입'은 엄청나다. 미국 동남부의 새우 어장에서 잡히는 물고기와 새우의 중량 비율은 1:1에서 3:1로 알려져 있으며, 전반적으로 볼 때 미국의 트롤어선들이 부수어획물로 잡아들인 어종의 수는 105종으로 추산된다.

부수어획의 사촌뻘로 서서히 퍼져나가는 악동이 하나 더 있다. 세계동물보호기구가 최근 분석한 바에 따르면, "어선단漁船團들이 (이루 말할 수 없는) 엄청난 길이의 합성섬유 유자망流刺網이나 저층자망底層刺網들을 잃거나 고의로 포기함으로써 유기된 어구의 양이 약 64만 톤에 달한 다"고 한다. 이처럼 보이지 않는 위험요소들을 유령그물이라고 부르는데, 탐욕스러운 인간의 손을 벗어나 망망대해를 유유히 떠다니면서 동물들을 옭아맨다. 유령그물에 주로 희생되는 동물들로는 돌고래, 바다표범, 바닷새, 바다거북이 있는데, 이들의 사체가 다른 해상 동물들에게 미끼로 작용해 그중 일부가 유령그물에 걸려들게 된다.

우리는 부수어획이나 유령그물과 같은 낭패를 해결하기 위해 조치를 취하고 있을까? 물론이다. 게다가 약간의 진전이 있었다. 1972년 해양포유동물 보호법이 통과되면서 매년 참치 어장에서 얼떨결에 잡혀죽던 돌고래들이 약 50만 마리에서 2만 마리로 줄어들었으며, 상황은 점점 더 호전되어 1990대 중반에는 연간 3,000마리 수준으로 감소했다. 그럼에도 불구하고 돌고래의 개체수는 회복되지 않고 있으며, 이는 한 어장에만 국한된 일이 아니다. 전 세계의 어장에서 매년 30만 마리의 소형 고래, 돌고래, 쥐돌고래들이 어망에 걸려들어 사망하고 있다. 소형 고래목cetacean 동물들의 사망원인 중 1위는 바로 어부들이 다른 물고기들을 잡기 위해 펼쳐놓은 어망에 걸려드는 것이다.

바닷새의 경우에도 상황은 마찬가지다. 주낙에 주렁주렁 매달린 낚싯바늘과 트롤어선의 끌줄은 매년 10만 마리에 달하는 알바트로스와 바다제비의 목숨을 앗아간다. 2008년 영국의 '알바트로스태스크포스'라는 자선단체가 남아프리카 해안에서 예비실험을 해본 결과 주낙과 끌줄에 가느다란 핑크빛 천 조각을 달아놓으면 펄럭이는 천 조각이 허수아비와 같은 역할을 해 바닷새의 희생을 85퍼센트나 줄일 수 있었다고 한다. 게다가 재사용이 가능한 천 조각을 사용할 경우, 이로 인한 추가비용은 어선 한 척당 22달러에 불과하다고 한다. 현재 〈바닷새 보호를 위한 다자간협정〉을 통해 어업 전반에 다양한 '새 쫓는 기구'들을 사용하도록 하고 있다. 그러나 국제자연보존연맹에 따르면 알바트로스의 피해는 여전하여, 총 22종 중 17개 종이 '취약종', '위기종', '위급종'으로 분류되고 있으며, 나머지 7개 종은 '준위협종'으로 분류되고 있다고 한다.

샥스핀의 비밀

해양동물을 개죽음으로 모는 것은 또 있다. 구글에서 상어 피닝 shark finning을 검색해보라. 상어 피닝이란 상어를 잡아 지느러미와 꼬리만 잘라낸 다음 몸통을 바다에 던져버리는 행위를 말한다. 이렇게 얻은 상어의 지느러미와 꼬리는 샥스핀 수프에 사용되는데, 중국을 비롯한 아시아 국가들에서 최고급 요리로 각광받고 있다.

상어 피닝은 수익성이 높은 만큼이나 극악무도한 간계奸計다. 미끄러운 갑판 위에서 날카로운 이빨을 가진 대형 근육질 동물을 다루는 것도 위험천만한 작업이지만, 죽인다는 건 위험부담이 더 크다. 따라서 속도와 효율을 위해 어부들은 상어의 지느러미만 잽싸게 도려낸 후, 아직 살아있는 상어를 바다에 내던진다. 지느러미와 꼬리가 없는 상어는 헤엄을 칠 수 없기 때문에 목숨만 붙어 있을 뿐 통나무나 마찬가지다. 이로 인해 상어들은 심연으로 가라앉으며, 출혈과 질식, 그리고 수압 등 온갖 고통을 겪으며 서서히 사망하게 된다.

워싱턴 D.C.의 국제인도주의협회에서 활동하는 아이리스 호는 상어 지느러미 거래를 종식시키려고 애쓰는 핵심 그룹의 일원으로, 점차 세를 불려가고 있다. 타이완에서 성장한 아이리스 호는 동물보호 활동에 투신하기 며칠 전부터 샥스핀 수프를 직접 먹어봤다. 샥스핀은 몇 세기 동안 황제들을 위한 희귀 사치품이었으며, 1960년대 들어 어획기술이 발달함에 따라 소비층이 확대되었다. 2011년에는 매년 2,600만~7,300만 마리의 상어들이 지느러미 채취를 위해 도살되었다.

인터넷을 통해 정보가 신속하게 확산되는 시대를 맞아 동물과 바다를 옹호하는 목소리가 높아지자, '상어 피닝 종식'이 주요 이슈로 부상했다. 와일드에이드WildAid라는 자선단체가 성룡, 데이비드 베컴, 야오밍과 같은 유명인사들을 내세워 캠페인을 추진했다. 중국 동포들에게 신망이 높은 농구스타 야오밍은 공익광고에 출연해, 음식점 종업원이 가져온 샥스핀 수프를 물리치며 "여러분도 이렇게 하세요"라고 촉구했다. 한편 국제인도주의협회는 와일드에이드처럼 야단스럽지는 않았지만, 못지않은 효과가 있는 지역사회 캠페인에 치중했다. 두 단체의 노력으로 상어 피닝 종식 운동에 가속도가 붙어, 중국의 학생들이 지역사회의 경각심을 높이는 프로젝트를 시작했다. 한 대도시에 있는 월마트 점포에서는 대형 TV 화면으로 상어에 관한 영화를 보여주며, 샥스핀 불매운동을 후원했다. 중국 정부는 과소비 억제정책의 일환으로, 공식 만찬에서 샥스핀 수프를 일절 금지한다고 발표했다.

이상과 같은 캠페인은 효과가 있었다. 와일드에이드가 실시한 여론조사에서 조사 대상 중국인의 85퍼센트가 과거 3년 동안 샥스핀 수프를 먹거나 제공하지 않았다고 응답했다. 2014년 말 현재, 광저우에서 샥스핀 판매량이 82퍼센트 감소하자, 샥스핀 거래의 중심지인 홍콩에서 샥스핀의 도매가격과 소매가격이 각각 47퍼센트와 57퍼센트 하락했다. 수십 개 항공사에서 샥스핀 선적을 중단했고, 일류호텔 식당가의 메뉴에서는 샥스핀 요리가 자취를 감췄다.

지금으로부터 4억 5천만 년 전 상어의 조상이 지구상에 처음으로 등장한 이후, 상어를 가장 괴롭혔던 것으로 악명 높은 샥스핀 요리가 영원히 퇴출될지는 두고 볼 일이다. 그러나 상어를 괴롭히는 건 샥스핀만이 아니다. 2000년 이후 상어고기의 거래량이 42퍼센트 증가하여, 현재 12만 톤을 훌쩍 넘어서고 있으니 말이다. 바다에서는 상어 피닝이 금지되었지만, 미국은 2011년에 약 40톤의 샥스핀을 수출했다.

전 세계에서 상어의 공격을 받아 죽은 사람은 매년 5~15명인 데 반해, 어부들이 죽이는 상어의 수는 매년 3,000만~4,000만 마리다. 우리는 상어를 '공포의 킬러'라고 여기지만, '상어가 죽이는 인간'이 '인간이 죽이는 상어'의 500만 분의 1에 불과하다는 건 얼마나 아이러니한 일인가! 진정한 킬러는 상어가 아니라 인간이다.

낚시는 이제 그만

상업어업, 물고기 양식, 부수어획, 상어 피닝은 모두 돈벌이를 위한 고기잡이 방법이다. 이번에는 여가용 낚시(또는 스포츠 낚시라고도 한다)가 물고기에게 미치는 영향을 생각해보자. 미국 어류·야생동물 관리국에 따르면 여가용 낚시는 미국에서 가장 인기 있는 야외활동 중 하나로, 16세 이상의 미국인 중 3,310만 명이 2011년에 한 번 이상 낚시를 즐겼다고 한다. 전 세계적으로 볼 때, 열 명 중 한 명 이상이 정기적으로 낚시를 즐기는 것으로 알려져 있다. 현재 미국에서 최소한 30개의 낚시 전문지가 발간되고 있는 것으로 보아 여가용 낚시가 얼마나 큰 비즈니스인지 능히 짐작할 수 있을 것이다. 2013년 미국 스포츠낚시협회가 추산한 바에 의하면, 미국의 낚시 애호가들은 장비 구입, 교통비, 숙박비, 부대비용으로 460억 달러를 지출했다고 한다.

상업어업의 지속불가능성과 잔인함에 대한 인식은 점점 더 높아지고 있는 데 반해, 여가용 낚시는 미국인의 문화에서 '무해하고 건전한 미풍양속'의 상징으로 여겨지고 있다. 드림웍스 영화제작사의 로고를 보면 톰 소여를 닮은 소년이 낚싯대를 잡고 있으며, 약품 및 실버타운 광고에 낚시 장면이 심심찮게 등장한다. 나는 약품과 실버타운이 낚시와 무슨 관계가 있는지 도대체 모르겠다.

낚시가 그렇게 미풍양속일까? 독자들의 생각은 그럴지 몰라도 물고기들의 생각은 다를 것이다. 입장을 바꿔 생각해보라. 평화롭게 여유를 즐기는 오후 시간에 난데없이 낚싯바늘에 입을 꿰여 숨 막히는 공간에 내동댕이쳐진다면 당신은 좋겠는가?

혹시 물고기의 입에서 낚싯바늘을 빼본 경험이 있는 사람이라면, 낚싯바늘 끝에 미늘이 달려 있는 이유를 잘 알 것이다. 미늘은 한 번 걸려든 물고기가 절대로 빠져나가지 못하게 하려고 고안된 것으로, 물고기의 고통을 극대화하는 장치다. 설사 낚싯바늘을 조심스럽게 제거하더라도 조그만 미늘이 물고기의 안면조직을 손상시킬 수 있으며, 강제로 빼내는 경우에는 더욱 더 그렇다. 어린 시절 잠깐 낚시를 할 때, 미숙한 손놀림으로 낚싯바늘을 빼내다 완강한 저항에 직면한 경험이 있다. 그때 물고기의 입에서 나던 수포음crackling sound이 아직도 귀에 선하다.

낚시꾼이 뭔가 낌새를 눈치 채고 낚싯줄을 냅다 당겼을 때, 물고기의 얼굴 중에서 어느 부분에 낚싯바늘이 박힐지는 아무도 모른다. 낚싯바늘이 눈알을 파고드는 건 놀랍도록 흔한 일인데, 이 점에 대해서는 내가 읽은 논문의 내용을 소개할 테니 잘 들어보기 바란다. 시냇물에 사는 연어들을 대상으로 실시한 연구 결과에 의하면, 열 마리 중 한 마리는 눈에 지속적인 손상을 입어 장기적 또는 영구적인 시력 손상을 경험한다고 한다.

오늘날 낚시꾼들은 '미늘 없는 낚싯바늘'을 사용할 수도 있는데, 이 바늘은 낚시 용품점에서 구입할 수도 있고 펜치를 이용해 만들 수도 있다. 미늘 없는 낚싯바늘은 영국에서 유래하는 것으로 보이는데, 영국에서는 낚시가 성행하는 강과 시내에서 특정 물고기들이 사라지는 것을 막기 위해 100여 년 전부터 '잡았다 놓아주기' 전통이 이어져 내려왔다. 잡았다 놓아주는 낚시를 하려면 '미늘 없는 낚싯바늘'을 이용해야만 낚싯바늘을 빼내기가 쉬울뿐더러, 낚시터를 벗어나지 않고 그 자리에서 물고기를 놓아줄 수 있다.

여가용 낚시에서 물고기의 죽음이나 부상을 초래하는 것은 낚싯바늘뿐만이 아니다. 낚시꾼들은 불쌍하게 잡힌 물고기들을 종종 함부로 대한다. 낚시꾼의 손, 뜰채, 낚싯바늘 제거 기구는 (비늘을 둘러싼) 끈끈한 보호용 점액층을 손상시켜 물고기를 질병에 취약하게 만든다. 뜰채는 심각한 지느러미 마모에서부터 비늘과 점액의 손상에 이르기까지 다양한 손상을 일으켜, 4~14퍼센트의 물고기들을 죽음으로 몰고 간다. 세균 감염도 문제다. 낚시대회에서 잡힌 큰입배스 242마리를 4

일 동안 케이지에 넣어둔 다음 관찰한 결과, 피부가 손상된 76마리 중 42마리에서 4종의 고병원성 세균이 검출되었다고 한다. 42마리 중 8 퍼센트는 현장에서 몸무게를 측정하기 전에 죽었고 25퍼센트는 관찰기간 동안 죽었는데, 이는 세균감염 중 일부가 치명적이었다는 것을 시사한다.

마지막으로, 독자들은 여가용 낚시가 물고기들에게 감압손상(상업어업에서, 심해에서 잡힌 물고기가 수면으로 부상하면서 입는 손상)을 일으키지 않는다고 생각할지도 모른다. 그러나 여가용 낚시에서 잡히는 물고기들 중 일부는 깊은 물속에 살기 때문에, 수면으로 끌려 올라오며 감압손상을 입을 수 있다. 이때 물고기 하강기를 이용하여 신속히 깊은 물로 돌려보내면, 물고기를 살릴 수 있다. 무거운 상자에 물고기를 넣어 물속에 가라앉힌 다음 로프를 이용하여 뚜껑을 열어주는 방법도 있다.

생선 섭취의 불편한 진실

상업용으로 잡았든 여가용으로 잡았든 간에 우리가 물고기를 먹는다면, 그것은 야생동물을 잡아먹는 것이다. 인간은 참치, 그루퍼, 소드피시, 고등어와 같은 대형 포식어류를 선호하므로, 어업에서는 이들을 표적으로 삼는 경향이 있다. 인류는 20세기 동안 포식어류의 바이오매스를 3분의 2 이상 줄였는데, 이 엄청난 감소는 대부분 1970년에 이후에 일어났다. 실비아 얼은 이것을 다음과 같이 표현했다. "어시장에 쏟아져 나온 물고기들을 숲에서 나온 동물들이라고 생각해보라. 이들은 바다에 사는 독수리, 올빼미, 사자, 호랑이, 눈표범, 코뿔소나 마찬가지다."

참치만큼 야생 포식자가 처해 있는 상황을 잘 대변해주는 것은 없다. 참치를 먹는다는 건 호랑이를 먹는 것과 똑같다. 호랑이와 마찬가지로 참치는 카리스마를 지닌 최고의 포식자다. 그리고 호랑이와 마찬가지로 참치는 덩치도 크다. 그중에서 가장 큰 대서양산 참다랑어는 길이가 3미터, 몸무게가 700킬로그램으로 가장 큰 호랑이보다 더 크다. 우람한 근육과 (총알과 같은) 유선형 몸매를 가진 참치는 먹잇감을 기습하는 호랑이만큼 빠르기까지 하다. 먹이사슬의 최정상에 군림하는 참치는 몸집을 키우고 유지하기 위해 막대한 에너지가 필요하기 때문에 열흘마다 자기 체중만 한 무게의 동물들(이중 대부분은 물고기이고, 갑각류도 일부 포함되어 있다)을 먹어 치운다. 식료품점 선반 위에 수북이 쌓여 웃고 있는 참치 캔에도 불구하고, 상업용으로 잡히는 참치 중 대부분은 멸종위기에 처해 있다. 대서양과 태평양의 참다랑어들은 특히 위기에 처해 있어, 1960년 이후 각각 85퍼센트와 96퍼센트씩 감소한 것으로 추정된다.

멸종에 접근함으로써 발생하는 문제 중 하나는 '희소해짐에 따라 더욱 귀해지고, 이에 따라 상품가치가 더욱 증가한다'는 것이다. 오늘날 참다랑어 한 마리의 가격은 백만 달러를 호가하기도 하는데, 킬로그램당 가격으로 환산해보면 은값의 두 배에 해당한다. 그러니 상업 어업의 인센티브가 엄청날 수밖에.

우리가 물고기를 먹을 때, 우리가 먹는 건 야생동물뿐만이 아니다. 물고기의 살은 모든 식품 중에서 가장 많이 오염된 것으로 악명이

7부 물 밖으로 나온 물고기

높다. 물은 아래로 흐르기 마련이기 때문에 오폐수는 먹이사슬의 밑바닥에 있는 생물들을 향해 흘러간 다음, 먹이사슬을 거슬러 올라가며 농축을 거듭하여 농도가 높아진다. 그리하여 모든 오염물질은 최정상 포식자의 조직에 쌓이게 된다. 산업혁명 이후 개발된 화학물질 125,000개 중에서 85,000개가 물고기에서 검출되었다. 특정 집단(특히, 임신부, 수유부, 어린이)의 경우, 수은 등 유해 화학물질에 노출되는 것을 피하기 위해 특정 물고기의 섭취를 제한하도록 권고받고 있다.

『죽지 않는 법』의 저자로 인기 있는 웹사이트 뉴트리션팩트 NutritionFacts.org를 운영하는 내과의사 마이클 그레거에 따르면 "수은, 다이옥신, 신경독소, 비소, DDT, 푸트레신$_{putrescine}$, 최종당화산물$_{AGEs}$, 폴리염화비페닐$_{PCBs}$, 폴리브롬화 디페닐에테르$_{PBDEs}$ 그리고 처방약품을 가장 많이 섭취하는 원천은 물고기"라고 한다. 이러한 오염물질들의 악영향 중에는 어린이 지능 저하, 정자 수 감소, 우울증, 불안증, 스트레스, 조숙 등이 있다.

하지만 물고기 섭취의 위험은 지금까지 정책이나 행동에 반영되지 않았다. 오히려 이와는 정반대로 선진국 국민들은 최근 몇 년 동안 기름기 많은 생선을 두세 배 이상 섭취할 것을 권유받았다. 이러한 권고의 문제점은 '오메가-3 지방산의 안전한 원천(이를테면 아마씨, 호두)이 존재한다'는 점은 차지하더라도 '현재의 섭취 수준만으로도 물고기 섭취량은 이미 지속불가능한 수준'이라는 사실을 무시하고 있다는 것이다.

이것은 환경문제라기보다는 지리적 문제다. 물고기에 대한 수요 증가와 어장 붕괴라는 이중고에 시달리면서, 물고기를 사먹을 능력이 있는 선진국들(미국, 일본, EU 회원국)은 개발도상국으로부터 수입량을 늘리고 있다. 이는 개발도상국의 연안어업에 압력을 가하여 개발도상국 국민들의 중요한 단백질 섭취원을 선진국에 유출시키게 된다. 선진국 국민들은 이미 영양 과잉과 운동 부족으로 몸살을 앓고 있는데도 말이다.

자신이 살아있는 동안 어족이 급격히 감소하고 있는 것을 목격한 실비아 얼은 개인적으로 물고기를 먹지 않기로 결정했다. "스스로에게 물어보세요. 물고기는 단지 우리의 식량인가요, 아니면 좀 더 커다란 목적을 위해 존재하고 있는 건가요?"

우리가 물고기를 고의로 잡든 취미로 잡든 해양생물에게 미치는 악영향은 엄청나다. 2015년 WWF와 영국 동물협회ZSL가 공동으로 조사한 바에 따르면, 1970년과 2012년 사이에 물고기의 개체수가 절반으로 줄었으며, 특히 상업적으로 남획되는 참치, 고등어, 가다랑어의 경우 무려 75퍼센트가 감소했다고 한다.

소비자들은 어업계에서 횡행하는 잔인함과 낭비를 비난하지만 말고 자신들도 공범임을 인식해야 한다. 경제학의 기초인 수요공급의 법칙에 의하면, 수요가 공급 엔진을 가동시키는 원동력이다. 그러므로 물고기를 먹는 소비자들은 어업에 뒷돈을 대는 자금공급책인 셈이다.

혹시 물고기들에게 희소식은 없을까? 있다. 지난 4반세기 동안 동물에 대한 도덕적·생태학적 이슈가 유례없이 큰 관심을 끌었으며, 이에 따라 물고기에 대한 관심도 동반상승하고 있다. 수의학, 신학, 철학 분야의 연구자 다섯 명은 2007년에 발표한 '어류양식의 윤리'에 관한 논문에서 다음과 같이 말했다. "만약 하나의 동물이 지각력을 갖고 있다면, 마땅히 도덕적 고려의 대상에 포함되어야 한다. 우리는 '물고기가 고통을 느낀다'는 증거에 기초해, 물고기에게 선처를 베풀어야 마땅하다고 판결한다."

에필로그

> 도덕적 우주의 호_弧는 길지만, 정의를 향해 구부러져 있다.
> _마틴 루터 킹

과학적 지식은 막강한 힘을 발휘해 윤리의식을 일깨우고 혁명의 도화선이 되었다. 그리하여 식민주의와 제도화된 노예제를 종식했고, 여성의 권리를 신장했으며, 아프리카계 미국인들의 시민권을 확립했다. 이는 도덕적 혐오감에 자극받아 일어난 이성의 승리였다. 탐욕, 편협함, 편견은 불평등의 원동력이만, 과학적 지식으로 무장한 이성 앞에서 고개를 숙인다. 피부색, 종교, 성별이 차별대우나 착취의 근거가 될 수는 없기 때문이다.

그렇다면 다리의 개수가 다르거나 아가미를 보유한 것이 차별대우나 착취의 근거가 될 수 있을까? 20세기 후반 동물복지에 대한 관심이 유례없이 높아져 동물권을 옹호하는 운동이 일어날 정도였고, 이러한 경향은 21세기 들어 가속화되었다. 900만 명에 달하는 회원을 보유하고 있는 세계 최대의 동물보호단체로 전 세계에 영향력을 행사하고 있는 국제인도주의협회 미국지사에 따르면, 2004년 이후 미국에서 1,000개 이상의 동물보호법이 제정되었다고 한다. 이는 2000년 이전 미국에서 제정된 동물보호법의 수를 모두 합친 것과 맞먹는다. 1985

년에는 4개 주에서 동물학대를 중죄로 간주했지만, 2014년에는 50개 주 모두가 그와 관련된 법령을 제정했다. 2015년 7월, 미국의 치과의사가 아프리카의 기념비적 사자 세실을 밀렵했을 때 대중이 크게 분노한 것은 동물의 고통에 대한 공감대가 확산되고 있음을 보여주는 사례다. 그로부터 일주일이 채 안 되어 세실은 누구나 아는 이름이 되었고, 120만 명에 가까운 사람들이 온라인을 통해 '세실을 위해 정의를'이라는 청원서에 서명했다.

그러나 사자는 쏠배감펭lionfish보다 훨씬 더 큰 카리스마를 지니고 있다. 왜 그럴까? 우리가 물고기에 대해 편견을 갖고 있는 주된 이유는 물고기들의 행동거지에서 감정을 이입할 만한 실마리를 찾기가 어렵기 때문이라고 생각된다. 우리의 감정선을 건드리는 자극이 없다 보니, 물고기의 고통에 무덤덤하게 되는 것이다. 조너선 사프란 포어는 『동물을 먹는다는 것에 대하여』에서 물고기를 이렇게 묘사했다. "물고기는 늘 별종이다. 조용하고 무표정하고 다리가 없으며, 그저 멀뚱멀뚱하게 바라보기만 한다." 낚싯바늘에 꿰여 물 밖으로 끌려나올 때 비명을 지르지도 않고 눈물도 흘리지 않는다. 항상 휘둥그렇게 뜨고 있는 눈은 물고기들이 아무것도 느끼지 않을 거라는 오해를 부풀린다. 하지만 물고기들은 물속에 잠겨 있기 때문에 눈꺼풀이 필요 없다는 점을 명심하라.

우리가 물고기에게 공감하지 못하는 결정적 이유는 '노는 물'이 서로 다르기 때문이다. 낚싯바늘에 꿰여 물 밖으로 끌려나온 물고기가 울지 않는 이유는 우리가 물속에 빠졌을 때 울지 않는 이유와 마찬가지다. 물고기는 물속에서 기능을 발휘하고, 의사소통을 하고, 자기 자신을 표현하도록 설계되었다. 사실 상당수의 물고기들이 아플 때 소리를 지르지만, 이들의 목소리는 물속을 잘 통과하도록 진화했기 때문에 우리 귀에는 좀처럼 들리지 않는다. 설사 물고기들이 뒤집기, 펄떡이기, 아가미 여닫기 등으로 고통을 호소해도 우리는 그저 단순한 반응(또는 싱싱함의 상징)으로 치부하며 대수롭지 않게 여긴다.

오늘날은 한 세기 전에 비해 물고기에 대한 지식이 많이 늘었지만, 우리는 여전히 이들의 본모습 중 극히 일부만을 알고 있을 뿐이다. 지금까지 밝혀진 3만 종 이상의 물고기 중 자세히 연구된 것은 겨우 수백 종에 불과하니 말이다. 따라서 이 책에 한 번이라도 언급된 물고기들은 물고기계의 유명인사들이라고 보면 된다. 물고기들 중에서 가장 많이 연구된 것은 제브라피시Danio rerio인데, 그 이유는 생물학계의 실험쥐로 통하기 때문이다. 지금까지 제브라피시를 이용해 발표된 논문은 25,000편에 달하며, 2015년 한 해에만 2,000여 편의 논문이 출간되었다(그러나 다른 물고기들이 제브라피시를 부러워할 필요는 없다. 왜냐하면 실험 과정에서 비인도적 대우를 받기 때문이다). 그러므로 3만 종의 물고기들을 모두 연구한다면, 어마어마한 양의 논문들이 쏟아져 나올 것이다.

7부에서 물고기가 남획되고 착취되는 방법을 집중적으로 다뤘지만, 물고기와 인간의 관계가 보편적으로 나쁜 것은 아니다. 물고기에 대한 지식이 확장됨에 따라 물고기에 대한 관심이 늘어나고 물고기의 복지에 대한 관심도 증가하고 있기 때문이다. 온라인 도서검색 사이트인 인젠타 커넥트Ingenta Connect에서 '물고기 복지'를 무심코 검색해 봤더니, 물고기의 복지를 다룬 도서가 모두 71권인데, 그중 69권은 2002년 이후 출판된 것이며, 1997년 이전에는 단 한 권도 없었다.

이 책을 쓰기 위해 지난 4년간 자료조사를 했다. 그동안 나는 정보를 제공한 사람들에게서 "물고기를 사랑하며 이들을 절대로 해치지 않겠습니다"라고 적힌 편지를 수십 통 받았다. 물고기가 사랑스러운 것은 '우리와 비슷하게 생겼기 때문'이 아니다. 물고기는 우리와 다르기 때문에 더욱 아름다우며, 존중받을 가치가 있다. 물고기들의 존재 방식이 다르다는 것은 매혹과 감탄의 원천이 될 수 있으며, 그 자체로서 보호할 가치가 있다. 인간과 물고기는 커다란 차이를 넘어서 깊은 교감을 나눌 수 있다. 예컨대 디스커스피시가 내 손끝에서 먹이를 받아먹을 때, 나는 톡톡 두드리며 부드럽게 잡아당기는 느낌을 받았다. 그루퍼 한 마리가 다이버에게 애무를 받으려고 다가왔다는 말을 들었을 때는 종간의 차이를 넘어선 교류를 실감할 수 있었다.

무엇보다도 중요한 건 물고기들이 뇌를 이용하여 생존하고 번성한다는 것이다. 이 책에서 물고기의 도덕적 지위를 높이기 위해 사용한 방법 중 하나는 지능이 아니라 의식 및 인지능력에 초점을 맞추는 것이었다. 우리는 흔히 다른 종들의 정신적 장점을 극찬할 때 지능의 중요성을 부풀리는 경향이 있는데, 이는 큰 잘못이다. 지능이란 도덕적 지위와 별로 관련이 없기 때문이다. 한번 생각해보자. 우리는 정신적으로 쇠약해진 사람을 보고, 지능이 저하되었다는 이유로 기본적인 도덕적 권리까지 부정하지 않는다. 따라서 개와 새 그리고 물고기가 지각력을 가진 게 분명하다면, 굳이 지능지수가 얼마인지까지 따져볼 필요는 없는 게 아닐까? 윤리학의 토대는 지각력(감정을 느끼고, 통증을 인식하고, 기쁨을 경험하는 능력)이기 때문이다. 도덕공동체의 구성원에게 필요한 자질은 지능이 아니라 지각력이다.

도덕의 진보는 선善이다. 뉴스의 헤드라인에 자주 언급되는 흉측한 사건에도 불구하고, 역사적으로 볼 때 인간의 폭력성은 유의하게 감소해 왔다. 미국의 심리학자 스티븐 핑커는 2011년 쓴 『우리 본성의 선한 천사』에서 이러한 경향을 설명하기 위해 일련의 문명화 과정civilization process들을 개괄했는데, 그중에는 민주국가의 지위 상승, 여성의 권한 강화, 문자해독 능력의 확산, 글로벌 공동체의 형성, 이성의 진보 등이 있다. 특히 인터넷 덕분에 오늘날에는 새로운 아이디어가 거의 실시간으로 지구의 구석구석까지 전파된다. 킥스타터Kickstarter 캠페인은 사회진보 프로젝트를 위해 획기적인 재원 마련의 길을 열었으며, 독립적인 재단들은 새로운 프로젝트를 런칭하는 데 힘을 보태고 있다. 예컨대 폴리네이션 프로젝트The Pollination Project는 새로운 풀뿌리 프로젝트에 매일 1,000달러의 자금을 제공한다.

인간이 법이라는 개념을 만든 이후 줄곧 동물은 보편적으로 인간의 법적 소유물로 규정되어 왔다. 그러나 이 같은 (인간중심적 의식에 깊이 새겨진) 기본적 패러다임조차도 변화하기 시작했다. 2000년 이후, 최소한 여덟 개 도시들이 지방자치 법령을 개정하여 동물의 법적 지위를 소유물에서 동반자로 바꿨다. 그러므로 어디에 사는지(그리고 누구와 함께 사는지)에 따라 당신은 동물의 수호자animal guardian로 공식 인정받은 600만 명의 미국인 및 캐나다인 중 한 명이 될 수 있다. 그리고 2015년 3월, 뉴욕 대법원의 판사는 (나중에 뒤집히기는 했지만) 두 마리의 침팬지에게 '불법으로 감금될 경우, 인간 변호사에게 보호받을 수 있는 권리'를 인정했다. 그 침팬지들은 실험용 동물로 스토니브룩 대학교의 우리에 오랫동안 수용되어 있었다. 비인간 권리 프로젝트에 소속된 변호사들은 다른 동물들을 위해서도 동일한 소송을 제기하려고 준비하고 있다.

물고기들도 법률, 정책, 행동을 통해 도덕공동체에서 존재가치를 인정받기 시작하고 있다. 유럽의 일부 지역에서는 쓸쓸한 어항에 금붕어를 한 마리만 기르는 것이 불법으로 되어 있다(금붕어는 본래 사회적 동물로 40년까지 살 수 있다). 2008년 4월 스위스 연방의회를 통과한 법에 따르면, 낚시꾼들은 '인도적으로 물고기를 잡는 방법'을 배우기 위해 소정의 과정을 이수해야 한다. 네덜란드 정부는 "물고기를 기절시키거나 도살하는 방법을 개선해야 한다"라는 입장을 분명히 해왔으며, 물고기 보호재단은 이를 실행에 옮기기 위해 로비활동을 벌이기 시작했다. 2013년 독일에서 제정된 법은 모든 물고기들을 도살하기 전에 마취하도록 규정하고, 낚시대회(물고기를 잡아 무게를 단 후 다시 놓아주는 대회)는 물론 살아있는 피라미를 미끼로 사용하는 관행을 금지했다. 2010년 노르웨이에서는 이산화탄소를 이용하여 물고기에게 충격을 주는 것을 금지했고, 이에 따라 80퍼센트 이상의 물고기 도살장비가 전기식이나 공압식으로 교체되었다.

이러한 법령의 밑바탕에는 열정이 깔려 있다. 물고기는 많은 사람들에게 걱정만 끼치는 게 아니라 사랑의 감정을 이끌어낸다. 이 책을 쓰기 위해 자료조사를 하는 동안, 나는 진정한 물고기 애호가들에게서 많은 편지를 받았다. 워싱턴 주 스포캔에 거주하는 대학교수는 다음과 같은 사연을 보내왔다. "저는 펄Pearl이라는 금붕어 한 마리를 길렀어요. 변기에 빠져 쓸려 내려갈 뻔한 펄을 구해주고 나서, 그녀를 무척 사랑하게 되었어요. 펄은 매일 아침 수면으로 올라와 먹이를 주는 저에게 문안인사를 했어요. 펄이 열일곱 살에 죽었을 때는 사랑하는 고양이나 개를 잃은 듯한 상실감을 느꼈어요." 플로리다 주 게인스빌에 거주하는 여성은 파란 디스커스와 교감을 나눈 사연을 소개했다. "손바닥을 동그랗게 모아 수면 바로 아래에 담그면, 그가 헤엄을 쳐서 손 안으로 들어왔어요. 그러고는 제가 손가락으로 옆구리를 건드릴 때까지 그 자리에 머물러 있었어요."

오리건 주 포틀랜드에 거주하는 여류 사업가는 망고라는 이름의 열 살짜리 파하카 복어를 소개했다.

10년 동안 망고와 함께 살았는데, 제가 퇴근하여 귀가했을 때 미친 듯이 꼬리를 흔드는 것이 반려견과 전혀 다르지 않았어요. 매우 사랑스러웠고, 저와 호흡이 잘 맞았어요. 우리는 종종 눈싸움을 하곤 했는데(첨부한 사진을 참고하세요), 승자는 늘 망고였어요. 저는 어느 물고기보다도 망고를 사랑해요. 대부분의 지인들은 망고를 보고 나서, 최면에라도 걸린 것처럼 완전히 넋을 잃어요. 망고로 인해, 사람들이 물고기를 바라보는 눈이 완전히 달라진 것 같아요.

물고기 한 마리 때문에 천리 길을 마다하지 않는 사람들도 있다. 내 친구가 바로 그런 경우인데, 그는 익명의 전화제보를 받고는 더럽고 악취가 나는 수족관으로 무조건 차를 몰았다. 그곳에는 세 마리의 대형 비단잉어가 11년째 근근이 살고 있었는데, 친구는 주인과 담판을 짓고 잉어를 인수했다. 그러고는 세 시간을 달려 잉어를 잘 관리하는 아시아계 레스토랑의 연못에 도착했다. 친구가 구조한 비단잉어들은 지금도 다른 동료들과 잘 어울리며 편안한 삶을 영위하고 있다.

이처럼 물불을 안 가리는 구조 활동은 날로 증가하는 물고기를 향한 선행 중 하나에 불과하다. 아마추어 비디오작가들의 등용문인 유튜브를 검색하면, 다이버들이 상어의 입에서 낚싯바늘을 조심스럽게 빼내거나, 만타가오리의 지느러미에 걸린 낚싯줄이나 그물을 끊어내는 장면들을 얼마든지 볼 수 있다. 또한 자원봉사자들이 해변에 표류한 물고기들을 살려주거나 양동이를 든 사람들이 말라붙은 강 속의 물고기들을 구조하여 호수로 옮기는 장면도 심심치 않게 볼 수 있다.

내 친구 중 어류학자가 한 명 있다. 친구는 퇴임한 생물학 교수로 해부학 실험과 채집여행에 싫증을 느낀 나머지, 야생 물고기를 잡아 사진을 촬영한 후 그 자리에서 놓아주는 휴대장치를 개발했다. 이 친구가 개발한 장치는 날개 돋친 듯 팔려, (포름알데히드 용액에 담겨) 박물관의 선반에 방치될 뻔한 물고기들을 백만 마리 이상 구조한 것으로 평가된다. 또 한 명의 친구는 피시필Fish Feel이라는 단체를 설립했는데, 이 단체는 북미 최초의 어류보호 단체로 물속에서 사는 우리의 사촌형제들을 보호하는 데 매진하고 있다.

이러한 징후들이 보이는 것은 매우 고무적이다. 인간의 이성이 고개를 들고, (인간을 포함한) 모든 동물들 간의 상호의존성에 대한 인식이 고조되면서, 인류는 보다 포괄적이고 계몽된 시대를 향해 나아가고 있다. '호모 사피엔스의 모든 구성원들을 존중한다'라는 기본원칙이 한때 배제되었던 다른 종들에게까지 점차 확대되어 가고 있다.

그러나 아직까지는 우리가 살리는 물고기들보다 죽이는 물고기들이 훨씬 더 많다. 이 책을 집필하고 있는 순간, 버지니아의 동해안에서 그물 하나가 찢어지면서 75,000마리의 청어 사체들이 해변을 뒤덮었다는 뉴스가 보도되었다. 입을 떡 벌린 채 썩어가는 청어 떼의 사진을 보니, '문득 물고기라는 단어가 그들의 운명과 동의어로 쓰인다'라는 생각이 들어 착잡하기만 하다. 피시Fish는 '물고기'라는 동물을 의미하는 명사인 동시에, '물고기를 잡는다'는 동사로도 사용되기 때문이다.

　마지막으로, 내가 처음 들었을 때 눈시울을 붉혔던 스토리 하나를 소개하면서 이 책을 마치고자 한다. 이야기를 전해준 여성에 따르면 자신이 세 살 때 일어났던 일로서 생애 첫 번째 기억이라고 한다. 그녀의 집에는 두세 마리의 작은 물고기들이 있었는데, 이 물고기들은 벽난로 위의 선반에 놓인 어항 속에서 살고 있었다. 나중에 안 일이지만, 부모들은 아이들의 손을 피해 집에서 가장 높은 곳에 어항을 올려놓은 것이었다. 그런데 부모님들은 평소에 늘 이렇게 타일렀다. "사람은 물에 들어갈 때 조심해야 한단다. 왜냐하면 잘못해서 물에 빠지면 숨이 막혀 죽기 때문이야." 아이는 물고기도 물속에서 살 수 없을 거라고 생각했다. 그래서 몇 주 동안 '물고기들이 어항 속에서 서서히 익사해간다'고 걱정하며, 물고기들을 구해줘야 할 의무가 있다고 생각했다.

　하루는 가족들이 단체로 여행을 떠날 때, 아이는 일부러 맨 나중에 집을 나섰다. 가족들이 모두 문밖으로 나가 집안이 텅 빈 것을 확인한 아이는 물고기 구조작전을 개시했다. 의자를 딛고 벽난로 위의 선반으로 기어 올라간 아이의 머릿속에는 온통 '물고기들을 물속의 무덤에서 꺼내줘야 한다'는 생각밖에 없었다. 죽음이 뭔지 이해하지 못했던 터라 그저 물고기가 물속에 빠지면 (마치 목욕탕에서 콧속에 물이

들어간 것처럼) 고통스러울 거라고 생각했던 것이다. 때마침 어항 옆에는 작은 그물이 하나 놓여 있었는데, 어항 속의 찌꺼기를 건져낼 때 사용하는 것이었다. 옳거니 하고 생각한 아이는 그물을 이용해 물고기를 꺼낸 다음 선반 위에 올려놓았다 그러고는 얼른 거실 바닥으로 내려와 딸을 찾으러 들어온 부모님의 손에 이끌려 문밖으로 나갔다.

그 후 물고기의 생사를 확인하지 못했지만, 집안에서는 두 번 다시 보지 못했다. 아이는 간혹 유치원의 어항에서 물고기들을 볼 때마다 자신이 어항에서 꺼내줬던 물고기들의 모습을 떠올렸다. 그러나 자신이 뭘 잘못했는지 몰랐기에 아무런 죄책감을 느끼지 않았다. 하지만 40여 년이 지난 지금 그녀는 괴로움에 시달리고 있다. 제 딴에는 누군가의 목숨을 살리려고 한 일인데, 정반대로 물고기들을 고통에 몰아넣고 목숨까지 앗았으니 말이다.

그녀의 이야기는 이 책의 주제와 일맥상통하는 면이 있다. 멋모르는 세 살배기 어린이의 '물고기도 우리처럼 숨을 쉬어야 한다'는 믿음은 물고기에 대한 우리의 집단적 무지를 대변한다. 그리고 어항 밖으로 나온 물고기들이 질식사한 것은 오늘날 물고기들이 낚시꾼과 선원들에게 당하고 있는 고통과 수모를 상징한다. (물론 아이의 의도는 순수했으며, 물고기를 식량이나 여가용으로 바라보는 오늘날의 인식과는 근본적으로 달랐다.) 비록 방향은 빗나갔지만, 어린 나이에 품었던 공감은 인간의 무한한 잠재력을 깨닫게 한다. 제대로만 알면, 인간은 세상에서 훌륭한 공동선을 얼마든지 행할 수 있다.

미주

프롤로그

9쪽. "무드의 추정치는 …"

FAO(Food and Agriculture Organization of the United Nations), *The State of World Fisheries and Aquaculture 2012* (Rome, Italy: Fisheries and Aquaculture Department, FAO, 2012).

10쪽. "어류학자 스티븐 쿡과 … 2004년 추정한 바에 의하면."

Stephen J. Cooke and Ian G. Cowx, 2004. "The Role of Recreational Fisheries in Global Fish Crises," *BioScience* 54 (2004): 857 – 59. 이 추정치는 캐나다의 여가용 낚시 통계를 전 세계 수치로 외삽外揷한 것이므로, 정확하다고 보기 힘들다.

10쪽. "상업용으로 잡힌 물고기들이 죽는 주요 이유…"

D. H. F. Robb and S. C. Kestin, "Methods Used to Kill Fish: Field Observations and Literature Reviewed," *Animal Welfare* 11, no. 3 (2002): 269 – 82.

11쪽. "어느 무명시인이 남긴 불멸의 구절…"

안토니 드 멜로(1931~1987)가 남긴 구절로 널리 알려져 있다. 드 멜로는 예수회 사제인 동시에, 청중과 독자들에게 영감을 주는 강연자이자 작가다. www.beyondpoetry.com/anthony-de-mello.html 등을 참조.

1부. 물고기에 대한 오해

제1장 물고기를 함부로 판단하지 말라

16쪽. "우리는 뿌리 찾기 여행을 멈추지 말아야 한다."

T. S. Eliot, "Little Gidding" (1942), in *Four Quartets* (New York: Harcourt Brace, 1943).

17쪽. "온라인 물고기 데이터베이스 피시베이스Fishbase에 따르면…"

Rainer Froese and Alexander Proelss, "Rebuilding Fish Stocks No Later Than 2015: Will Europe Meet the Deadline?" *Fish and Fisheries* 11, no. 2 (2010): 194 – 202.

17쪽. "우리가 '물고기'라고 부를 때…"

Colin Allen, "Fish Cognition and Consciousness," *Journal of Agricultural and Environmental Ethics* 26, no. 1 (2013): 25 – 39.

17쪽. "거의 모든 현생물고기는 … 하나에 소속된다."

Gene Helfman, Bruce B. Collette, and Douglas E. Facey, *The Diversity of Fishes* (Oxford, UK: Blackwell, 1997).

18쪽. "세 번째로 무악어류無顎魚類라는 독특한 그룹이 있는데…"

Gene Helfman and Bruce B. Collette, *Fishes: The Animal Answer Guide* (Baltimore: The Johns Hopkins University Press, 2011).

18쪽. "참치는 실제로 상어보다 인간에 더 가깝다."

Allen, "Fish Cognition and Consciousness."

19쪽. "사이 몽고메리가 … 지적한 것처럼…"

Sy Montgomery, "Deep Intellect: Inside the Mind of the Octopus," *Orion*, November/December 2011.

20쪽. "물고기의 턱은 … 생각할 수 있다."

Donald R. Prothero, *Evolution: What the Fossils Say and Why It Matters* (New York: Columbia University Press, 2007).

22쪽. "이 발견과 … 존 롱의 활약상을 소개하면서…"

이와 관련한 아텐보로의 강의는 다음을 참조. www.youtube.com/watch?v=OXqgFkeTnJI.

23쪽. "미국립해양대기청에 따르면…"

National Geographic, *Creatures of the Deep Ocean*(다큐멘터리 영화), 2010.

23쪽. "심해는 지구촌 최대의 서식지로서…"

Xabier Irigoien et al., "Large Mesopelagic Fishes Biomass and Trophic Efficiency in the Open Ocean," *Nature Communications* 5(2014): 3271.

23쪽. "그러나 이는 '얕은 생각'이다."

Tony Koslow, *The Silent Deep: The Discovery, Ecology, and Conservation of the Deep Sea* (Chicago: University of Chicago Press, 2007), 48.

23쪽. "기술의 발달은 … 능력을 부여하고 있다."

Helfman, Collette, and Facey, *Diversity of Fishes* (1997).

23쪽. "1997년에서 2007년 사이 … 물고기가 새로 발견되었다."

David Alderton, "Many Fish Identified in the Past De cade," FishChannel.com, December 24, 2008, www.fishchannel.com/fish-news/2008/12/24/mekong-fish-discoveries.aspx.

23쪽. "전문가들은 … 유지할 거라고 예상한다."

Allen, "Fish Cognition and Consciousness."

24쪽. "이 세상에서 가장 작은 물고기는…"

www.scholastic.com/browse/article.jsp?id=11044; http://en.microcosmaquariu
mexplorer.com/wiki/FishFacts-SmallestSpecies; http://unholyhours.blogspot.
com/2006/01/farewell-to-pandaka-pygmaea.html.

24쪽. "성어成魚의 길이는…"

John R. Norman and Peter H. Greenwood, A History of Fishes, 3rd rev. ed. (London: Ernest Benn Ltd., 1975).

24쪽. "1인치의 절반도 안 되는 수컷 심해아귀는…"

Tierney Thys, "For the Love of Fishes," in Oceans: The Threats to Our Seas and What You Can Do to Turn the Tide, ed. Jon Bowermaster (New York: Public Affairs, 2010), 137 – 42.

25쪽. "암컷 심해아귀의 밀도는…"

Gene Helfman, Bruce B. Collette, Douglas E. Facey, and Brian W. Bowen, The Diversity of Fishes: Biology, Evolution, and ecology, 2nd ed. (Chichester, UK: Wiley-Blackwell, 2009).

25쪽. "피터 그린우드와 … 발견되지 않았다."

Norman and Greenwood, History of Fishes.

25쪽. "1.5미터의 길이에…"

Norman and Greenwood.

25쪽. "그러나 경골어류 중에서 … 불과하다."

E. W. Gudger, "From Atom to Colossus," Natural History 38 (1936): 26 – 30.

26쪽. "독자들이 대학생 시절 … 번식할 준비가 된다."

Mark W. Saunders and Gordon A. McFarlane, "Age and Length at Maturity of the Female Spiny Dogfish, Squalus acanthias, in the Strait of Georgia, British Columbia, Canada," Environmental Biology of Fishes 38, no. 1 (1993): 49 – 57.

26쪽. "상어의 태반 구조는…"
Helfman, Collette, and Facey, *Diversity of Fishes* (1997).

26쪽. "주름상어의 임신 기간은 … 알려져 있다."
Helfman et al., 1997.

27쪽. "일단 공중으로 솟아오르면 … 아래엽을 과급기"
Norman and Greenwood, *History of Fishes*.

30쪽. "나는 '내장된 온도 조절장치를 … 도대체 모르겠다."
로드 프리스와 로마 챔벌린은 1993년에 공동으로 발간한 『동물복지와 인간의 가치』에서, "냉혈동물의 지각력이 온혈동물보다 열등하다는 통념에는 어떠한 근거도 없다"라고 말했다. 전 세계를 여행하며 야생악어를 관찰한 러시아 출신의 미국 작가 블라디미르 디네츠는 도구 사용, 협동사냥, 구애파티, 나무 오르기 등의 놀라운 재주를 발견했는데, 그의 말은 더욱 더 단호하다. "대부분의 인간들은 피가 뜨거운 광신자일 뿐이다." (블라디미르 디네츠와의 개인적 인터뷰. 2014년 3월 18일)

30쪽. "참치, 황새치, 그리고 일부 상어는…"
Helfman et al., 1997.

30쪽. "바로 수영근육의 … 포획함으로써 가능하다."
Francis G. Carey and Kenneth D. Lawson, "Temperature Regulation in Free-Swimming Bluefin Tuna," *Comparative Physiology and Biochemistry Part A: Physiology* 44, no. 2(1973): 375 – 92.

30쪽. "이와 마찬가지로 많은 상어들은 커다란 정맥을 갖고 있어서"
Nancy G. Wolf, Peter R. Swift, and Francis G. Carey, "Swimming Muscle Helps Warm the Brain of Lamnid Sharks," *Journal of Comparative Physiology* B 157 (1988): 709 – 15.

30쪽. "대형 포식성 어류인 새치류…"
Helfman et al., *Diversity of Fishes* (1997).

30~31쪽. "2015년 3월 … 빨간개복치다."
Nicholas C. Wegner et al., "Whole-Body Endothermy in a Mesopelagic Fish, the Opah, *Lampris guttatus*," *Science* 348 (2015): 786 – 89.

31쪽. "물고기에게 '원시적'이라는 … 소산이다."
Culum Brown, "Fish Intelligence, Sentience and Ethics," *Animal Cognition* 18, no. 1 (2015): 1 – 17.

33쪽. "지난 6,500만 년을 경골어류의···"
Prothero, *Evolution: What the Fossils Say*.

33~34쪽. "정지 상태에 있는 물고기가 ··· 이 때문이다."
Norman and Greenwood, *History of Fishes*.

2부. 물고기의 감각

제2장 물고기의 시각

36쪽. "이 세상에 진실은 없다. ···"
Gustave Flaubert, 출처 불명. 다음에서 인용했다. https://en.wikiquote.org/wiki/Talk:Gustave Flaubert.

37쪽. "적금赤金처럼 우아하고···"
D. H. Lawrence, "Fish" (1921), in *Birds, Beasts and Flowers*: Poems (London: Martin Secker, 1923).

39쪽. "대부분의 척추동물(인간 포함)과 ··· 회전할 수 있다."
Helfman et al., *Diversity of Fishes* (1997).

39쪽. "물고기는 고굴절 구면렌즈를 갖고 있어서···"
David McFarland, ed., *The Oxford Companion to Animal Behavior* (Oxford: Oxford university Press, 1982; reprinted., 1987).

39쪽. "해마, 베도라치, 고비, 가자미는···"
Arthur A. Myrberg Jr. and Lee A. Fuiman, "The Sensory World of Coral Reef Fishes," in *Coral Reef Fishes: Dynamics and Diversity in a Complex Ecosystem*, ed. Peter F. Sale, 123–48 (Burlington, MA: Academic Press/Elsevier, 2002); Mark Sosin and John Clark, *Through the Fish's Eye: An Angler's Guide to Gamefish Behavior* (New York: Harper and Row, 1973).

40쪽. "비록 이스라엘과 이탈리아의 과학자들로 이루어진 연구팀···"
Ofir Avni et al., "Using Dynamic Optimization for Reproducing the Chameleon Visual System," presented at the 45th IEEE Conference on Decision and Control, San Diego, CA, December 13–15, 2006.

40쪽. "강도다리starry flounder의 경우 ··· 5일밖에 안 걸리지만"
Helfman et al., *Diversity of Fishes* (2009), 138.

41쪽. "유전자 코딩의 유연함 덕분에…"

David Alderton, "New Study Unveils Mysteries of Vision in Anableps anableps, the Four-Eyed Fish," FishChannel.com, July 25, 2011, www.fishchannel.com/fish-news/2011/07/25/anableps-four-eyedfish.aspx.

42쪽. "예컨대 황새치의 경우 눈의 온도를…"

Helfman et al., *Diversity of Fishes* (1997).

42쪽. "이에 필요한 열은 … 교환을 통해 생성된다."

Kerstin A. Fritsches, Richard W. Brill, and Eric J. Warrant, "Warm Eyes Provide Superior Vision in Swordfishes," *Current Biology* 15, no. 1 (2005): 55–58.

43쪽. "물고기가 시야에 … 바로 이 때문이다."

Sosin and Clark, *Through the Fish's Eye*.

44쪽. "잔잔한 물은 굴절성도 양호하므로…"

Sosin and Clark.

44쪽. "2014년, 과학자들은 … 결론을 내렸다."

Gengo Tanaka et al., "Mineralized Rods and Cones Suggest Colour Vision in a 300 Myr–Old Fossil Fish," *Nature Communications* 5 (2014): 5920; Sumit Passary, "Scientists Discover Rods and Cones in 300-Million-Year-Old Fish Eyes. What Findings Suggest," *Tech Times*, December 24, 2014, www.techtimes.com/articles/22888/20141224/scientists-discover-rods-and-cones-in-300-million-year-old-fish-eyes-what-findings-suggest.htm.

44쪽. "대부분의 현생 경골어류는 4색각자$_{tetrachromat}$여서…"

Brown, "Fish Intelligence."

45쪽. "산호초 주변에 사는 물고기들 중 22과$_科$ 100종$_種$이…"

George S. Losey et al., "The UV Visual World of Fishes: A Review," *Journal of Fish Biology* 54, no.5 (1999): 921–43.

45쪽. "2010년 과학자들은 … 단서를 발견했다."

Ulrike E. Siebeck et al., "A Species of Reef Fish That Uses Ultraviolet Patterns for Covert Face Recognition," *Current Biology* 20, no. 5 (2010): 407–10.

46쪽. "하지만 포식자들은 자외선을 인식하지 못하므로…"

Ulrike E. Siebeck and N. Justin Marshall, "Ocular Media Transmission of Coral Reef Fish—Can Coral Reef Fish See Ultraviolet Light?" *Vision Research* 41 (2001): 133–49.

47쪽. "나는 고등학교 때 생물학 교과서를…"

Photo of flounder camouflaged on checkerboard: http://users.rcn.com/jkimball.
ma.ultranet/BiologyPages/C/Chromatophores.html.

48쪽. "물고기들은 '탐지되기'에 커다란 우선권을 두고 있어서…"

Interpretive sign at the Smithsonian National Museum of Natural History,
Washington, D.C., September 2012.

48쪽. "이러한 발광기관들은…"

Norman and Greenwood, *History of Fishes*.

49쪽. "주둥치$_{ponyfish}$의 발광 방법은 매우 독특하다."

D. J. Woodland et al., "A Synchronized Rhythmic Flashing Light Display by
Schooling 'Leiognathus Splendens' (*Leiognathidae: Perciformes*)," *Marine and Freshwater
Research* 53, no. 2 (2002): 159 – 62; Akara Sasaki et al., "Field Evidence for
Bioluminescent Signaling in the Pony Fish, Leiognathus elongatus," *Environmental
Biology of Fishes* 66 (2003): 307 – 11.

50쪽. "짝짓기를 한 발광눈금돔 커플은…"

James G. Morin et al., "Light for All Reasons: Versatility in the Behavioral Repertoire
of the Flashlight Fish," *Science* 190 (1975): 74 – 76.

50쪽. "큼직한 아래턱이 유연해서 … 이름이 붙었는데"

Stephen R. Palumbi and Anthony R. Palumbi, *The Extreme Life of the Sea* (Princeton:
Princeton university Press, 2014).

51쪽. "『알렉스와 나』라는 책에서 … 뭉클하게 했다."

Irene Pepperberg, *Alex & Me: How a Scientist and a Parrot Uncovered a Hidden World of Animal
Intelligence and Formed a Deep Bond in the Process* (New York: HarperCollins, 2008),
202.

51~52쪽. "과학자들은 레드테일 스플릿핀…"

Valeria Anna Sovrano, Liliana Albertazzi, and Orsola Rosa Salva, "The Ebbinghaus
Illusion in a Fish (*Xenotocaeiseni*)," *Animal Cognition* 18 (2015): 533 – 42.

52쪽. "뮐러-라이어$_{Muller-Lyer}$ 착시를 보여줬는데…"

V. A. Sovrano, "Perception of the Ebbinghaus and Muller-Lyer Illusion in a Fish
(*Xenotoca eiseni*)," poster presented at CogEvo 2014, the 4th Rovereto Workshop
on Cognition and Evolution, Rovereto, Italy, July 7 – 9.

53쪽. "금붕어와 백점얼룩상어도 착시현상을 경험하는 것으로 밝혀졌다."

O. R. Salva, V. A. Sovrano, and Giorgio Vallortigara, "What Can Fish Brains Tell Us About Visual Perception?" *Frontiers in Neural Circuits* 8 (2014): 119, doi:10.3389/fncir.2014 .00119.

55쪽. "심지어 머리 모양의 꼬리를 가진 물고기도 있다."

Desmond Morris, *Animal watching: A Field Guide to Animal Behavior* (London: Jonathan Cape, 1990).

제3장 청각, 후각, 미각

57쪽. "우주는 신비를 가득 품은 채 … 기다린다."

Eden Phillpotts, *A Shadow Passes* (London: Cecil Palmer and Hayward, 1918), 19. Often misattributed to W. B. Yeats or Bertrand Russell.

57쪽. "물고기는 후각기관과 미각기관이 따로 있지만…"

Helfman et al., Diversity of Fishes (1997); A. O. Kasumyan and Kjell B. Doving, "Taste Preferences in Fish," *Fish and Fisheries* 4, no. 4 (2003): 289 – 347.

57쪽. "'물고기는 조용하다'는 통념과 달리…"

Friedrich Ladich, "Sound Production and Acoustic Communication," in *The Senses of Fish: Adaptations for the Reception of Natural Stimuli*, Gerhard Von der Emde et al., eds., 210 – 30 (Dordrecht, Netherlands: Springer, 2004).

58쪽. "물고기들은 그밖에도 다양한 옵션을 갖고 있는데…"

Norman and Greenwood, *History of Fishes*.

58쪽. "허밍, 휘파람 소리, 쿵 하는 소리, 마찰음, 삐걱거리는 소리…"

Arthur A. Myrberg Jr. and M. Lugli, "Reproductive Behavior and Acoustical Interactions," in *Communication in Fishes*, Vol. 1, ed. Friedrich Ladich et al., 149 – 76 (Enfield, NH: Science Publishers, 2006).

59쪽. "물고기들의 목록이 작성되기 시작한 것은 겨우 백 년 전…"

Helfman and Collette, *Fishes: The Animal Answer Guide*.

59쪽. "칼 폰 프리슈(1886~1982)…"

Tania Munz, "The Bee Battles: Karl von Frisch, Adrian Wenner and the Honey Bee Dance Language Controversy," *Journal of the History of Biology* 38, no. 3 (2005): 535 – 70.

60쪽. "이 뼈들은 모골母骨에서 분리되어…"
Norman and Greenwood, *History of Fishes*.

60쪽. "이는 포유류의 가운뎃귀에 있는…"
Norman and Greenwood, *History of Fishes*.

60쪽. "이는 인간의 가청범위를 훨씬 웃도는데…"
David A. Mann, Zhongmin Lu, and Arthur N. Popper, "A Clupeid Fish Can Detect
Ultrasound," *Nature* 389 (1997): 341; D. A. Mann et al., "Detection of Ultrasonic
Tones and Simulated Dolphin Echolocation Clicks by a Teleost Fish, the
American Shad (*Alosa sapidissima*)," *Journal of the Acoustical Society of America* 104, no. 1
(1998): 562–68.

61쪽. "초저음파에 대한 감수성이…"
O. Sand and H. E. Karlsen, "Detection of Infrasound and Linear Acceleration in
Fishes," *Philosophical Transactions of the Royal Society of London B: Biological Sciences* 355
(2000): 1295–98.

61쪽. "미세한 유모 세포hair cell를…"
Robert D. McCauley, Jane Fewtrell, and Arthur N. Popper, "High Intensity
Anthropogenic Sound Damages Fish Ears," *The Journal of the Acoustical Society of
America* 113, no. 1 (2003): 638–42.

61쪽. "지진탐사용 에어건에서 발생한 고강도 소음은…"
Arill Engas et al., "Effects of Seismic Shooting on Local Abundance and Catch Rates
of Cod (*Gadus morhua*) and Haddock (*Melanogrammus aeglefinus*)," *Canadian Journal of
Fisheries and Aquatic Sciences* 53 (1996): 2238–49.

61쪽. "또한 이들은 소리의 방향성을 탐지하는 데…"
Stephan Reebs, *Fish Behavior in the Aquarium and in the Wild* (Ithaca, New York:
Comstock Publishing Associates/Cornell University Press, 2001).

62쪽. "보트에 앉아 있는 낚시꾼들이…"
Sosin and Clark, *Through the Fish's Eye*.

62쪽. "가나의 대서양 해안에서 활동하는…"
Sosin and Clark. 가나 어부들이 직접 물고기들의 소리를 듣는 것에 대해 쓴 에세이로
는 다음을 참조: B. Konesni, *Songs of the Lalaworlor: Musical Labor on Ghana's Fishing
Canoes*, June 14, 2008, www.worksongs.org/blog/2013/10/18/songs-of-the-
lalaworlor-musical-labor-on-ghanas-fishing-canoes.

63쪽. "마지막으로 세 번째 소리는…"

Sandie Millot, Pierre Vandewalle, and Eric Parmentier, "Sound Production in Red-Bellied Piranhas (*Pygocentrus nattereri*, Kner): An Acoustical, Behavioural and Morphofunctional Study," *Journal of Experimental Biology* 214 (2011): 3613–18.

64쪽. "하버드 대학교의 아바 체이스 박사는…"

Ava R. Chase, "Music Discriminations by Carp (*Cyprinus carpio*)," *Animal Learning and Behavior* 29, no. 4 (2001): 336–53.

65쪽. "비단잉어는 다성음악多聲音樂…"

Chase, "Music Discriminations," 352.

66쪽. "물고기가 음악의 미묘한 특징을…"

Richard R. Fay, "Perception of Spectrally and Temporally Complex Sounds by the Goldfish (*Carassius auratus*)," *Hearing Research* 89 (1995): 146–54.

66쪽. "그리스 아테네 농업대학교의 연구진은…"

Sofronios E. Papoutsoglou et al., "Common Carp (*Cyprinus carpio*) Response to Two Pieces of Music ("Eine Kleine Nachtmusik" and "Romanza") Combined with Light Intensity, Using Recirculating Water System," *Fish Physiology and Biochemistry* 36, no. 3 (2009): 539–54.

68쪽. "2015년에 실시된 메타분석에…"

Jenny Hole et al., "Music as an Aid for Postoperative Recovery in Adults: A Systematic Review and Meta-Analysis," *Lancet* 386 (2015): 1659–71.

68쪽. "잉어가 음악을 즐긴다고 장담하기는…"

Karakatsouli, personal communication, June 2015.

68쪽. "2003년 온라인으로…"

Ben Wilson, Robert S. Batty, and Lawrence M. Dill, "Pacific and Atlantic Herring Produce Burst Pulse Sounds," *Proceedings of the Royal Society of London, B: Biological Sciences* 271, supplement 3 (2004): S95–S97.

69쪽. "물고기들은 화학적 신호…"

Wilson et al., "Herring Produce Burst Pulse Sounds."

69쪽. "예컨대 큰가시고기는 냄새를…"

Nicole E. Rafferty and Janette Wenrick Boughman, "Olfactory Mate Recognition in a Sympatric Species Pair of Three-Spined Sticklebacks," *Behavioral Ecology* 17, no. 6

(2006): 965 - 70.

70쪽. "다른 척추동물의 콧구멍과…"
Norman and Greenwood, *History of Fishes.*

70쪽. "몇몇 물고기들은 콧구멍을 확대하고…"
Sosin and Clark, *Through the Fish's Eye.*

70쪽. "후각상피에서 나오는 신호는…"
Toshiaki J. Hara, "Olfaction in Fish," *Progress in Neurobiology* 5, part 4 (1975): 271 - 35.

70쪽. "홍연어는 1억분의 1로…"
Sosin and Clark, *Through the Fish's Eye.*

71쪽. "우리는 여기서 칼 폰 프리슈에게…"
Karl von Frisch, "The Sense of Hearing in Fish," *Nature* 141 (1938): 8 - 11; "Ueber einen Schreckstoff der Fischhaut und seine biologische Bedeutung," *Zeitschrift fuer vergleichende Physiologie* 29, no. 1 (1942): 46 - 145.

71쪽. "슈렉슈토프는 매우 강력한…"
Reebs, *Fish Behavior.*

71쪽. "슈렉슈토프는 아주 오래전에…"
R. Jan F. Smith, "Alarm Signals in Fishes," Reviews in *Fish Biology and Fisheries* 2 (1992): 33 - 63; Wolfgang Pfeiffer, "The Distribution of Fright Reaction and Alarm Substance Cells in Fishes," *Copeia* 1977, no. 4 (1977): 653 - 65.

72쪽. "따라서 팻헤드미노우는 노던파이크의…"
Grant E. Brown, Douglas P. Chivers, and R. Jan F. Smith, "Fathead Minnows Avoid Conspecific and Heterospecific Alarm Pheromones in the Faeces of Northern Pike," *Journal of Fish Biology* 47, no. 3 (1995): 387 - 93.; "Effects of Diet on Localized Defecation by Northern Pike, Esox lucius," *Journal of Chemical Ecology* 22, no. 3 (1996): 467 - 75.

72쪽. "이는 피라미의 예민한 후각을…"
Brown, Chivers, and Smith, "Localized Defecation by Pike: A Response to Labelling by Cyprinid Alarm Pheromone?" *Behavioral Ecology and Sociobiology* 36 (1995): 105 - 10.

72쪽. "어린 레몬상어는 아메리카악어의…"

Robert E. Hueter et al., "Sensory Biology of Elasmobranchs," in *Biology of Sharks and Their Relatives*, ed. Jeffrey C. Carrier, John A. Musick, and Michael R. Heithaus (Boca Raton, FL: CRC Press, 2004).

73쪽. "왜냐하면 상이한 포식자의 냄새를…"

Laura Jayne Roberts and Carlos Garcia de Leaniz, "Something Smells Fishy: Predator-Naive Salmon Use Diet Cues, Not Kairomones, to Recognize a Sympatric Mammalian Predator," *Animal Behaviour* 82, no. 4 (2011): 619–25.

73쪽. "1950년대에 실시된 실험에 따르면…"

W. N. Tavolga, "Visual, Chemical and Sound Stimuli as Cues in the Sex Discriminatory Behaviour of the Gobiid Fish Bathygobius soporator," *Zoologica* 41 (1956): 49–64.

73쪽. "멕시코산 암컷 쉽스헤드소드테일…"

Heidi S. Fisher and Gil G. Rosenthal, "Female Swordtail Fish Use Chemical Cues to Select Well-Fed Mates," *Animal Behaviour* 72 (2006): 721–25.

74쪽. "수컷 심해아귀는 여러 감각의…"

Theodore W. Pietsch, *Oceanic Anglerfishes: Extraordinary Diversity in the Deep Sea* (Berkeley, CA: university of California Press, 2009).

74쪽. "그런데 수컷 아귀는 콧구멍만…"

Pietsch, *Oceanic Anglerfishes*.

75쪽. "2011년 발표된, 우리의 친구…"

Gil G. Rosenthal et al., "Tactical Release of a Sexually-Selected Pheromone in a Swordtail Fish," *PLoS ONE* 6, no. 2 (2011): e16994, doi:10.1371/journal.pone.0016994.

75쪽. "물고기의 1차적인 미각기관은 맛봉오리다."

물고기들의 미각에 대한 훌륭한 글로는 다음을 참조. Kasumyan and Doving, "Taste Preferences in Fish."

76쪽. "물고기는 수프(냄새 맡고 맛보는 물질) 속에…"

McFarland, *Oxford Companion to Animal Behavior*. Sosin and Clark, *Through the Fish's Eye*.

76쪽. "예컨대 몸길이가 40센티미터에 달하는…"

Thomas E. Finger et al., "Postlarval Growth of the Peripheral Gustatory System in the Channel Catfish, *Ictalurus punctatus*," *The Journal of Comparative Neurology* 314, no. 1 (1991): 55–66.

76쪽. "동굴어$_{cavefish}$도 맛봉오리의 덕을…"
Yoshiyuki Yamamoto, "Cavefish," *Current Biology* 14, no. 22 (2004): R943.

76쪽. "메기, 철갑상어, 잉어와 같은 밑바닥 인생…"
Norman and Greenwood, *History of Fishes*.

77쪽. "스테판 립스는 두꺼비올챙이에…"
Reebs, *Fish Behavior*, 86.

제4장 그밖의 감각들—내비게이션, 전기수용, EOD, 촉각

79쪽. "하나의 육체가 기다리고 있을 때…"
Wallace Stegner, *Angle of Repose* (New York: Doubleday, 1971).

80쪽. "황새치, 파랑비늘돔, 홍연어는…"
Helfman et al., *Diversity of Fishes* (2009).

80쪽. "그러나 다른 물고기들은 추측항법$_{dead reckoning}$을…"
Victoria A. Braithwaite and Theresa Burt De Perera, "Short-Range Orientation in Fish: How Fish Map Space," *Marine and Freshwater Behaviour and Physiology* 39, no. 1 (2006): 37–47.

80쪽. "송어의 비강$_{鼻腔}$에서 세포를 채취한 후…"
Stephan H. K. Eder et al., "Magnetic Characterization of Isolated Candidate Vertebrate Magnetoreceptor Cells," *Proceedings of the National Academy of Sciences of the United States of America* 109 (2012): 12022–27.

81쪽. "그로부터 몇 년이 지난 후…"
Andrew H. Dittman and Thomas P. Quinn, "Homing in Pacific Salmon: Mechanisms and Ecological Basis," *Journal of Experimental Biology* 199 (1996): 83–91.

81쪽. "해슬러 박사가 이끄는…"
Arthur D. Hasler and Allan T. Scholz, *Olfactory Imprinting and Homing in Salmon: Investigations into the Mechanism of the Homing Process* (Berlin: Springer-Verlag, 1983).

81쪽. "연어가 시각을 내비게이션에 이용한다고…"

Hiroshi Ueda et al., "Lacustrine Sockeye Salmon Return Straight to Their Natal Area from Open Water Using Both Visual and Olfactory Cues," *Chemical Senses* 23 (1998): 207 – 12.

83쪽. "일반적으로 측선은 가늘고 어두운 선처럼…"
Norman and Greenwood, *History of Fishes*.

83쪽. "측선 덕분에 바짝 달라붙어…"
Myrberg and Fuiman, "Sensory World of Coral Reef Fishes."

84쪽. "눈먼 동굴어들이…"
T. Burt de Perera, "Fish Can Encode Order in Their Spatial Map," *Proceedings of the Royal Society B: Biological Sciences* 271 (2004): 2131 – 34, doi:10.1098/rspb.2004.2867.

84쪽. "물고기의 시각과 측선 감각은 별도로 작동한다는…"
T. Burt de Perera and V. A. Braithwaite, "Laterality in a Non-Visual Sensory Modality—The Lateral Line of Fish," *Current Biology* 15, no. 7 (2005): R241 – R242.

85쪽. "수영하는 물고기들은…"
Brian Palmer, "Special Sensors Allow Fish to Dart Away from Potential Theats at the Last Moment," *Washington Post*, November 26, 2012, www.washingtonpost.com/national/health-science/special-sensors-allow-fish-to-dart-away-from-potential-theats-at-the-last-moment/2012/11/26/574d0960-3254-11e2-bb9b-288a310849ee_story.html.

86쪽. "로렌지니 팽대부ampullae of Lorenzini라고 하는데…"
R. Douglas Fields, "The Shark's Electric Sense," *Scientific American* 297 (2007): 74 – 81.

86쪽. "로렌지니 팽대부가 전기수용 과정에서…"
R. W. Murray, "Electrical Sensitivity of the Ampullae of Lorenzini," *Nature* 187 (1960): 957, doi:10.1038/187957a0.

86쪽. "이 시스템이 어느 정도로 예민한지…"
Helfman et al., *Diversity of Fishes* (1997).

87쪽 각주. "왜냐하면 지방조직층이…"
Nelson, "Electric Fish."

88쪽. "폴리미루스는 펄스 시간의…"

Stephen Paintner and Bernd Kramer, "Electrosensory Basis for Individual Recognition in a Weakly Electric, Mormyrid Fish, *Pollimyrus adspersus* (Gunther, 1866)," *Behavioral Ecology & Sociobiology* 55 (2003): 197–08. doi:10.1007/s00265-003-0690-4.

88쪽. "EOD에는 사회적 지위…"

Nelson, "Electric Fish."

89쪽. "지배적인 개체들은 EOD를…"

Andreas Scheffel and Bernd Kramer, "Intra-and Interspecific Communication among Sympatric Mormyrids in the Upper Zambezi River," in Ladich et al., eds., *Communication in Fishes*, 733–51.

89쪽. "이때 방해 회피반응…"

Theodore H. Bullock, Robert H. Hamstra Jr., and Henning Scheich, "The Jamming Avoidance Response of High Frequency Electric Fish," *Journal of Comparative Physiology* 77, no. 1 (1972): 1–22.

89쪽. "사회생활을 하는 물고기들은…"

A. S. Feng, "Electric Organs and Electroreceptors," in *Comparative Animal Physiology*, 4th ed., ed. C. L. Prosser, 217–34 (New York: John Wiley and Sons, 1991).

90쪽. "이러한 연합전선은…"

Scheffel and Kramer, "Intra-and Interspecific Communication."

90쪽. "회색질의 상당 부분은…"

Helfman et al., *Diversity of Fishes* (1997).

90쪽. "포식자에게 먹히지 않으려는…"

Helfman et al., 1997.

92쪽. "동영상이 첨부된 이메일을 받았다."

www.youtube.com/watch?v=gWcaZs 683Lk.

92쪽. "청소부 물고기cleanerfish들은 종종…"

Redouan Bshary and Manuela Wurth, "Cleaner Fish *Labroides dimidiatus* Manipulate Client Reef Fish by Providing Tactile Stimulation," *Proceedings of the Royal Society of London B: Biological Sciences* 268 (2001): 1495–1501.

93쪽. "션 페인이라는 다이버는…"
Jennifer S. Holland, *Unlikely Friendships: 47 Remarkable Stories from the Animal Kingdom* (New York: Workman Publishing, 2011), 32.

93쪽. "안드레아 마샬에 의하면…"
Shark [nature documentary series], BBC, 2015, www.bbc.co.uk/programmes/p02n7s0d.

94쪽. "시카고에 있는 셰드 아쿠아리움에서도…"
Karen Furnweger, "Shark Week: Sharks of a Different Stripe," Shedd Aquarium Blog, August 6, 2013, www.sheddaquarium.org/blog/2013/08/Shark-Week-Sharks-of-a-Different-Stripe.

95쪽. "기생충이 제거되어 피부 자극이…"
Tierney Thys, "Swimming Heads," *Natural History* 103 (1994): 36 - 39.

3부. 물고기의 느낌

제5장 뇌, 의식, 인식

98쪽. "너의 삶은 감각의 수문水門을 통해 사방으로 통한다."
D. H. Lawrence, "Fish."

99쪽. "아가미의 빗살을 촉촉이 적신 물이 끓어오른다."
D. H. Lawrence, "Fish."

99쪽. "이 문제에 관한 설문조사 자료는 제한적이다."
Caleb T. Hasler et al., "Opinions of Fisheries Researchers, Managers, and Anglers Towards Recreational Fishing Issues: An Exploratory Analysis for North America," *American Fisheries Symposium* 75 (2011): 141 - 170.

99쪽. "그리고 2013년 437명의…"
R. Muir et al., "Attitudes Towards Catchand-Release Recreational Angling, Angling Practices and Perceptions of Pain and Welfare in Fish in New Zealand," *Animal Welfare* 22 (2013): 323 - 29.

103쪽. "한편 반대진영의 선봉에…"
James D. Rose et al., "Can Fish Really Feel Pain?" *Fish and Fisheries* 15, no. 1 (2014): 97 - 33, published online December 20, 2012, doi:10.1111/faf.12010. As this

manuscript was going to press, an article by Australian neuroscientist Brian Key titled "Why Fish Do Not Feel Pain" was published in the journal *Animal Sentience*, which generated a slew of formal commentaries (mostly rebuttals) published in the same journal, http://animalstudiesrepository.org/animsent.

104쪽. "새의 의식적 행동은 너무나 인상적이어서…"

Erich D. Jarvis et al., "Avian Brains and a New Understanding of Vertebrate Brain Evolution," *Nature Reviews Neuroscience* 6 (2005): 151 – 59.

105쪽. "포유류의 신피질에 필적하는…"

O. R. Salva, V. A. Sovrano, and G. Vallortigara, "What Can Fish Brains Tell Us About Visual Perception?" *Frontiers in Neural Circuits* 8 (2014): 119, doi:10.3389/fncir.2014.00119.

106쪽. "배스를 잡았다 놔줘도…"

Keith A. Jones, *Knowing Bass: The Scientific Approach to Catching More Fish* (Guilford, CT: Lyons Press, 2001), 244.

106쪽. "잉어와 강꼬치고기의 경우…"

J. J. Beukema, "Acquired Hook-Avoidance in the Pike *Esox lucius* L. Fished with Artificial and Natural Baits," *Journal of Fish Biology* 2, no. 2 (1970): 155 – 60; J. J. Beukema, "Angling Experiments with Carp (*Cyprinus carpio* L.) II. Decreased Catchability Through One Trial Learning," *Netherlands Journal of Zoology* 19 (1970): 81 – 92.

106쪽. "큰입배스를 대상으로 실시된…"

R. O. Anderson and M. L. Heman, "Angling as a Factor Influencing the Catchability of Largemouth Bass," *Transactions of the American Fisheries Society* 98 (1969): 317 – 20.

107쪽. "이들은 먹는 게 최우선입니다.…"

Bruce Friedrich, "Toward a New Fish Consciousness: An Interview with Dr. Culum Brown," June 23, 2014, www.thedodo.com/community/FarmSanctuary/toward-a-new-fish-consciousness-601529872.html.

108쪽. "이들의 연구 결과는 브레이스웨이트가…"

Victoria A. Braithwaite, *Do Fish Feel Pain?* (Oxford: Oxford University Press, 2010); Lynne U. Sneddon, "The Evidence for Pain in Fish: The Use of Morphine as an Analgesic," *Applied Animal Behaviour Science* 83, no. 2 (2003): 153 – 62.

108쪽. "A-델타 섬유는 부상 초기의…"

L. U. Sneddon, "Pain in Aquatic Animals." *Journal of Experimental Biology* 218 (2015): 967 – 76.

111쪽. "벌독과 식초의 자극에 대한 송어의…"

L. U. Sneddon, V. A. Braithwaite, and Michael J. Gentle, "Do Fishes Have Nociceptors? Evidence for the Evolution of a Vertebrate Sensory System," *Proceedings of the Royal Society B: Biological Sciences* 270 (2003): 1115 – 21; reported in Braithwaite, *Do Fish Feel Pain?*

111쪽. "비슷한 시기에 실시된 다른 실험에서…"

Lilia S. Chervova and Dmitri N. Lapshin, "Pain Sensitivity of Fishes and Analgesia Induced by Opioid and Nonopioid Agents," *Proceedings of the Fourth International Iran and Russia Conference* (Moscow: Moscow State University, 2004).

112쪽. "이러한 사실을 알고 있었던…"

Braithwaite, *Do Fish Feel Pain?*, 68.

113쪽. "예컨대 패러다이스피시(대만금붕어)에게…"

Vilmos Csanyi and Judit Gervai, "Behavior-Genetic Analysis of the Paradise Fish, *Macropodus opercularis*. II. Passive Avoidance Learning in Inbred Strains," *Behavior Genetics* 16, no. 5 (1986): 553 – 57.

113쪽. "132마리의 제브라피시를…"

Caio Maximino, "Modulation of Nociceptive-like Behavior in Zebrafish (*Danio rerio*) by Environmental Stressors," *Psychology and Neuroscience* 4, no. 1 (2011): 149 – 55.

113쪽. "린 스네든은 혁신적인 방법을…"

L. U. Sneddon, "Clinical Anesthesia and Analgesia in Fish," *Journal of Exotic Pet Medicine* 21, no. 1 (2012): 32 – 43; "Do Painful Sensations and Fear Exist in Fish?" In *Animal Suffering: From Science to Law: International Symposium*, ed. Thierry Auffret Van der Kemp and Martine Lachance, 93 – 112 (Toronto: Carswell, 2013).

114쪽. "노르웨이 수의과대학교의…"

Janicke Nordgreen et al., "Thermonociception in Fish: Effects of Two Different Doses of Morphine on Thermal Threshold and Post-Test Behaviour in Goldfish (*Carassius auratus*)," *Applied Animal Behaviour Science* 119 (2009): 101 – 07.

116쪽. "최근 '물고기의 전뇌前腦와 중뇌中腦가…"

AVMA Guidelines for the Euthanasia of Animals: 2013 Edition, American Veterinary Medical Association, www.avma.org/KB/Policies/Documents/euthanasia.pdf.

116쪽. "2012년 한 무리의 과학자들이…"

Philip Low et al., "The Cambridge Declaration on Consciousness," proclaimed at the Francis Crick Memorial Conference on Consciousness in Human and Non-Human Animals, Cambridge, UK, July 7, 2012.

117쪽. "선언문을 작성한 심리학자 게이 브래드쇼는…"

G. A. Bradshaw, "The Elephants Will Not Be Televised," *Psychology Today*, December 4, 2012, www.psychologytoday.com/blog/bear-in-mind/201212/the-elephants-will-not-be-televised.

117쪽. "전기충격이나 낚싯바늘과 같은…"

Rudoph H. Ehrensing and Gary F. Michell, "Similar Antagonism of Morphine Analgesia by MIF-1 and Naloxone in *Carassius auratus*," *Pharmacology Biochemistry and Behavior* 17, no. 4 (1981): 757 – 61; Beukema, "Acquired Hook-Avoidance," "Angling Experiments with Carp."

제6장 공포, 스트레스, 쾌감, 놀이, 호기심

119쪽. "물고기의 약점으로 소문난 것…"

Brian Curtis, *The Life Story of the Fish: His Manners and Morals* (New York: Harcourt Brace, 1949; repr. ed., Dover Publications, 1961).

120쪽. "이번에는 25년 전 남아프리카공화국의…"

Joan Dunayer, *Animal Equality: Language and Liberation* (Derwood, MD: Ryce Publishing, 2001). Original source cited by Dunayer: Trevor Berry quoted in Robin Brown, "Blackie Was (Fin)ished until Big Red Swam In," *Weekend Argus* (Cape Town, South Africa), August 18, 1984: 15.

122쪽. "동물의 진화사에서 감정은…"

K. P. Chandroo, I. J. H. Duncan, and R. D. Moccia, "Can Fish Suffer? Perspectives on Sentience, Pain, Fear and Stress," *Applied Animal Behaviour Science* 86 (2004): 225 – 50; C. Broglio et al., "Hallmarks of a Common Forebrain Vertebrate Plan: Specialized Pallial Areas for Spatial, Temporal and Emotional Memory in Actinopterygian Fish," *Brain Research Bulletin* 66 (2005): 277 – 81; Eleanor Boyle, "Neuroscience and Animal Sentience," March 2009, www.ciwf.org.uk/includes/documents/cmdocs/2009/b/boyle2009neuroscience_andanimalsentience.pdf.

122쪽. "뇌가 생성하는 호르몬 패턴을…"

F. A. Huntingford et al., "Current Issues in Fish Welfare," *Journal of Fish Biology* 68, no. 2 (2006): 332 – 72; S. E. Wendelaar Bonga, "The Stress Response in Fish," *Physiological Reviews* 77, no. 3 (1997): 591 – 625.

122~123쪽. "캐나다 맥마스터 대학교의 연구진은…"

Adam R. Reddon et al., "Effects of Isotocin on Social Responses in a Cooperatively Breeding Fish," *Animal Behaviour* 84 (2012): 753 – 60; "Swimming with Hormones: Researchers Unravel Ancient Urges That Drive the Social Decisions of Fish," McMaster University Press Release, October 9, 2012, www.eurekalert. org/pub_releases/2012-10/mu-swh100912.php.

123쪽. "물고기의 뇌신경을 절단하거나…"

Chandroo et al., "Can Fish Suffer?"

123쪽. "금붕어를 대상으로 한 연구에서도…"

Manuel Portavella, Blas Torres, and Cosme Salas, "Avoidance Response in Goldfish: Emotional and Temporal Involvement of Medial and Lateral Telencephalic Pallium," *Journal of Neuroscience* 24, no. 9 (2004): 2335 – 42.

124쪽. "아마도 우리가 흔히 기대하는…"

Chandroo et al., "Can Fish Suffer?"

124쪽. "그리고 당분간 섭식행위를…"

Huntingford et al., "Current Issues in Fish Welfare."

124쪽. "스웨덴 우메오 대학교의 요나탄 클라민더가 이끄는…"

Jonatan Klaminder et al., "The Conceptual Imperfection of Aquatic Risk Assessment Tests: Highlighting the Need for Tests Designed to Detect Therapeutic Effects of Pharmaceutical Contaminants," *Environmental Research Letters* 9, no. 8 (2014): 084003.

125쪽. "예컨대, 어항 한가운데에 유리벽을…"

D. P. Chivers and R. J. F. Smith, "Fathead Minnows, Pimephales promelas, Acquire Predator Recognition When Alarm Substance Is Associated with the Sight of Unfamiliar Fish," *Animal Behaviour* 48, no. 3 (1994): 597 – 605.

125쪽. "캐나다 서스캐처원 대학교의 과학자들은…"

Adam L. Crane and Maud C. O. Ferrari, "Minnows Trust Conspecifics More Than Themselves When Faced with Conflicting Information About Predation Risk," *Animal Behaviour* 100 (2015): 184 – 90.

126쪽. "쥐, 개, 원숭이 등을 대상으로…"

Eighty published studies reviewed in J. P. Balcombe, Neal D. Barnard, and Chad Sandusky, "Laboratory Routines Cause Animal Stress," *Contemporary Topics in*

Laboratory Animal Science 43, no. 6 (2004): 42 – 51.

127쪽. "막스플랑크 신경생물학연구소와…"
L. Ziv et al., "An Affective Disorder in Zebrafish with Mutation of the Glucocorticoid Receptor," *Molecular Psychiatry* 18 (2013): 681 – 91.

127쪽. "시 말해, 물고기들이 종종 긴장을…"
Chelsea Whyte, "Study: Fish Get a Fin Massage and Feel More Relaxed," *Washington Post*, November 21, 2011, www.washingtonpost.com/national/health-science/study-fish-get-a-fin-massage-and-feel-more-relaxed/2011/11/16/gIQAxoZvhNstory.html.

127~128쪽. "스페인 마드리드 소재 응용심리학연구소의…"
Marta C. Soares et al., "Tactile Stimulation Lowers Stress in Fish," *Nature Communications* 2 (2011): 534.

130쪽. "금붕어의 뇌에는 도파민을 포함하는…"
Bow Tong Lett and Virginia L. Grant, "The Hedonic Effects of Amphetamine and Pentobarbital in Goldfish," *Pharmacological Biochemistry and Behavior* 32, no. 1 (1989): 355 – 56.

131쪽. "과학자들은 오랫동안 동물의 놀이를…"
Karl Groos, *The Play of Animals* (New York: Appleton and Company, 1898).

131쪽. "버가트는 2005년, 동물의 놀이를…"
Gordon M. Burghardt, *The Genesis of Animal Play: Testing the Limits* (Cambridge, MA: The MIT Press, 2005).

131쪽. "이후 버가트는 동료 두 명과 함께…"
G. M. Burghardt, Vladimir Dinets, and James B. Murphy, "Highly Repetitive Object Play in a Cichlid Fish (*Tropheus duboisi*)," *Ethology* 121, no. 1 (2014): 38 – 44.

137쪽. "이를 이른바 공기호흡가설이라고 한다."
H. Dickson Hoese, "Jumping Mullet—The Internal Diving Bell Hypothesis," *Environmental Biology of Fishes* 13, no. 4 (1985): 309 – 14.

138쪽. "고든 버가트는 『동물의 놀이의 탄생』에서…"
Burghardt, *Genesis of Animal Play*.

4부. 물고기의 생각

제7장 지능과 학습

144쪽. "아무리 신비로운 일을 목격하더라도…"

Michael Faraday, laboratory journal entry #10,040(19 March 1849), published in *The Life and Letters of Faraday* Vol. II, edited by Henry Bence Jones (Longmans, Green and Company, 1870), 253.

145쪽. "멍청하고 재미없다고 여겨지는 동물들은…"

Vladimir Dinets, *Dragon Songs: Love and Adventure among Crocodiles, Alligators and Other Dinosaur Relations* (New York: Arcade Publishing, 2013), 317.

148쪽. "인지 지도는 인간의 길찾기에…"

Edward C. Tolman, "Cognitive Maps in Rats and Men," *The Psychological Review* 55, no. 4 (1948): 189–208.

148쪽. "고비의 능력을 증명한 사람은…"

Lester R. Aronson, "Further Studies on Orientation and Jumping Behaviour in the Gobiid Fish, *Bathygobius soporator*," *Annals of the New York Academy of Sciences* 188 (1971): 378–92.

149쪽. "그리고 최근에 실시된 연구 결과…"

G. E. White and C. Brown, "Microhabitat Use Affects Brain Size and Structure in Intertidal Gobies," *Brain, Behavior and Evolution* 85, no. 2 (2015): 107–16.

149쪽. "생물학자겸 저술가로서, 악어의 행동과 인지능력에…"

V. Dinets, post on *r/science*, the forum of *The New Reddit Journal of Science*, November 6, 2014, www.reddit.com/r/science/comments/2lgxl6.

150쪽. "캐나다 브리티시컬럼비아 대학교의…"

Tony J. Pitcher, *Foreword, Fish Cognition and Behaviour*, ed. Culum Brown, Kevin Laland, and Jens Krause (Oxford: Wiley-Blackwell, 2006).

150쪽. "1908년 미시간 대학교의 동물학 교수인…"

Jacob Reighard, "An Experimental Field-study of Warning Coloration in Coral Reef Fishes," *Papers from the Tortugas Laboratory of the Carnegie Institution of Washington*, vol. II (Washington, D.C.: Carnegie Institution, 1908): 257–325.

151쪽. "브라운은 호주 퀸즐랜드의 시냇물에서…"

Culum Brown, "Familiarity with the Test Environment Improves Escape Responses in the Crimson Spotted Rainbowfish, *Melanotaenia duboulayi*," *Animal Cognition* 4 (2001): 109-113.

153쪽. "잉어가 1년 이상 '갈고리 기피증'을…"
Beukema, "Acquired Hook-Avoidance," "Angling Experiments with Carp."

153쪽. "패러다이스피시가 포식자에게…"
Vilmos Csanyi and Antal Doka, "Learning Interactions between Prey and Predator Fish," *Marine Behaviour and Physiology* 23 (1993): 63-78.

153쪽. "내용인즉, 사육사들이 먹이(오징어, 새우)를 줄 때…"
Zoe Catchpole, "Fish with a Memory for Meals Like a Pavlov Dog," *The Telegraph*, February 2, 2008, www.telegraph.co.uk/news/earth/earthnews/3323994/Fish-with-a-memory-for-meals-like-a-Pavlov-dog.html.

153쪽. "포유류나 조류가 학습 과정에서 보여주는 묘기들 중…"
Reebs, *Fish Behavior*, 74.

153~154쪽. "만약 누군가에게 물고기에 관한 고급지식을…"
Chandroo et al., "Can Fish Suffer?"

155쪽. "예컨대 내 친구 컬럼 브라운이 이끄는 연구진은…"
Culum Brown, unpublished data; Stephan G. Reebs, "Time-Place Learning in Golden Shiners (Pisces: Cyprinidae)," *Behavioral Processes* 36, no. 3 (1996): 253-62.

155쪽. "그러자 2주도 채 지나지 않아 물고기는…"
Reebs, "Time-Place Learning"; L. M. Gomez-Laplaza and R. Gerlai, "Quantification Abilities in Angelfish (*Pterophyllum scalare*): The Influence of Continuous Variables," *Animal Cognition* 16 (2013): 373-83.

155쪽. "이와 대조적으로 쥐는 이보다…"
Larry W. Means, S. R. Ginn, M. P. Arolfo, J. D. Pence, "Breakfast in the Nook and Dinner in the Dining Room: Time-of-day Discrimination in Rats," *Behavioral Processes*, 2000, 49: 21-33.

155쪽. "정원솔새의 경우에는 이보다 약간 더 복잡한 과제…"
Herbert Biebach, Marijke Gordijn, and John R. Krebs, "Time-and-Place Learning by Garden Warblers, Sylvia borin," *Animal Behaviour* 37, part 3 (1989): 353-60.

156쪽. "야생 연어들과 달리 생존기술이 부족한…"

W. J. McNeil, "Expansion of Cultured Pacific Salmon into Marine Ecosystems," *Aquaculture* 98 (1991): 123 – 0; www.usbr.gov/uc/rm/amp/twg/mtgs/03jun30/Attach02.pdf.

156쪽. "많은 연구에 의하면, 양식장이나 축사에서…"

Andrea S. Griffi n, Daniel T. Blumstein, and Christopher S. Evans, "Training Captive-Bred or Translocated Animals to Avoid Predators," *Conservation Biology* 14 (2000): 1317 – 1326.

156쪽. "하지만 브라질 폰티피시아 가톨릭 대학교의…"

Flavia de Oliveira Mesquita and Robert John Young, "The Behavioural Responses of Nile Tilapia (*Oreochromis niloticus*) to Anti-Predator Training," *Applied Animal Behaviour Science* 106 (2007): 144 – 54.

157쪽. "1960년대 초반, 수염상어₍nurse shark₎는…"

Lester R. Aronson, Frederick R. Aronson, and Eugenie Clark, "Instrumental Conditioning and Light-Dark Discrimination in Young Nurse Sharks," *Bulletin of Marine Science* 17, no. 2 (1967): 249 – 56.

157쪽. "해양보존과학연구소의 데미안 채프먼은…"

Shark, BBC, 2015, www.bbc.co.uk/programmes/p02n7s0d.

157쪽. "이스라엘, 오스트리아, 미국의 생물학자들로 구성된…"

Michael J. Kuba, Ruth A. Byrne, and Gordon M. Burghardt, "A New Method for Studying Problem Solving and Tool Use in Stingrays (*Potamotrygon castexi*)," *Animal Cognition* 13, no. 3 (2010): 507 – 13.

158쪽. "또한 물을 도구로 사용하여…"

Benjamin B. Beck, *Animal Tool Behavior: The Use and Manufacture of Tools by Animals* (New York: Taylor and Francis, 1980).

159쪽. "심지어 불거져 나왔던 눈도…"

Lisa Davis, personal communication, September 2013.

159쪽. "긍정적 강화를 이용하여 물고기를 훈련시키면…"

www.youtube.com/watch?v=Mbz1Caiq1Ys shark Shedd Aquarium; www.youtube.com/watch?v=5k1FTrs0vno manta ray stretcher training.

161쪽. "인도 케랄라 주에 있는 세이크리드하트 칼리지의…"

K. K. Sheenaja and K. John Thomas, "Influence of Habitat Complexity on Route Learning Among Different Populations of Climbing Perch (*Anabas testudineus* Bloch, 1792)," *Marine and Freshwater Behaviour and Physiology* 44, no. 6 (2011): 349–58.

제8장 도구 사용, 계획 수립

164쪽. "지식은 왔다 가지만, 지혜는 오래 남는다."
Alfred, Lord Tennyson, "Locksley Hall," 1835.

164쪽. "이로써 UC 산타크루즈에서 진화생물학을…"
Giacomo Bernardi, "The Use of Tools by Wrasses (*Labridae*)," *Coral Reefs* 31, no. 1 (2012): 39.

166쪽. "예컨대 탈라소마 하르드비케의 경우…"
Łukasz Paśko, "Tool-like Behavior in the Sixbar Wrasse, Thalassoma hardwicke (Bennett, 1830)," *Zoo Biology* 29, no. 6 (2010): 767–73.

168쪽. "물총고기의 눈은 넓고 크며…"
Robert W. Shumaker, Kristina R. Walkup, and Benjamin B. Beck, *Animal Tool Behavior: The Use and Manufacture of Tools by Animals*, rev. and updated ed. (Baltimore: Johns Hopkins University Press, 2011).

169쪽. "그러나 다른 물고기들이 움직이는 표적을 향해…"
Stefan Schuster et al., "Animal Cognition: How Archer Fish Learn to Down Rapidly Moving Targets," *Current Biology* 16, no. 4 (2006): 378–83.

170쪽. "물총고기는 눈대중을 통해…"
Stefan Schuster et al., "Archer Fish Learn to Compensate for Complex Optical Distortions to Determine the Absolute Size of Their Aerial Prey," *Current Biology* 14, no. 17 (2004): 1565–8, doi:10.1016/j.cub.2004.08.050.

170쪽. "먼저, 연구자들은 개체들을…"
Sandie Millot et al., "Innovative Behaviour in Fish: Atlantic Cod Can Learn to Use an External Tag to Manipulate a Self-Feeder," *Animal Cognition* 17, no. 3 (2014): 779–85.

172쪽. "2014년 1월, 남아프리카공화국 림포포 주에…"
Gordon C. O'Brien et al., "First Observation of African Tigerfish *Hydrocynus vittatus* Predating on Barn Swallows Hirundo rustica in Flight," *Journal of Fish Biology* 84, no. 1 (2014): 263–66, doi:10.1111/jfb.12278.

176쪽. "초기연구에 따르면, 쉬로다 댐의…"

G. C. O'Brien et al., "A Comparative Behavioural Assessment of an Established and New Tigerfish (*Hydrocynus vittatus*) Population in Two Artificial Impoundments in the Limpopo Catchment, Southern Africa," *African Journal of Aquatic Sciences* 37, no. 3 (2012): 253 - 63.

176쪽. "이들은 1983년 강에 이주하여…"

Flora Malein, "Catfish Hunt Pigeons in France," *Tech Guru Daily*, December 10, 2012, www.tgdaily.com/general-sciences-features/67959-catfish-hunt-pigeons-in-france.

178쪽. "영장류 세 종과 청소놀래기 중에서…"

Lucie H. Salwiczek et al., "Adult Cleaner Wrasse Outperform Capuchin Monkeys, Chimpanzees and Orang utans in a Complex Foraging Task Derived from Cleaner - Client Reef Fish Cooperation," *PLoS ONE* 7 (2012): e49068. doi:10.1371/journal.pone.0049068.

179쪽. "이에 저자 중 한 명인 레두안 비샤리는…"

Alison Abbott, "Animal Behaviour: Inside the Cunning, Caring and Greedy Minds of Fish," *Nature News*, May 26, 2015.

179쪽. "연구팀은 다음과 같은 핵심 결론에…"

Salwiczek et al., "Adult Cleaner Wrasses Outperform Capuchin Monkeys," 3.

180쪽. "예컨대 침팬지는 인간보다 공간기억 능력이 뛰어나…"

Sana Inoue and Tetsuro Matsuzawa, "Working Memory of Numerals in Chimpanzees," *Current Biology* 17, no. 23 (2007): R1004 - R1005.

180쪽. "또한 침팬지들은 아르키메데스의 원리를…"

아르키메데스 원리를 이용해 문제를 해결하는 침팬지는 다음 동영상을 참조. "Insight Learning: Chimpanzee Problem Solving" at: www.youtube.com/watch?v=fPz6uvIbWZE.

181쪽. "숲속에 사는 오랑우탄은…"

Eugene Linden, *The Octopus and the Orangutan: Tales of Animal Intrigue, Intelligence and Ingenuity* (London: Plume, 2003).

182쪽. "다중지능이라는 개념이 관심을 끄는…"

Howard Gardner, *Frames of Mind: The Theory of Multiple Intelligences* (New York: Basic Books, 1983).

5부. 물고기의 사회생활

제9장 뭉쳐야 산다

185쪽. "낯선 얼굴과 언어를 가진 우리는 똘똘 뭉쳐야 한다."
C. J. Sansom, *Revelation: A Matthew Shardlake Tudor Mystery* (New York: Viking, 2009), 57.

188쪽. "이동하는 물고기의 몸에서 방출된…"
McFarland, *Oxford Companion to Animal Behavior.*

189쪽. "대서양에서 생포한 은줄멸을 분석한…"
J. K. Parrish and W. K. Kroen, "Sloughed Mucus and Drag Reduction in a School of Atlantic Silversides, Menidia menidia," *Marine Biology* 97 (1988): 165 – 69.

189쪽. "예를 들어, 친밀한 팻헤드미노우 떼는…"
D. P. Chivers, G. E. Brown, and R. J. F. Smith, "Familiarity and Shoal Cohesion in Fathead Minnows (*Pimephales promelas*): Implications for Antipredator Behavior," *Canadian Journal of Zoology* 73, no. 5 (1995): 955 – 60.

189쪽. "그러나 크라우제가 슈렉스토프라는…"
Jens Krause, "The Influence of Food Competition and Predation Risk on Size-assortative Shoaling in Juvenile Chub (*Leuciscus cephalus*)," *Ethology* 96, no. 2 (1994): 105 – 16.

190쪽. "하지만 그룹 내에서 좋은 자리를 차지해야만…"
McFarland, *Oxford Companion to Animal Behavior.*

190쪽. "까만색 몰리molly와 하얀색 몰리에게…"
Scott P. McRobert and Joshua Bradner, "The Influence of Body Coloration on Shoaling Preferences in Fish," *Animal Behaviour* 56 (1998): 611 – 15.

190쪽. "물고기 무리는 눈에 확 띄는 동료들이…"
Jens Krause and Jean-Guy J. Godin, "Influence of Parasitism on Shoal Choice in the Banded Killifish (*Fundulus diaphanus*, Teleostei: Cyprinodontidae)," *Ethology* 102, no. 1 (1996): 40 – 49.

191쪽. "이처럼 빠른 속도에도 불구하고…"
e.g., McFarland, *Oxford Companion to Animal Behavior.*

191쪽. "실험에 따르면 "킬리피시에게…""

D. J. Hoare et al., "Context-Dependent Group Size Choice in Fish," *Animal Behaviour* 67, no. 1 (2004): 155-64.

192쪽. "어류행동학 분야의 선두주자인…"

Redouan Bshary, "Machiavellian Intelligence in Fishes," in *Fish Cognition and Behaviour*, C. Brown, K. Laland, and J. Krause, eds. (Oxford: Wiley-Blackwell, 2006).

192쪽. "생물학자들은 유럽산 피라미들을…"

McFarland, *Oxford Companion to Animal Behavior*.

193쪽. "자신의 꼬라지를 아는 똑똑한 구피는…"

Joseph Stromberg, "Are Fish Far More Intelligent Than We Realize?" Last updated August 4, 2014, www.vox.com/2014/8/4/5958871/fish-intelligence-smart-research-behavior-pain.

193쪽. "더욱이 구피는 제3자적 관점에서…"

Stromberg, "Are Fish Far More Intelligent…?"

193~194쪽. "예컨대 아프리카의 민물에 사는 시클리드의 일종인…"

Logan Grosenick, Tricia S. Clement, and Russell D. Fernald, "Fish Can Infer Social Rank by Observation Alone," *Nature* 445 (2007): 429-32.

194쪽. "즉, 기존의 사냥집단에서 떨어져 나온…"

Neil B. Metcalfe and Bruce C. Thomson, "Fish Recognize and Prefer to Shoal with Poor Competitors," *Proceedings of the Royal Society of London B: Biological Sciences* 259 (1995): 207-210.

194쪽. "블루길선피시bluegill sunfish를 비롯하여 많은 물고기들도…"

Lee Alan Dugatkin and D. S. Wilson, "The Prerequisites for Strategic Behavior in Bluegill Sunfish, *Lepomis macrochirus*," *Animal Behaviour* 44 (1992): 223-30.

196쪽. ""당연하죠." 전혀 망설임 없이 대답이 나왔다.…"

Pete Brockdor, personal communication, April 12, 2014.

196쪽. "2013년 발표된 물총고기에 관한 연구 결과에…"

C. Newport, G. M. Wallis, and U. E. Siebeck, "Human Facial Recognition in Fish," European Conference on Visual Perception (ECVP) Abstracts, *Perception* 42, no. 1 suppl(2013): 160.

196쪽. "영유권을 주장하는 물고기들은 텃세가…"
Helfman and Collette, *Fishes: The Animal Answer Guide*.

197쪽. "그런데 놀랍게도 고다르는…"
Renee Godard, "Long-Term Memory of Individual Neighbours in a Migratory Songbird," *Nature* 350 (1991): 228–29.

198쪽. "트레셔는 영토를 점유한 세점박이자리돔이…"
Ronald E. Thresher, "The Role of Individual Recognition in the Territorial Behaviour of the Threespot Damselfish, *Eupomacentrus planifrons*," *Marine Behaviour and Physiology* 6, no. 2 (1979): 83–93.

200쪽. "영토분쟁을 벌이는 동안 두 마리의 수컷은…"
Roldan C. Munoz et al., "Extraordinary Aggressive Behavior from the Giant Coral Reef Fish, *Bolbometopon muricatum*, in a Remote Marine Reserve," *PLoS ONE* 7, no. 6 (2012): e38120, doi:10.1371/journal.pone.0038120.

200쪽. "즉 범프헤드패럿피시가 남획으로 인해…"
Munoz et al., "Extraordinary Aggressive Behavior."

제10장 사회계약

211쪽. "누이 좋고 매부 좋다."
Seneca ("Manus manum lavet").

212쪽. "민물에 사는 청소부 물고기로는 시클리드…"
Alexandra S. Grutter, "Cleaner Fish," *Current Biology* 20, no. 13 (2010): R547–R549.

212쪽. "여러 새우 종을 포함한…"
Grutter, "Cleaner Fish"; McFarland, *Oxford Companion to Animal Behavior*.

213쪽. "그레이트배리어리프에서 수행된 연구에 따르면…"
A. S. Grutter, "Parasite Removal Rates by the Cleaner Wrasse Labroides dimidiatus," *Marine ecology Progress Series* 130 (1996): 61–70.

213쪽. "일부 고객들은 특정 청소부를 하루 평균 144번씩…"
A. S. Grutter, "The Relationship between Cleaning Rates and Ectoparasite Loads in Coral Reef Fishes," *Marine Ecology Progress Series* 118 (1995): 51–58.

213쪽 각주. "그러터가 한 물고기(*Hemigymnus melapterus*)를 12시간 동안…"

A. S. Grutter, Jan Maree Murphy, and J. Howard Choat, "Cleaner Fish Drives Local Fish Diversity on Coral Reefs," *Current Biology* 13, no. 1 (2003): 64 - 67.

214쪽. "왜냐하면 그러터가 똑같은 장소에서…"

A. S. Grutter, "Effect of the Removal of Cleaner Fish on the Abundance and Species Composition of Reef Fish," *Oecologia* 111, no. 1 (1997): 137 - 43.

214쪽. "청소부는 가끔씩 주둥이로 지느러미와…"

McFarland, *Oxford Companion to Animal Behavior*.

215쪽. "청소부가 아가미 안에 있는…"

Desmond Morris, *Animal watching: A Field Guide to Animal Behavior* (New York: Crown Publishers, 1990).

215쪽. "끔찍한 동굴을 방불케 하는 상어의 입 속으로…"

Shark [documentary series], BBC, www.bbc.co.uk/programmes/p02n7s0d.

215쪽. "청소부들은 보통 수십 마리의 고객을…"

Sabine Tebbich, Redouan Bshary, and Alexandra S. Grutter, "Cleaner Fish *Labroides dimidiatus* Recognise Familiar Clients," *Animal Cognition* 5, no. 3 (2002): 139 - 45.

216쪽. "이와 대조적으로 고객들은…"

Tebbich et al., "Cleaner Fish *Labroides dimidiatus* Recognise…"

216쪽. "이는 벌새가 최근 꿀을 빨았던…"

Melissa Bateson, Susan D. Healy, and T. Andrew Hurly, "Context-Dependent Foraging Decisions in Rufous Hummingbirds," *Proceedings of the Royal Society of London B: Biological Sciences* 270 (2003): 1271 - 76. www.jstor.org/stable/3558811?seq=1#page_scan tab contents.

216쪽. "그렇다면 청소부 물고기들은…"

Lucie H. Salwiczek and Redouan Bshary, "Cleaner Wrasses Keep Track of the 'When' and 'What' in a Foraging Task," *Ethology* 117, no. 11 (2011): 939 - 48.

216쪽. "프랑스령 폴리네시아에서 수행된 연구 결과에…"

Jennifer Oates, Andrea Manica, and Redouan Bshary, "The Shadow of the Future Affects Cooperation in a Cleaner Fish," *Current Biology* 20, no. 11 (2010): R472 - R473.

218쪽. "청소부는 고객을 등진 상태에서…"
Bshary and Wurth, "Cleaner Fish Labroides dimidiatus Manipulate."

218쪽. "포식성 고객은 일반 고객보다…"
Bshary and Wurth.

218쪽. "따라서 산호초 주변의 청소장은…"
Karen L. Cheney, R. Bshary, A. S. Grutter, "Cleaner Fish Cause Predators to Reduce Aggression Towards Bystanders at Cleaning Stations," *Behavioural Ecology* 19, no. 5 (2008): 1063-67.

219쪽. "말하자면 특정 청소부에 대한 평판점수$_{image score}$를…"
Bshary, "Machiavellian Intelligence in Fishes."

219쪽. "정직한 청소부들은 명성을 얻는 반면…"
R. Bshary, Arun D'Souza, "Cooperation in Communication Networks: Indirect Reciprocity in Interactions Between Cleaner Fish and Client Reef Fish," in *Animal Communication Networks*, ed. Peter K. McGregor, 521-39 (Cambridge: Cambridge University Press, 2005).

219쪽. "그러나 청소부와 신뢰관계를 구축한 단골고객이…"
R. Bshary, A. S. Grutter, "Asymmetric Cheating Opportunities and Partner Control in the Cleaner Fish Mutualism," *Animal Behaviour* 63, no. 3 (2002): 547-55.

219쪽. "이러한 처벌 행위는 청소부들로…"
Bshary, "Machiavellian Intelligence in Fishes."

219~220쪽. "고객들의 왕래가 뜸한 산호초 주변의…"
Marta C. Soares et al., "Does Competition for Clients Increase Service Quality in Cleaning Gobies?" *Ethology* 114, no. 6 (2008): 625-32.

222쪽. "안드레아 비샤리와 레두안 비샤리의 실험에서…"
Andrea Bshary and Redouan Bshary, "Self-Serving Punishment of a Common Enemy Creates a Public Good in Reef Fishes," *Current Biology* 20, no. 22 (2010): 2032-35.

223쪽. "내가 틀어놓은 스피커 소리를 듣고 박쥐 떼가 몰려든 것이다."
J. P. Balcombe and M. Brock Fenton, "Eavesdropping by Bats: The Influence of Echolocation Call Design and Foraging Strategy," *Ethology* 79, no. 2 (1988): 158-66.

225쪽. "워너는 연구 장소에 서식하는 블루헤드놀래기들을…"

Robert R. Warner, "Traditionality of Mating-Site Preferences in a Coral Reef Fish," *Nature* 335 (1988): 719-21, 719.

225쪽. "청어, 그루퍼, 도미, 서전피시…"

Helfman et al., *Diversity of Fishes* (2009).

226쪽. "이들이 선택한 경로는 지름길이…"

Culum Brown and Kevin M. Laland, "Social Learning in Fishes," in *Fish Cognition and Behaviour*, 186-202.

227쪽. "수학적 모델을 분석한 결과…"

Giancarlo De Luca et al., "Fishing Out Collective Memory of Migratory Schools," *Journal of the Royal Society Interface* 11, no. 95 (2014), doi:10.1098/rsif.2014.0043.

227쪽. "대규모 포경이 금지된 후 반세기가 지나도록…"

International Whaling Commission (undated), "Status of Whales," accessed November 29, 2014, http://iwc.int/status.162 As nets and hooks were turned: www.terranature.org/orangeroughy.htm; www.eurekalert.org/pubreleases/2007-02/osu-ldf021307.php.

제11장 협동, 민주주의, 평화 유지

229쪽. "정말로 가치 있는 것은…"

Albert Einstein, *The World As I See It* (Minneapolis, MN: Filiquarian Publishing, 2005), 44.

231쪽. "예컨대 꼬치고기 무리는 나선형으로…"

Brian L. Partridge, Jonas Johansson, and John Kalish, "The Structure of Schools of Giant Bluefin Tuna in Cape Cod Bay," *Environmental Biology of Fishes* 9 (1983): 253-62.

232쪽. "게다가 협동사냥은 단독사냥보다 성공률이 높다."

Oona M. Lonnstedt, Maud C. O. Ferrari, and Douglas P. Chivers, "Lionfish Predators Use Flared Fin Displays to Initiate Cooperative Hunting," *Biology Letters* 10, no. 6 (2014), doi:10.1098/rsbl.2014.0281.

232쪽. "추격자는 먹잇감을 바위틈에서…"

Carine Strubin, Marc Steinegger, and R. Bshary, "On Group Living and Collaborative Hunting in the Yellow Saddle Goatfish (*Parupeneus cyclostomus*)," *Ethology* 117, no.

11 (2011), 961 – 69.

233쪽. "협동사냥의 성공률이 높은 이유는…"

R. Bshary et al., "Interspecific Communicative and Coordinated Hunting Between Groupers and Giant Moray Eels in the Red Sea," *PLoS Biology* 4 (2006): e431.

233쪽. "그렇다면 그루퍼와 곰치는 미래의 사건을…"

Frans B. M. de Waal, "Fishy Cooperation," *PLoS Biology* 4 (2006): e444, doi:10.1371/journal.pbio.0040444.

234쪽. "그런데 그루퍼들의 물구나무서기 신호는…",

Alexander L. Vail, Andrea Manica, and R. Bshary, "Referential Gestures in Fish Collaborative Hunting," *Nature Communications* 4 (2013): 1765, doi:10.1038/ncomms2781; Simone Pika and Thomas Bugnyar, "The Use of Referential Gestures in Ravens (*Corvus corax*) in the Wild," *Nature Communications* 2 (2011): 560.

235쪽. "둘째 날에는 유능한 협력자를 알아보고…"

A. L. Vail, A. Manica, and R. Bshary, "Fish Choose Appropriately When and with Whom to Collaborate," *Current Biology* 24, no. 17 (2014): R791 – R793, doi:10.1016/j.cub.2014.07.033.

236쪽. "그루퍼는 손이 없으니 막대기를…"

Ed Yong, "When Your Prey's in a Hole and You Don't Have a Pole, Use a Moray," http:// phenomena.nationalgeographic.com/2014/09/08/when-your-preys-in-a-hole-and-you-dont-have-a-pole-use-a-moray.

237쪽. "이처럼 고도의 민주적인 절차를 통해…"

Jon Hamilton, "In Animal Kingdom, Voting of a Different Sort Reigns," NPR Online, last updated October 25, 2012, www.npr.org/2012/10/24/163561729/in-animal-kingdom-voting-of-a-different-sort-reigns3.

237쪽. "하나는 정보를 취합하여 정족수 반응을…"

Iain D. Couzin, "Collective Cognition in Animal Groups," *Trends in Cognitive Sciences* 13, no. 1 (2009): 36 – 43; Larissa Conradt and Timothy J. Roper, "Consensus Decision Making in Animals," *Trends in ecology and Evolution* 20, no. 8 (2005): 449 – 56.

237쪽. "스웨덴, 영국, 미국, 호주의 생물학자들로 구성된…"

David J. T. Sumpter et al., "Consensus Decision Making by Fish," *Current Biology* 18

(2008): 1773 - 77.

238쪽. "따로 노는 큰가시고기들은 비적응적으로…"
Ashley J. W. Ward et al., "Quorum Decision-Making Facilitates Information Transfer in Fish Shoals," *PNAS* 105, no. 19 (2008): 6948 - 53.

238~239쪽. "이와 마찬가지로, 소규모 모기고기…"
A. J. W. Ward et al., "Fast and Accurate Decisions Through Collective Vigilance in Fish Shoals," *PNAS* 108, no. 6 (2011): 2312 - 15.

239쪽. "하지만 생존과 생식이 절대명제인 생물에게…"
이 문제에 대한 상세한 설명은 다음을 참조. Balcombe, *Second Nature: The Inner Lives of Animals* (New York: Palgrave Macmillan, 2010).

239쪽. "물고기들은 종종 힘과 정력을 의례적으로…"
John Maynard-Smith and George Price, "The Logic of Animal Conflict," *Nature* 246 (1973): 15 - 18.

240쪽. "그 밖의 과시행동으로는 머리 흔들기, 몸 비틀기…"
Reebs, *Fish Behavior*.

240쪽. "공격적으로 영유권을 주장하는 블런트헤드시클리드…"
McFarland, *Oxford Companion to Animal Behavior*.

240쪽. "수컷은 두 암컷 중 낯선 쪽에 손을 들어주며…"
Mark H. J. Nelissen, "Structure of the Dominance Hierarchy and Dominance Determining 'Group Factors' in *Melanochromis auratus* (Pisces, Cichlidae)," *Behaviour* 94 (1985): 85 - 107.

241쪽. "수컷 고비들의 경우에는 눈물 나는 '자제력 쇼'라는…"
Marian Y. L. Wong et al., "The Threat of Punishment Enforces Peaceful Cooperation and Stabilizes Queues in a Coral-Reef Fish," *Proceedings of the Royal Society of London B: Biological Sciences* 274 (2007): 1093 - 99.

241쪽. "독자들도 알다시피, 많은 동물의 경우…"
M. Y. L. Wong et al., "Fasting or Feasting in a Fish Social Hierarchy," *Current Biology* 18, no. 9 (2008): R372 - R373.

243쪽. "포르투갈 ISPA 대학교의 루이 올리베이라가 연구한 바에…"

Rui F. Oliveira, Peter K. McGregor, and Claire Latruffe, "Know Thine Enemy: Fighting Fish Gather Information from Observing Conspecific Interactions," *Proceedings of the Royal Society of London B: Biological Sciences* 265 (1998): 1045–49.

244쪽. "죠피시는 성어기의 대부분을 안전한 모래굴 밑에서…"
L. A. Rocha, R. Ross, and G. Kopp, "Opportunistic Mimicry by a Jawfish," *Coral Reefs* 31 (2011): 285, doi:10.1007/s00338-011-0855-y.

245쪽. "이들은 호수 바닥에 맥없이 모로 누워…"
Ron Harlan, "Ten Devastatingly Deceptive or Bizarre Animal Mimics," Listverse, July 20, 2013, http://listverse.com/ 2013/07/20/10-devastatingly-deceptive-or-bizarre-animal-mimics.

245쪽. "이들이 노리는 작은 물고기들은…"
McFarland, *Oxford Companion to Animal Behavior*.

245쪽. "트럼펫피시는 간혹 지나가는 작은 물고기들의…"
Morris, *Animalwatching*.

246쪽. "이번에는 항상 어두컴컴한 바닷속에…"
Pietsch, *Oceanic Anglerfishes*.

6부. 물고기의 번식

제12장 성생활

250쪽. "'사랑'이 스펠링이 어떻게 되지?"
A. A. Milne, *Winnie-the-Pooh* (New York: Puffin Books, 1992).

251쪽. "물고기의 특징은 성적 가소성과…"
T. J. Pandian, *Sexuality in Fishes* (Enfield, NH: Science Publishers, 2011).

251쪽. "엄청난 형태적 다양성에 걸맞게 … 극치를 이룬다."
James S. Diana, *Biology and Ecology of Fishes*, 2nd ed. (Traverse City, MI: Biological Sciences Press/Cooper Publishing, 2004).

252쪽. "성의 경계선을 넘나드는 물고기들도…"
Yvonne Sadovy de Mitcheson and Min Liu, "Functional Hermaphroditism in

Teleosts," *Fish and Fisheries* 9, no. 1(2008): 1 – 43.

252쪽. "예를 들어, 하나의 수컷이 여러 암컷들을…"
Robert R. Warner, "Mating Behavior and Hermaphroditism in Coral Reef Fishes," *American Scientist* 72, no. 2 (1984): 128 – 36.

253쪽. "1977년 '흰동가리의 엄격한 짝짓기 시스템'에 관한…"
Hans Fricke and Simone Fricke, "Monogamy and Sex Change by Aggressive Dominance in Coral Reef Fish," *Nature* 266 (1977): 830 – 32.

253쪽. "이런 점에서 볼 때 〈니모를 찾아서〉의 내용은…"
Helfman et al., *Diversity of Fishes* (2009), 458.

253쪽. "이러한 행동이 일어나는 과정은…"
Arimune Munakata and Makito Kobayashi, "Endocrine Control of Sexual Behavior in Teleost Fish," *General and Comparative Endocrinology* 165, no. 3 (2010): 456 – 68.

255쪽. "'누가 이런 정교한 그림을 그렸을까'라고…"
이 현상을 찍은 우카타 요지의 사진은 다음 블로그 2012년 9월 13일 포스트 참조. http://mostlyopenocean.blogspot.com.au/2012/09/a-little-fish-makes-big-sand-sculptures.html.

256쪽. "그러나 알을 낳기가 무섭게…"
Helfman et al., *Diversity of Fishes* (2009).

257쪽. "결국, 블링블링한 것을 좋아하는 동물은…"
Sara Ostlund-Nilsson and Mikael Holmlund, "The Artistic Three-Spined Stickleback (*Gasterosteus aculeatus*)," *Behavioral ecology and Sociobiology* 53, no. 4 (2003): 214 – 20.

258쪽. "이에 반해 암컷은 값비싼 난자를 보유하고…"
Lesley Evans Ogden, "Fish Faking Orgasms and Other Lies Animals Tell for Sex," *BBC Earth*, February 14, 2015, www.bbc.com/earth/story/20150214-fake-orgasms-and-other-sex-lies?ocid=fbert.

259쪽. "이것은 지금까지 시각적 기만으로…"
Norman and Greenwood, *History of Fishes*.

259쪽. "들이마신 정액은 암컷의 소화관을 신속히 통과해…"
Masanori Kohda et al., "Sperm Drinking by Female Catfishes: A Novel Mode of

Insemination," *Environmental Biology of Fishes* 42, no. 1 (1995): 1 - 6.

260쪽. "그러고는 암컷의 항문에서 청색 구름이…"
Kohda et al.

261쪽. "홍합의 알은 납줄개 치어에게 일시적으로…"
Morris, *Animalwatching.*

262쪽. "수컷들이 선택을 바꾼 이유는 뭘까? 이유는…"
Martin Plath et al., "Male Fish Deceive Competitors About Mating Preferences,"
Current Biology 18, no. 15 (2008): 1138 - 41.

263쪽. "선행연구에서도 수컷 몰리들은 경쟁자의 선호도에…"
Ingo Schlupp and Michael J. Ryan, "Male Sailfin Mollies (*Poecilia latipinna*) Copy the
Mate Choice of Other Males," *Behavioral ecology* 8, no. 1 (1997): 104 - 07.

264쪽. "고노포디움은 대부분의 경우 뒤쪽을…"
Norman and Greenwood, *History of Fishes.*

265쪽. "일부 종의 프리아피움에는…"
Lois E. TeWinkel, "The Internal Anatomy of Two Phallostethid Fishes," *Biological
Bulletin* 76, no. 1 (1939): 59 - 69.

265쪽. "해부학적으로 면밀히 분석해본 결과…"
Ralph J. Bailey, "The Osteology and Relationships of the Phallostethid Fishes,"
Journal of Morphology 59, no. 3(2005): 453 - 83.

265쪽. "여러 번 실험해본 결과 암컷은 예외 없이…"
R. Brian Langerhans, Craig A. Layman, and Thomas J. DeWitt, "Male Genital Size
Reflects a Tradeoff Between Attracting Mates and Avoiding Predators in Two
Live-Bearing Fish Species," *PNAS* 102, no. 21 (2005): 7618 - 23.

267쪽. "이들의 오디세이는 애석하게도 로미오와 줄리엣의…"
Norman and Greenwood, *History of Fishes.*

267쪽. "예를 들어 레몬필에인절피시…"
Ike Olivotto et al., "Spawning, Early Development, and First Feeding in the
Lemonpeel Angelfish *Centropyge flavissimus*," *Aquaculture* 253 (2006): 270 - 78.

268쪽. "세상에서 누군가의 짐을 가볍게…"

Charles Dickens, *Our Mutual Friend* (Oxford: Oxford University Press, 1989).

269쪽. "'연어는 생애주기를 완료하고 모천에서 알을 낳은 후 죽는다'라는 통념과 달리…"

Norman and Greenwood, *History of Fishes*.

269쪽. "그리하여 모든 물고기의 4분의 1에…"

Clive Roots, *Animal Parents* (Westport, CT: Greenwood Press, 2007); Judith E. Mank, Daniel E. L. Promislow, and John C. Avise, "Phylogenetic Perspectives in the Evolution of Parental Care in Ray-Finned Fishes," *Evolution* 59, no. 7 (2005): 1570 – 78.

269쪽. "어떤 상어들은 태반을 갖고 있으며…"

William C. Hamlett, "Evolution and Morphogenesis of the Placenta in Sharks," *Journal of Experimental Zoology* 252, Supplement S2 (1989): 35 – 52.

269쪽. "하지만 일부 물고기들의 체내에서는…"

Helfman et al., *Diversity of Fishes* (1997).

269~270쪽. "어미가 치어를 몇 주 동안 보살피면서…"

Norman and Greenwood, *History of Fishes*.

270쪽. "예컨대 새로운 펩타이드계 항생제인 피시딘스…"

Edward J. Noga and Umaporn Silphaduang, "Piscidins: A Novel Family of Peptide Antibiotics from Fish," *Drug News and Perspectives* 16, no. 2 (2003): 87 – 92.

271쪽. "세계적인 물고기 전문가인 티어니 타이스는…"

Thys, "For the Love of Fishes."

271쪽. "마지막으로, 바위 표면에 달라붙어 있는…"

Thys, personal communication, August 2015.

271쪽. "특이하게도 암컷의 배지느러미가…"

Eleanor Bell, "Gasterosteiform," *Encyclopedia Britannica*, www.britannica.com/animal/gasterosteiform.

272쪽. "어미가 알 덩어리를 전신에 두르고 나면…"
McFarland, *Oxford Companion to Animal Behavior*.

273쪽. "수컷은 꼬리를 능숙하게 놀려 알에 물을 끼얹는데…"
C. O'Neil Krekorian and D. W. Dunham, "Preliminary Observations on the Reproductive and Parental Behavior of the Spraying Characid *Copeina arnoldi* Regan," *Zeitschrift fuer Tierpsychologie* 31, no. 4 (1972): 419–37.

273~274쪽. "베도라치와 늑대장어는 썰물 때…"
Lawrence S. Blumer, "A Bibliography and Categorization of Bony Fishes Exhibiting Parental Care," *Zoological Journal of the Linnean Society* 76 (1982): 1–22.

274쪽. "이런 방법에는 이점이 있는 게…"
Helfman et al., *Diversity of Fishes* (2009).

274쪽. "4대륙을 통틀어 9과科 이상의 물고기들이…"
Clive Roots, *Animal Parents*.

276쪽. "그러다 보니 구강포란어들은 종종 굶어죽기도…"
Andrew S. Hoey, David R. Bellwood, and Adam Barnett, "To Feed or to Breed: Morphological Constraints of Mouthbrooding in Coral Reef Cardinalfishes," *Proceedings of the Royal Society of London B: Biological Sciences* 279 (2012): 2426–32.

276쪽. "물고기들은 이 기간에 먹이를 섭취하지 않지만…"
Yasunobu Yanagisawa and Mutsumi Nishida, "The Social and Mating System of the Maternal Mouthbrooder *Tropheus moorii* in Lake Tanganyika," *Japanese Journal of Ichthyology* 38, no. 3 (1991): 271–82.

277쪽. "위험을 감지했을 때, 수컷은…"
Reebs, *Fish Behavior*.

277쪽. "호주 제임스 쿡 대학교 해양열대생물학과의 데이비드 벨우드…"
Hoey et al., "To Feed or to Breed."

277쪽. "바닷물의 온도가 상승하면 물고기는…"
"Saving the World's Fisheries," unsigned editorial, *Washington Post*, October 3, 2012.

277쪽. "그럴 수밖에 없는 것이 암컷이 수컷의 배에…"
Roots, *Animal Parents*.

278쪽. "'암컷이 한 마리 이상의 수컷에게 알을 제공함으로써…'"

Adam G. Jones and John C. Avise, "Sexual Selection in Male-Pregnant Pipefishes and Seahorses: Insights from Microsatellite Studies of Maternity," *Journal of Heredity* 92, no. 2 (2001): 150 – 58.

279쪽. "꼬리치레에서부터 어치, 호반새, 코뿔새에 이르기까지…"

Julie K. Desjardins et al., "Sex and Status in a Cooperative Breeding Fish: Behavior and Androgens," *Behavioral Ecology and Sociobiology* 62, no. 5 (2007): 785 – 94.

279쪽. "도우미는 번식쌍의 알과 새끼를 보호하고…"

Helfman et al., *Diversity of Fishes* (2009).

280쪽. "새의 경우, 세이셸휘파람새Seychelles warbler를 대상으로…"

Jan Komdeur, "Importance of Habitat Saturation and Territory Quality for Evolution of Cooperative Breeding in the Seychelles Warbler," *Nature* 358 (1992): 493 – 95.

280쪽. "스위스 베른 대학교의 연구자들은…"

Ralph Bergmuller, Dik Heg, and Michael Taborsky, "Helpers in a Cooperatively Breeding Cichlid Stay and Pay or Disperse and Breed, Depending on Ecological Constraints," *Processes in Biological Science* 272 (2005): 325 – 31.

282쪽. "실제로 조사해본 결과 수컷 머슴은…"

Rick Bruintjes et al., "Paternity of Subordinates Raises Cooperative Effort in Cichlids," *PLoS ONE* 6, no. 10 (2011): e25673, doi:10.1371/journal.pone.0025673.

282쪽. "탕가니카 호에서 실시된 대퍼딜시클리드의…"

K. A. Stiver et al., "Mixed Parentage in *Neolamprologus pulcher* Groups," *Journal of Fish Biology* 74, no. 5 (2009): 1129 – 35, doi:10.1111/j.1095-8649.2009.02173.x.

283쪽. "알과 새끼들 속에 자신의 유전자가…"

Bruintjes et al., "Paternity of Subordinates."

283쪽. "나중에 도우미를 다시 둥지로 돌려보냈더니…"

Bergmuller et al., "Helpers in a Cooperatively Breeding Cichlid"; R. Bergmuller, M. Taborsky, "Experimental Manipulation of Helping in a Cooperative Breeder: Helpers 'Pay to Stay' by Pre-emptive Appeasement," *Animal Behaviour* 69, no. 1 (2005): 19 – 28.

284쪽. "기생자의 새끼가 숙주 새끼들의 몸에서…"

Michael S. Webster, "Interspecific Brood Parasitism of Montezuma Oropendolas by Giant Cowbirds: Parasitism or Mutualism?" *Condor* 96 (1994): 794 – 798.

284쪽. "아빠는 서식지 주변에서 무척추동물들을…"

Jay R. Stauffer and W. T. Loftus, "Brood Parasitism of a Bagrid Catfish (*Bagrus meridionalis*) by a Clariid Catfish(*Bathyclarias nyasensis*) in Lake Malawi, Africa," *Copeia* 2010, no. 1: 71 – 74.

285쪽. "그런데 뻐꾸기메기 새끼는 일찌감치…"

Tetsu Sato, "A Brood Parasitic Catfish of Mouthbrooding Cichlid Fishes in Lake Tanganyika," *Nature* 323 (1986): 58 – 59.

7부. 물 밖으로 나온 물고기

제14장 물 밖의 물고기

288쪽. "나는 손가락이 여럿 달린 동물로서…"

D. H. Lawrence, "Fish."

289쪽. "가장 오래된 그물은 1913년 핀란드의…"

Arto Miettinen et al., "The Palaeoenvironment of the Antrea Net Find," in *Karelian Isthmus: Stone Age Studies in 1998–2003*, ed. Mika Lavento and Kerkko Nordqvist, 71 – 87 (Helsinki: The Finnish Antiquarian Society, 2008).

290쪽. "바다에서 매년 수백만 톤의 물고기가 잡히지만…"

H. J. Shepstone, "Fishes That Come to the Deep-Sea Nets," in *Animal Life of the World*, ed. J. R Crossland and J. M. Parrish (London: Odhams Press, 1934), 525.

291쪽. "UN 식량농업기구$_{FAO}$의 자료에 따르면…"

FAO, "State of World Fisheries, Aquaculture Report—Fish Consumption" (2012), www.thefishsite.com/articles/1447/fao-state-of-world-fisheries-aquaculture-report-fish-consumption.

291쪽. "미국은 일인당 물고기 소비량이…"

Carrie R. Daniel et al., "Trends in Meat Consumption in the United States," *Public Health Nutrition* 14, no. 4 (2011): 575 – 83.

291쪽. "전 세계의 물고기 수는 감소하고 있으며…"

Gaia Vince, "How the World's Oceans Could Be Running Out of Fish," September 21, 2012, www.bbc.com/future/story/20120920-are-we-running-out-of-fish.

292쪽. "연승어업延繩漁業의 경우, 기다란 주낙에 2,500개 이상의…"

J. Rice, J. Cooper, P. Medley, and A. Hough, "South Georgia Patagonian Toothfish Longline Fishery," Moody Marine Ltd. (2006), www.msc.org/track-a-fishery/fisheries-in-the-program/certified/south-atlantic-indian-ocean/south-georgia-patagonian-toothfish-longline/assessment-documents/document-upload/SurvRep2.pdf.

292쪽. "아울러 모든 연령대의 물고기는 기본이고…"

W. Jeffrey Bolster, *The Mortal Sea: Fishing the Atlantic in the Age of Sail* (Cambridge, MA: Belknap Press/Harvard University Press, 2012).

292쪽. "미국의 유명한 해양사진작가이자…"

Lloyd Evans, "Making Waves: An Audience with Sylvia Earle, the Campaigner Known as Her Deepness," *The Spectator*, June 25, 2011, http://new.spectator.co.uk/2011/06/making-waves-2.

292쪽. "그러므로 한 번 출항한 어선들은 몇 주 또는 몇 달 동안…"

FAO, "The Tuna Fishing Vessels of the World," chapter 4 of the FAO's "Managing Fishing Capacity of the World Tuna Fleet" (2003), www.fao.org/docrep/005/y4499e/y4499e07.htm.

292쪽. "그러므로 한 번 출항한 어선들은 몇 주 또는 몇 달 동안…"

FAO Fisheries Circular No. 949 FIIT/C949, "Analysis of the Vessels Over 100 Tons in the Global Fishing Fleet" (1999), www.fao.org/fishery/topic/1616/en.

293쪽. "물고기 양식(물고기 양식은 해산물 양식의…"

J. Lucas, "Aquaculture," *Current Biology* 25 (2015): R1-R3; Lucas, personal communication, January 6, 2016.

293쪽. "정적靜的이고 한정된 환경(바다)이 무제한…"

Adam Sherwin, "'Leave the badgers alone,' says Sir David Attenborough. 'The real problem is the human population,'" *The Independent*, November 5, 2012, www.independent.co.uk/environment/nature/leave-the-badgers-alone-says-sir-david-attenborough-the-real-problem-is-the-human-population-8282959.html.

294쪽. "송어의 경우 밀도가 너무 높아…"

Philip Lymbery, "In Too Deep—Why Fish Farming Needs Urgent Welfare Reform" (2002), www.ciwf.org.uk/includes/documents/cmdocs/2008/i/intoodeepsummary2001.pdf.

294쪽. "전 세계에서 생산되는 어유魚油의…"
FAO, "Highlights of Special Studies," *The State of World Fisheries and Aquaculture 2008* (Rome: FAO, 2008), ftp://ftp.fao.org/docrep/fao/011/i0250e/i0250e03.pdf.

294쪽. "2000년에 발표된 분석결과에 따르면…"
Rosamond L. Naylor et al., "Effect of Aquaculture on World Fish Supplies," *Nature* 405 (2000): 1017-24.

295쪽. "2012년 12월, 대서양 연안의 주州들로…"
P. Baker, "Atlantic Menhaden Catch Cap a Success," The Pew Charitable Trusts, May 15, 2014, www.pewtrusts.org/en/research-and-analysis/analysis/2014/05/15/atlantic-menhaden-catch-cap-a-success-millions-more-of-the-most-important-fish-in-the-sea.

295쪽. "멘헤이덴의 고기 중 대부분은 농장에서…"
Jacqueline Alder et al., "Forage Fish: From Ecosystems to Markets," *Annual Review of Environment and Resources* 33 (2008): 153-66; Sylvester Hooke, "Fished Out! Scientists Warn of Collapse of all Fished Species by 2050," *Healing Our World* (Hippocrates Health Institute magazine) 32, no. 3 (2012): 28-29, 63.

295쪽. "오메가프로테인이라는 업체는…"
Helfman and Collette, *Fishes: The Animal Answer Guide*.

296쪽. "물고기 양식업에서 통상적으로…"
Lymbery, "In Too Deep" (2002); www.ciwf.org.uk/includes/documents/cm_docs/2008/i/in_too_deep_summary 2001.pdf.

296쪽. "연어의 개체수가 줄어들면…"
Cornelia Dean, "Saving Wild Salmon, in Hopes of Saving the Orca," *New York Times*, November 4, 2008.

297쪽 각주. "틸라피아(미국에서 가장 많이 양식되는 물고기)를 양식하는…"
Elisabeth Rosenthal, "Another Side of Tilapia, the Perfect Factory Fish," *New York Times*, May 2, 2011.

297쪽. "그도 그럴 것이 이 물고기들이 부화장에서…"

Culum Brown, T. Davidson, and K. Laland, "Environmental Enrichment and Prior Experience of Live Prey Improve Foraging Behavior in Hatchery-Reared Atlantic Salmon," *Journal of Fish Biology* 63, supplement S1 (2003): 187 – 96.

297쪽. "물고기의 날카로운 관찰 및 학습능력을 잘 이용하면…"
see Culum Brown, "Fish Intelligence, Sentience, and Ethics," *Animal Cognition*, (2014) 18:1 – 17.

300쪽. "바다에서 한 번 걷어 올린 건착망에는…"
보통 한 번에 200톤의 청어를 걷어 올린다. Gulf of Maine Research Institute, www.gma.org/herring/harvestandprocessing/seining/default.asp.

301쪽. "식도정맥류, 안구돌출증, 동맥색전증…"
Emily S. Munday, Brian N. Tissot, Jerry R. Heidel, and Tim Miller-Morgan, "The Effects of Venting and Decompression on Yellow Tang (*Zebrasoma flavescens*) in the Marine Ornamental Aquarium Fish Trade," *PeerJ* 3: e756, DOI 10.7717/peerj.756.

301쪽. "독일에서는 1999년 이후 비인도적인 방법이라 하여…"
Anon. (1997). Verordnung zum Schutz von Tieren in Zusammenhang mit der Schlachtung oder Totung—TierSchlV (Tierschutz-Schlachtverordnung), vom 3. Marz 1997, Bundesgesetzblatt Jahrgang 1997 Teil I S. 405, zuletzt geandert am 13. April 2008 durch Bundesgesetzblatt Jahrgang 2008 Teil I Nr. 18, S. 855, Art. 19 vom 24. April 2006.

301쪽. "이상과 같은 방법들은 양식 물고기들이…"
D. H. F. Robb and S. C. Kestin, "Methods Used to Kill Fish: Field Observations and Literature Reviewed," *Animal Welfare* 11, no. 3 (2002): 269 – 82.

302쪽. "이 해양생물들은 어부들이 하루 동안 바다에서…"
R. W. D. Davies et al., "Defining and Estimating Global Marine Fisheries Bycatch," *Marine Policy* 33, no. 4 (2009): 661 – 72.

302쪽. "FAO의 어업 및 물고기 양식 담당팀의 자료에 따르면…"
FAO Fisheries and Aquaculture Department, "Reduction of Bycatch and Discards," www.fao.org/fishery/topic/14832/en, accessed September 9, 2015.

303쪽. "부수어획의 개념을 이런 식으로 확장하면…"
Davies et al., "Defining and Estimating Global Marine Fisheries Bycatch."

303쪽. "미국 동남부의 새우 어장에서…"
Helfman et al., *Diversity of Fishes* (2009).

303쪽. "부수어획물로 잡아들인 어종의 수는 105종으로…"
Helfman et al. (2009).

303~304쪽. "어선단漁船團들이 (이루 말할 수 없는) 엄청난 길이의…"
A. Butterworth, I. Clegg, and C. Bass, *Untangled—Marine Debris: A Global Picture of the Impact on Animal Welfare and of Animal-Focused Solutions* (London: World Society for the Protection of Animals [now: World Animal Protection], 2012).

304쪽. "상황은 점점 더 호전되어 1990대 중반에는…"
NOAA Fisheries, "The Tuna-Dolphin Issue," last modified December 24, 2014, https://swfsc.noaa.gov/textblock.aspx?Division=PRD&ParentMenuId=228&id=1408.

304쪽. "돌고래의 개체수는 회복되지 않고 있으며…"
Paul R. Wade et al., "Depletion of Spotted and Spinner Dolphins in the Eastern Tropical Pacific: Modeling Hypotheses for Their Lack of Recovery," *Marine Ecology Progress Series* 343 (2007), 1–14.

304쪽. "주낙에 주렁주렁 매달린 낚싯바늘과…"
"Rosy Outlook," *New Scientist*, February 28, 2009, p 5.

305쪽. "현재 〈바닷새 보호를 위한 다자간협정〉을 통해…"
Agreement on the Conservation of Albatrosses and Petrels, "Best Practice Seabird Bycatch Mitigation," September 19, 2014, http://acap.aq/en/bycatch-mitigation/mitigation-advice/2595-acap-best-practice-seabird-bycatch-mitigation-criteria-and-definition/file.

307쪽. "그러나 상어를 괴롭히는 건…"
[Wilcox 2015]. Christie Wilcox, "Shark fin ban masks growing appetite for its meat," www.theguardian.com/environment/2015/sep/12/shark-fin-ban-not-saving-species.

307쪽. "미국 어류·야생동물관리국에 따르면 여가용 낚시는…"
United States Fish and Wildlife Service, "National Survey of Fishing, Hunting, and Wildlife-Associated Recreation: National Overview" (2012), http://digitalmedia.fws.gov/cdm/ref/collection/document/id/858.

308쪽. "전 세계적으로 볼 때, 열 명 중 한 명 이상이…"

Stephen J. Cooke and Ian G. Cowx, "The Role of Recreational Fishing in Global Fish Crises," *BioScience* 54 (2004): 857‒59.

308쪽. "여가용 낚시가 얼마나 큰 비즈니스인지…"

American Sportfishing Association, "Recreational Fishing: An Economic Power house" (2013), http://asafishing.org/facts-figures.

309쪽. "낚싯바늘이 눈알을 파고드는 건…"

Robert B. DuBois and Richard R. Dubielzig, "Effect of Hook Type on Mortality, Trauma, and Capture Efficiency of Wild, Stream-Resident Trout Caught by Angling with Spinners," *North American Journal of Fisheries Management* 24 no. 2 (2004), 609‒16; Robert B. DuBois and Kurt E. Kuklinski, "Effect of Hook Type on Mortality, Trauma, and Capture Efficiency of Wild, Stream-Resident Trout Caught by Active Baitfishing," *North American Journal of Fisheries Management* 24, no. 2 (2004): 617‒23.

309쪽. "뜰채는 심각한 지느러미 마모에서부터…"

B. L. Barthel et al., "Effects of Landing Net Mesh Type on Injury and Mortality in a Freshwater Recreational Fishery," *Fisheries Research* 63, no. 2 (2003): 275‒82.

310쪽. "몸무게를 측정하기 전에 죽었고…"

Thomas M. Steeger et al., "Bacterial Diseases and Mortality of Angler-Caught Largemouth Bass Released After Tournaments on Walter F. George Reservoir, Alabama/Georgia," *North American Journal of Fisheries Management* 14, no. 2 (1994): 435‒41.

310쪽. "이때 물고기 하강기를 이용하여 신속히…"

"Bring That Rockfish Down," Sea Grant catch-and-release brochure on preventing and relieving barotrauma to fishes, www.westcoast.fisheries. noaa.gov/publications/fisherymanagement/recreationalfishing/recfishwcr/ bringthatrockfishdown.pdf.

310쪽. "인류는 20세기 동안 포식어류의 바이오매스를…"

David Shiffman, "Predatory Fish Have Declined by Two Thirds in the Twentieth Century," *Scientific American*, October 20, 2014, www.scientificamerican.com/ article/predatory-fish-have-declined-by-two-thirds-in-the-20th-century.

310쪽. "실비아 얼은 이것을 다음과 같이…"

Evans, "Making Waves."

311쪽. "먹이사슬의 최정상에 군림하는 참치는 몸집을 키우고…"

Valerie Allain, "What Do Tuna Eat? A Tuna Diet Study," SPC Fisheries Newsletter 112 (January/March 2005): 20 – 2.

311쪽. "대서양과 태평양의 참다랑어들은…"

Ira Seligman and Alex Paulenoff, "Saving the Bluefin Tuna" (2014), https://prezi. com/lhvzz56yni7/saving-the-bluefin-tuna.

311쪽. "킬로그램당 가격으로 환산해보면…"

British Broadcasting Corporation (BBC), "Superfish: Bluefin Tuna" (2012), 44분짜리 이 다큐멘터리는 다음에서 볼 수 있다. http://wn.com/superfishbluefintuna.

312쪽. "특정 집단(특히, 임신부, 수유부, 어린이)의 경우…"

FAO Fisheries and Aquaculture Department, "Fish Contamination," accessed October 9, 2015, at www.fao.org/fishery/topic/14815/en.

312쪽. "이러한 오염물질들의 악영향 중에는…"

"Fish," NutritionFacts.org, accessed October 2015, http://nutritionfacts.org/topics/ fish.

312쪽. "오히려 이와는 정반대로 선진국 국민들은…"

David J. A. Jenkins et al., "Are Dietary Recommendations for the Use of Fish Oils Sustainable?" *Canadian Medical Association Journal* 180, no. 6 (2009): 633 – 637.

312쪽. "이러한 권고의 문제점은…"

Jenkins et al.

313쪽. "이는 개발도상국의 연안어업에…"

Jenkins et al.

313쪽. "어족이 급격히 감소하고 있는 것을…"

Natasha Scripture, "Should You Stop Eating Fish?" IDEAS.TED.COM, August 20, 2014, http://ideas.ted.com/should-you-stop-eating-fish-2.

313쪽. "스스로에게 물어보세요. …"

Sylvia Earle, in Scripture, "Should You Stop Eating Fish?"

313쪽. "2015년 WWF와 영국 동물협회$_{ZSL}$가 공동으로…"

Alister Doyle, "Ocean Fish Numbers Cut in Half Since 1970," *Scientific American*,

September 16, 2015, www.scientificamerican.com/article/ocean-fish-numbers-cut-in-half-since-1970/?WT.mcid=SAEVO20150921.

313~314쪽. "만약 하나의 동물이 지각력을 갖고 있다면…"

Vonne Lund et al., "Expanding the Moral Circle: Farmed Fish as Objects of Moral Concern," *Diseases of Aquatic Organisms* 75 (2007): 109 – 8.

에필로그

315쪽. "도덕적 우주의 호_弧는 길지만, 정의를 향해 구부러져 있다."

Martin Luther King, "Keep Moving from This Mountain," sermon at Temple Israel (Hollywood, CA, February 25, 1965). Taken from https://en.wikiquote.org/wiki/MartinLutherKingJr.#KeepMovingFromThisMountain.281965.29.

316쪽. "물고기는 늘 별종이다. …"

Foer, *Eating Animals* (New York: Back Bay Books, 2010).

318쪽. "뉴스의 헤드라인에 자주 언급되는 흉측한 사건에도…"

Steven Pinker, *The Better Angels of Our Nature: Why Violence Has Declined* (New York: Viking Penguin, 2011).

319쪽. "2000년 이후, 최소한 여덟 개 도시들이…"

www.coloradodaily.com/ci13116998?source=mostviewed. The "guardian campaign" website was last updated in 2012: www.guardiancampaign.org; www.guardiancampaign.org/guardiancity.html.

319쪽. "그리고 2015년 3월, 뉴욕 대법원의 판사는…"

David Grimm, "Updated: Judge's Ruling Grants Legal Right to Research Chimps," last updated April 22, 2015, http://news.sciencemag.org/plants-animals/2015/04/judge-s-ruling-grants-legal-right-research-chimps. The judge later reversed her decision. Jason Gershman, "Judge Says Chimps May One Day Win Human Rights, but Not Now," July 30, 2015, http://blogs.wsj.com/law/2015/07/30/judge-says-chimps-may-one-day-win-human-rights-but-not-now.

320쪽. "유럽의 일부 지역에서는 쓸쓸한 어항에…"

북부 이탈리아의 몬자에서 2004년 이 법을 시행했다. www.washingtonpost.com/wp-dyn/articles/A44117-2004Aug5.html. Rome followed suit in 2005, www.cbc.ca/news/world/rome-bans-cruel-goldfish-bowls-1.556045.

320쪽. "2008년 4월 스위스 연방의회를 통과한…"

Accessed November 2015 at: www.swissinfo.ch/eng/life-looks-up-for-swiss-
animals/6608378; www.animalliberationfront.com/ALFront/Actions-Switzerland/
NewLaw2008.htm.

320쪽. "2013년 독일에서 제정된 법은…"

Anonymous (2012). *Tierschutz-Schlachtverordnung*, vom 20 (December 2012): BGBl. I S.
2982.

320쪽. "2010년 노르웨이에서는 이산화탄소를…"

FishCount.org, "Slaughter of Farmed Fish," http://fishcount.org.uk/farmed-fish-
welfare/farmed-fish-slaughter, accessed December 11, 2015.

찾아보기

물고기는 알고 있다

2017년 2월 27일 초판 1쇄 발행
2017년 8월 31일 초판 6쇄 발행

지은이   조너선 밸컴
옮긴이   양병찬
펴낸이   박래선
펴낸곳   에이도스출판사
출판신고 제25100-2011-000005호

주소   서울시 은평구 진관4로 17, 810-711
전화   02-355-3191
팩스   02-989-3191
이메일   eidospub.co@gmail.com

표지 디자인 공중정원 박진범
본문 디자인 김경주

ISBN   979-11-85145-13-0   93490

잘못 만들어진 책은 구입하신 서점에서 바꾸어 드립니다.

이 도서의 국립중앙도서관 출판예정도서목록(CIP)은
서지정보유통지원시스템 홈페이지(http://seoji.nl.go.kr)와
국가자료공동목록시스템(http://www.nl.go.kr/kolisnet)에서 이용하실 수 있습니다
(CIP제어번호: CIP2017003603)